Prüfungsbuch Lagerlogistik

Norbert Barkey
André Bruckner
Jörg Strube

Holland + Josenhans / Handwerk und Technik

1. Auflage 2015

Dieses Werk folgt der reformierten Rechtschreibung und Zeichensetzung.
Dieses Buch ist auf Papier gedruckt, das aus 100 % chlorfrei gebleichten Faserstoffen hergestellt wurde.

Verlag Holland + Josenhans GmbH & Co. KG, Postfach 10 23 52, 70019 Stuttgart,
Tel. 0711 / 6143920, Fax 0711 / 6143922, E-Mail: info@handwerk-technik.de,
Internet: www.handwerk-technik.de

Umschlagabbildung: Fotolia Deutschland, Berlin: © Chlorophylle
Satz: Bettina Herrmann, Stuttgart
Druck und Weiterverarbeitung: Konrad Triltsch, Print und digitale Medien GmbH,
97199 Ochsenfurt-Hohestadt

ISBN 978-3-7782-2850-0

Vorwort

Das vorliegende Buch dient in erster Linie der Vorbereitung auf die IHK-Abschlussprüfung im Ausbildungsberuf Fachkraft für Lagerlogistik.

Abschlussprüfungen stellen an die Prüfungsteilnehmer hohe Anforderungen: Innerhalb von wenigen Stunden wird das in drei Jahren Erlernte abgefordert. Wer sich darauf individuell vorbereiten will, dem stehen umfangreiche Lehrbücher zur Verfügung, die die verschiedenen Lernfelder ausführlich entsprechend den im Rahmenlehrplan festgelegten Inhalten behandeln. Diese Lehrbücher eignen sich fraglos gut für den Einsatz im Berufsschulunterricht; für Auszubildende, die sich in kurzer Zeit selbstständig auf die Prüfung vorbereiten wollen, stellen sie in der Regel eine Überforderung dar.

Dieses Buch bietet Ihnen durch das kompakte Format die Chance, innerhalb eines überschaubaren Zeitraums Ihre für die Abschlussprüfung notwendigen Kenntnisse zu überprüfen und zu festigen. Unser Ziel ist es, Ihnen eine Möglichkeit an die Hand zu geben, zu einem besseren Prüfungsergebnis zu gelangen.

Grundlage sind auch hier der gültige Rahmenlehrplan sowie der aktuelle AkA-Prüfungskatalog für diesen Beruf. In erster Linie haben wir uns aber an den bisherigen Abschlussprüfungen in den Prüfungsbereichen „Prozesse der Lagerlogistik" sowie „Rationeller und qualitätssichernder Güterumschlag" orientiert. Das bedeutet, dass sich die Art der Aufgabenstellung, wie sie von der AkA gefordert und in den Prüfungen angewendet wird, auch in diesem Buch wiederfindet. Ausbildungsinhalte, die in den Prüfungen häufig einen breiten Raum einnehmen, werden auch hier ausführlicher behandelt; Themenbereiche, die in den Prüfungen nur eine untergeordnete Rolle spielen, werden knapper behandelt.

Bei der Erstellung war es uns wichtig, Aufgaben mit unterschiedlichen Anforderungsniveaus anzubieten: So finden sich neben relativ einfachen Wissensabfragen auch Aufgaben, in denen Entscheidungen fachgerecht erläutert und Aufgaben, in denen vorhandenes Wissen auf bestimmte Gegebenheiten übertragen werden muss, gegebenenfalls versehen mit Abbildungen, Tabellen oder Grafiken. Auch dieses Vorgehen entspricht den Anforderungen der AkA und findet sich in den bisherigen Abschlussprüfungen wieder.

Dieses Buch eignet sich sowohl für das Selbststudium als auch für ein gemeinsames Lernen durch gegenseitige Aufgabenstellung. Es kann aber muss nicht von vorn bis hinten durchgearbeitet werden; Auszubildende, die nur in bestimmten Lernbereichen Nachholbedarf für sich sehen, können sich auch nur auf diese konzentrieren. So finden Auszubildende, die mit dem Rechnen Schwierigkeiten haben, neben den in den Lernfeldern integrierten Rechenaufgaben auch einen eigenen Teil mit Aufgaben ausschließlich zu Mathematik und Buchführung.

Wir wünschen Ihnen viel Erfolg bei den anstehenden Prüfungen!

Das Verfasserteam

Inhaltsverzeichnis

1 Güter annehmen und kontrollieren

1.1 Waren annehmen und dokumentieren

1. Nennen Sie vier Wege der Warenanlieferung. *(Hinweis: Siehe Kapitel 9 ab S. 144)*

- Straße: Güterkraftverkehr (LKW, z. B. Speditionen und KEP-Dienste mit LKW)
- Schiene: Eisenbahnverkehr (Bahn)
- Luft: Luftfrachtverkehr (Flugzeug)
- Binnengewässer: Binnenschifffahrt (Binnenschiff)
- Seegewässer: Seeschifffahrt (Containerschiff)

2. Welche Warenbegleitpapiere kennen Sie? Nennen Sie fünf.

Lieferschein, Packzettel, Rechnung, Frachtbrief, Ladeschein, Konnossement, Luftfrachtbrief, Zolleinheitspapier, Gefahrgutbeförderungspapier, Bestellkopie, Paketkarte u. a.

3. Ein zu entladender LKW steht an Ihrer Rampe.
a) Welche Prüfungen führen Sie in Anwesenheit des Überbringers durch?
b) Formulieren Sie zu jeder Prüfung eine Frage.

a) Prüfen …
  - der Lieferadresse/Entladestation
  - ob eine Bestellung vorliegt
  - der Lieferfrist/Lieferdatum
  - auf äußere Beschädigungen
  - auf Vollständigkeit der Ware (Anzahl der Collis)

b) Fragen:
  - Ist die Ware überhaupt für uns?
  - Ist die Ware überhaupt bestellt worden?
  - Wurde die Lieferfrist/das Zustelldatum eingehalten?
  - Sind äußerliche Beschädigungen an den Packstücken sichtbar?
  - Sind die Packstücke bzw. Collis vollständig?

4. Füllen Sie den abgebildeten Speditionsauftrag mit den nachfolgenden Daten korrekt aus:
Lieferant: Schulz GmbH, Seilerstraße 12a, 20359 Hamburg; Lieferanten-Nr. 34567; Beladestelle: Lager 2, Seilerstraße 12b, 20359 Hamburg; Sendungs-Nr. 20 359 54; Empfänger: Marx AG, Hans-Sachs-Platz 2, 90403 Nürnberg; Speditionsauftrags-Nr. HH-12-446; Datum 31.03.2015; Relations-Nr. 456; Spediteur: Inter-Spedi KG, Max-Horkheimer-Straße 75, 42119 Wuppertal, Tel. 0202-67899-87, Fax. 0202-67899-88; Artikel-Nr. 33589, Anzahl 3, Packstück DS0025, SF 1, LKW-Teile, 30 kg; Artikel-Nr. 33591, Anzahl 2, Packstück 025311, SF 1*, LKW-Teile, 25 kg; 10 Lademeter.

<table>
<tr><td colspan="4">1) Versender/Lieferant   2) Lieferanten-Nr.</td><td colspan="3">3) Speditionsauftrags-Nr.
4) Nr. Versender beim Versand-Spediteur:</td></tr>
<tr><td colspan="4">5) Beladestelle

8) Sendungsnummer</td><td colspan="3" rowspan="2">Speditionsauftrag
6) Datum   7) Relations-Nr.
9) Versandspediteur   10) Spediteur-Nr.

Telefon   Telefax
13) Bordero-/Ladeliste-Nr.</td></tr>
<tr><td colspan="4">11) Empfänger   12) Kunden-Nr.</td></tr>
<tr><td colspan="4">14) Anliefer-/Abladestelle</td><td colspan="3">15) Versendervermerk für den Versandspediteur

16) Eintreff-Datum   17) Eintreff-Zeit</td></tr>
<tr><td>18) Zeichen und Nr., Packstück-Identifikations-Nr./Lieferschein-Nr.</td><td>19) Anzahl</td><td>20) Packstücke</td><td>21) SF*</td><td>22) Inhalt</td><td>23) Lademittel-Gewicht kg</td><td>24) Brutto-Gewicht kg</td></tr>
<tr><td></td><td></td><td></td><td></td><td></td><td></td><td></td></tr>
<tr><td>Summe</td><td>25)</td><td colspan="3">26) Rauminhalt cdm/Lademeter
Summen</td><td>27)</td><td>28)</td></tr>
<tr><td colspan="7">29) Gefahrgut   UN-Nr.:   Gefahrgut-Bezeichnung</td></tr>
</table>

(Lösung auf S. 231)

* SF bedeutet Stapelfaktor. 0 = nicht stapelfähig, 1 = stapelfähig.

5. Erklären Sie, wer nach HGB § 412 für die Entladung zuständig ist und wie dies in der Praxis umgesetzt wird.

In HGB § 412 ist gesetzlich festgelegt, dass der **Absender** das Gut zu entladen hat. Dies wird in der Praxis größtenteils durch Vereinbarungen geändert, da es zu unnötigen Problemen führen kann. (So kann bspw. eine Spedition die Beladung, den Transport und die Entladung übernehmen.)

6. Es liegt eine vertragliche Regelung vor, dass der Frachtführer für das Entladen des LKWs zuständig ist. Nun steht der LKW an Ihrer Rampe und muss so schnell wie möglich entladen werden. Der Fahrer fordert Sie auf, ihm bei der Entladung zu helfen. In wie weit haften Sie als Empfänger für Schäden, die Sie bei der Entladung verursacht haben?

Sie (Empfänger) sind in diesem Fall als Erfüllungsgehilfe des Fahrers/Frachtführers tätig. Somit unterliegen Sie der Aufsicht und Weisungsbefugnis des Fahrers/Frachtführers. Der Fahrer/Frachtführer haftet für die von Ihnen verursachten Schäden, außer Sie hätten Ihre Schutzpflichten verletzt, z. B. keine Sorgfalt bei der Entladung walten lassen oder kaputte Entladegeräte zur Verfügung gestellt.

7. Es liegt eine vertragliche Regelung vor, dass der Empfänger (Sie) für das Entladen des LKWs zuständig ist. Nun steht der LKW an Ihrer Rampe und muss so schnell wie möglich entladen werden. Sie fordern den Fahrer auf unverzüglich mit der Entladung zu beginnen. In wie weit haften Sie als Empfänger für Schäden, die der Fahrer bei der Entladung verursacht hat?

Der Fahrer ist nun der Erfüllungsgehilfe des Empfängers. Der Fahrer unterliegt Ihren Anweisungen. Falls der Fahrer seine Schutzpflicht nicht verletzt, haften Sie als Empfänger vollständig für die entstandenen Schäden.
Falls der Fahrer unaufgefordert bei der Entladung hilft, handelt er auf eigenes Risiko. Somit entfällt die Haftungspflicht des Empfängers.

8. Nennen Sie drei Gründe für den Einsatz von unterschiedlichen Entladegeräten.

Gründe für den Einsatz verschiedener Entladegeräte können sein:

- verwendete Transportfahrzeuge (LKW, Eisenbahnwaggon, Containerschiff usw.)
- verwendete Förderhilfsmittel (EUR-Paletten, Drehstapelbehälter, Big Bag usw.)
- Eigenschaften der Ware (Sperrgut, Schwergut, Empfindlichkeit usw.)
- schnellere Entladung durch höheres Fassungsvermögen bzw. höhere Gewichtsaufnahme als per Hand

→

- Gesundheitsschutz der Mitarbeiter (Siehe Kapitel 4 Heben und Tragen, S. 71 ff., Zumutbare Lasten, BGHW-Kompakt M103)

9. Erklären Sie die Bedeutung und die Auswirkungen Ihrer Unterschrift auf der Empfangsbestätigung (meist Lieferschein).

- Sie bestätigen, dass die Ware augenscheinlich im ordnungsgemäßen Zustand geliefert wurde. *(Hinweis: Falls äußere Schäden zu erkennen sind, dokumentieren Sie diese auf der Empfangsbestätigung.)*
- Sie geben die Ware frei, so dass diese in Ihr Lagerverwaltungssystem eingebucht werden kann. Somit wird ihr ein Lagerplatz zugewiesen.
- Nach der Freigabe der Ware können andere Abteilungen (z. B. Produktion, Verkaufsabteilung) die Ware anfordern.

1.2 Waren prüfen und kontrollieren

1. Sie sind als Fachkraft für Lagerlogistik in der Warenannahme tätig und fertigen an Ihrer Rampe einen LKW mit 100 Packstücken (siehe Beispielbild) mit Ware ab. Ein Packstück hat die Maße (L x B x H) 600 mm x 250 mm x 300 mm und ein Eigengewicht (Tara) von 650 g. In einem Packstück befinden sich fünf Produkte zu je 1,25 kg.

Sie stellen äußere Beschädigungen an 10 Packstücken fest. Wie verhalten Sie sich korrekt, wenn der Überbringer noch anwesend ist?

- Annahme der beschädigten Packstücke und mit Sperrvermerk versehen oder in einem gesperrten Lagerbereich abstellen (in Abhängigkeit zur Praxis im Lager) **oder** die Annahme verweigern (rechtlich zulässig)
- Dokumentieren aller Schäden auf der Empfangsbestätigung (Lieferschein)
- Anfertigen von Fotos als zusätzliches Beweismittel, falls notwendig
- Zusätzlich können:
  - eine Tatbestandsaufnahme oder
  - eine Transportschadensmeldung oder
  - eine Reklamationsmeldung ausgefüllt oder
  - Zeugen hinzugezogen werden usw.

Der Fahrer oder Überbringer muss die dokumentierten Schäden mit Ort und Datum gegenzeichnen (unterschreiben), da Sie Rügefristen beachten müssen. Damit können Sie mögliche Regressansprüche gegen sich ausschließen.

2. **Sie entladen die nicht beschädigten Packstücke aus Aufgabe 1 und lagern Sie zwischen. Für eine reibungslose Zwischenlagerung benötigen Sie noch folgende Berechnungen:**
a) das Bruttogewicht in Kilogramm und Tonnen, der nicht beschädigten Packstücke,
b) die benötigte Fläche in dm^2 und m^2, wenn die Packstücke sechslagig stapelbar sind,
c) das Gesamtvolumen der Packstücke in m^3.

a) Bruttogewicht: 621 kg; 0,621 t
b) Fläche: 225 dm^2; 2,25 m^2
c) Gesamtvolumen: 4,05 m^3
(Lösungsweg auf S. 232)

3. **Die zwischengelagerten 90 Packstücke mit den Maßen 60 cm x 25 cm x 30 cm sollen nun auf Europaletten umgeschichtet werden. Die Höhe darf inklusive Europalette 1,80 m nicht übersteigen. Ermitteln Sie, wie viele Europaletten Sie benötigen, wenn die Packstücke nicht gekippt werden dürfen. Geben Sie den Rechenweg für beide Varianten an!**

3 Europaletten
(Lösungsweg auf S. 232)

4. **Die äußerlich beschädigten Packstücke aus der ersten Aufgabe haben Sie laut Anweisung Ihres Lagermeisters in einen gesperrten Lagerbereich gestellt. Definieren Sie:**
a) Transportschäden,
b) Warenschäden bzw. Sachschäden und
c) Verpackungsschäden.

a) **Transportschäden** entstehen während des Transportes an der Ware.
b) **Warenschäden bzw. Sachschäden** sind Schäden an der Ware, z. B. Mengen-, Total- oder Qualitätsverluste. Sie können vor, während oder nach dem Transport (unsachgemäße Lagerung) entstehen.
c) **Verpackungsschäden** sind Schäden an der Verpackung, d. h. am Packmittel und/oder dem Packhilfsmittel.

(Hinweis:
1. Äußerliche Beschädigungen des Packstückes müssen nicht zum Warenschaden führen.
2. Für Transportschäden haftet der Frachtführer und für Warenschäden (Sachschäden) haftet der Absender.)

5. Welche Rügefristen müssen Sie bei Transportschäden beachten?

- **Offene (sofort erkennbare) Mängel** sind dem Frachtführer/Fahrer *unverzüglich* anzuzeigen.
- **Versteckte (nicht sofort erkennbare) Mängel** sind dem Frachtführer/Spediteur unverzüglich nach Entdecken *innerhalb von 7 Tagen* anzuzeigen.

6. Im Sperrbereich des Lagers befinden sich die zehn Packstücke, die alle einen offenen Transportschaden aufweisen. Erklären Sie alle Möglichkeiten der Warenprüfung bzw. Warenkontrolle.

- Bei der **vollständigen Warenkontrolle** (Vollkontrolle) wird die komplette Ware auf Mängel oder Fehler überprüft.
- Im Gegensatz dazu wird bei der **stichprobenartigen Warenkontrolle** nur ein Teil der Ware überprüft. Dies ist von der Warenanzahl, dem Warenwert, der Zuverlässigkeit des Lieferanten, dem Kosten- und Zeitdruck des eigenen Unternehmens abhängig.

7. Nach Rücksprache mit Ihrem Lagermeister öffnen Sie die drei am schwersten beschädigten Packstücke. An den 15 bruchsicheren Barcode-Scannern fällt Ihnen dem ersten Anschein nach nichts auf. Welche Prüfverfahren wenden Sie an?

- Die **zerstörungsfreien Prüfverfahren** beschädigen die Ware nicht. Mögliche Verfahren sind beispielsweise Biegsamkeits-, Dichtigkeits-, Festigkeits- oder Funktionstests bzw. Messen, Zählen oder Wiegen der Ware usw. Für alle 15 Barcode-Scanner ist ein Funktionstest geeignet.
- Bei einem **zerstörenden Prüfverfahren** wird die Ware beschädigt oder völlig zerstört wie z. B. bei Crash-, Zerreiß-, Bruch-, Brand- oder Belastungstests. Es ist sinnvoll nur einen Teil (Stichprobe) der Ware zu prüfen. Die Anzahl der zu prüfenden Ware hängt von Erfahrungswerten ab bzw. wird mittels mathematischer Regel bestimmt.

8. Nennen Sie drei Schritte für eine ordnungsgemäße Reklamation.

- Dokumentieren des Mangels bzw. Schreiben einer Mängelrüge
- Beachten der Rüge- und Reklamationsfristen
- Festsetzen einer Frist zur Nacherfüllung (Nachfristsetzung)

9. **Für eine ordnungsgemäße Reklamation sind Kenntnisse über mögliche Mängel und wie diese geprüft werden notwendig. Vervollständigen Sie die Tabelle mit allen Mängelarten und selbstgewählten Beispielen.**

	Mangelart	Beispiel	Prüfung
1.	Mangel in der Identität (Art)	Statt Barcode-Scanner wurden Flachbett-scanner geliefert.	Sichtprüfung durch Vergleich der Bestellung mit dem Lieferschein.
2.	...	...	...

(Lösung auf S. 233)

10. **Definieren Sie die Begriffe:**
a) Bürgerlicher Kauf (Privatkauf),
b) einseitiger Handelskauf und
c) zweiseitiger Handelskauf.

a) Der **bürgerliche Kauf** ist ein Kaufvertrag *zwischen zwei Nichtkaufleuten (Privatpersonen)*, z. B. der Privatmann Max Müller verkauft sein Smartphone an Mehmet Muster. Es gilt nur das BGB (Bürgerliches Gesetzbuch).
b) Der **einseitige Handelskauf** ist ein Kaufvertrag, bei dem *ein Vertragspartner Kaufmann* ist. Es gilt das BGB für die Privatperson und für den Kaufmann zusätzlich das HGB (Handelsgesetzbuch).
c) Der **zweiseitige Handelskauf** ist ein Kaufvertrag, wenn *beide Vertragspartner Kaufleute* sind. Es gelten BGB und HGB.

11. **Welche Prüf- bzw. Rügefristen müssen Sie für offene und versteckte Mängel bei ungebrauchten Sachen (Neuware) beachten?**[1]

(Lösung auf S. 234)

12. **Nennen Sie die Pflichten des Verkäufers und die des Käufers aus einem Kaufvertrag.**

- Pflichten des Verkäufers:
  - mangelfreie Lieferung,
  - rechtzeitige Lieferung,
  - Übertragung des Eigentums an der Sache,
  - Annahme des Geldes
- Pflichten des Käufers:
  - Annahme der Ware
  - rechtzeitige Zahlung des Kaufpreises

[1] Hinweis: Vertiefende Informationen zu den nächsten Fragen finden Sie im Buch „Politik – Verstehen und Handeln", Bestell-Nr. 1835 des Verlags Handwerk und Technik.

13. Erklären Sie die Kaufvertragsstörung „Schlechtleistung" (alter Begriff: „Mangelhafte Lieferung").

Der Verkäufer hat die Pflicht die Ware im mangelfreien bzw. vertraglich vereinbarten Zustand zu übergeben. Hat die Ware Mängel, dann liegt eine Schlechtleistung vor.

14. Welche Voraussetzungen müssen gegeben sein, um die Rechte aus der „Schlechtleistung" geltend zu machen?

Rechtzeitige Mängelrüge mit Nachfristsetzung.

15. Erläutern Sie die Rechte, die sich aus einer „Schlechtleistung" ergeben.

Vorrangige Rechte: Nacherfüllung, d.h. Käufer kann wählen zwischen Nachlieferung (Ersatzlieferung) und Nachbesserung (Reparatur). Der Verkäufer kann die Wahl des Käufers einschränken oder ablehnen, wenn die Kosten unverhältnismäßig hoch sind.

↓

- Zwei erfolglose Versuche
- Verkäufer weigert sich

↓

Nachrangige Rechte:
- Preisminderung oder
- Rücktritt vom Kaufvertrag,
- *zusätzlich* Schadensersatz

16. Erklären Sie die Kaufvertragsstörung „Nicht-Rechtzeitig-Lieferung" (alter Begriff: „Lieferungsverzug").

Der Verkäufer gerät in Verzug, wenn er schuldhaft eine fällige Ware nicht liefert. Eine Lieferung ist fällig, wenn ein bestimmter Liefertermin (kalendermäßig festgelegt) vereinbart wurde oder der Käufer ihn anmahnt.
Kein Verschulden liegt vor, wenn wegen höherer Gewalt, z.B. Streiks, Brand oder Naturkatastrophen, nicht geliefert werden konnte.

17. Welche Voraussetzungen müssen gegeben sein, um die Rechte aus der „Nicht-Rechtzeitig-Lieferung" geltend zu machen?

- Fälligkeit der Warenlieferung: Liefertermin ist abgelaufen (oder die bereits gemahnte Nachfrist ist abgelaufen)

→

- Verschulden des Verkäufers, außer bei höherer Gewalt
- Mahnung mit angemessener Nachfrist entbehrlich, wenn:
  - Verkäufer die Lieferung verweigert
  - Liefertermin kalendermäßig bestimmt (Fixkauf) oder Zweckkauf
  - Selbstmahnung durch Lieferer
  - eilbedürftige Pflichten, z. B. Reparatur.

18. Erläutern Sie die Rechte, die sich aus einer „Nicht-Rechtzeitig-Lieferung" ergeben.

- Käufer setzt eine angemessene **Nachfrist**:
  - Käufer besteht auf Lieferung (Nacherfüllung) oder
  - Käufer besteht auf Lieferung und verlangt Schadensersatz wegen verspäteter Lieferung
- Eine angemessene **Nachfrist ist abgelaufen**:
  - Käufer kann die Lieferung ablehnen und vom Vertrag zurücktreten oder
  - Käufer kann die Lieferung ablehnen und Schadensersatz statt der Leistung verlangen

19. Erklären Sie die Kaufvertragsstörung „Annahmeverzug".

Der Käufer gerät in Verzug, wenn er die ordnungsgemäß und pünktlich gelieferte Ware nicht oder nicht rechtzeitig abnimmt.

20. Welche Voraussetzungen müssen gegeben sein, um die Rechte aus dem „Annahmeverzug" geltend zu machen?

- Fälligkeit der Lieferung
- Tatsächliches Anbieten der Ware

21. Erläutern Sie die Rechte, die sich aus einem „Annahmeverzug" ergeben.

Verkäufer kann ...
- die Ware in Verwahrung nehmen und auf Abnahme klagen
- die Ware an einem geeigneten Ort sicher einlagern (Lagerhaus) oder öffentlich versteigern (Selbsthilfeverkauf)

→

- *verderbliche* Ware freihändig verkaufen (Notverkauf) und die Kosten sowie Mindererlöse dem Käufer in Rechnung stellen
- die Lieferung ablehnen und vom Vertrag zurücktreten
- *zusätzlich* Schadensersatz verlangen

1.3 Transportverpackungen und Codier-Techniken

1. Wie verfahren Sie, wenn die Ware auf unversehrten bzw. noch gebrauchsfähigen Europaletten, Eurogitterboxen oder anderen tauschfähigen Transportverpackungen angeliefert wird?

- Abladen oder Umladen der Ware mit Rückgabe der Transportverpackungen
- *In der Praxis eher verbreitet:* Da die Transportverpackungen im gebrauchsfähigen Zustand sind, werden sie mit eigenen gleichwertigen Transportverpackungen getauscht. Dieser Tausch wird auf dem Palettenschein, Lieferschein, Frachtbrief oder anderen Warenbegleitpapieren notiert.

2. Zählen Sie fünf mögliche Beschädigungen von nicht tauschbaren Europaletten auf.

- abgesplittertes Boden- oder Deckrandbrett (mehr als ein Nagel- oder Schraubenschaft ist sichtbar)
- fehlende Markierung: „EUR" rechts *und/oder* die Zeichen einer Bahn mittig *und/oder* das „EPAL-Logo" links
- fehlender Reparaturnagel eines zertifizierten Palettenreparaturbetriebes
- fehlendes Brett
- fehlender Klotz
- gespaltener Klotz (mehr als ein Nagel sichtbar)
- quer oder schräg gebrochenes Brett
- morsches und faules Holz gewährleistet die Tragfähigkeit nicht mehr
- starke Absplitterungen an mehreren Klötzen
- Verwendung unzulässiger Bauteile, z. B. zu dünne Bretter, zu schmale Klötze usw.

3. Zählen Sie fünf mögliche Beschädigungen von nicht tauschbaren Eurogitterboxen auf.

- verformter Steilwinkelaufsatz
- verformte Ecksäulen
- verformte Vorderwandklappe, die nicht mehr geöffnet oder geschlossen werden kann
- verbogener Bodenrahmen oder Füße (kein gleichmäßiger Stand mehr möglich)
- gerissene Rundstahlgitter (eine Masche pro Wand darf fehlen!)
- fehlendes oder gebrochenes Brett
- fehlende oder unleserliche Markierung: Zeichen der Bahn/Palettenorganisation *und/oder* „EUR"-Zeichen
- stark verschmutzter oder verrosteter Zustand

4. Unterscheiden Sie zwischen Einweg- und Mehrwegtransportverpackungen.

- **Einwegtransportverpackungen** sind nur zur einmaligen Nutzung verwendbar und müssen dann entsorgt werden. Sie können jedoch für den eigenen Bedarf weiterverwendet oder als Wertstoff sortiert werden.
- **Mehrwegtransportverpackungen (MTV)** sind zur mehrmaligen Nutzung verwendbar. Sie schonen natürliche Ressourcen durch geringeren Energiebedarf, reduzierte Müllmengen usw. Jedoch brauchen sie einen Systembetreiber, der die Rücknahme und Sammlung organisiert oder sie müssen in Lager- und Reinigungssysteme investieren.

(Hinweis: Erst ab einer bestimmten Anzahl von Umläufen erzielen die MTV eine Kostenersparnis gegenüber den Einwegtransportverpackungen.)

5. Welche Vorteile haben Mehrwegtransportverpackungen gegenüber Einwegtransportverpackungen?

- Kostenersparnis durch mehrfache Verwendung
- Abfallreduzierung und umweltschonend durch mehrfache Verwendung

→

- Standardisierung/Normierung ermöglicht bessere Handhabung für unterschiedliche Ware bei Lagerung, Transport, Versand und Kommissionierung
- lange Lebensdauer durch stabilere Konstruktion als Einwegverpackungen

6. Nennen Sie drei Mehrwegtransportverpackungen.

- Europaletten
- Chep-Paletten®
- Eurogitterboxen
- Collicos®
- Mehrweggasflaschen
- Postbehälter Typ 1 oder Typ 2
- Mehrwegbehälter, z. B. VDA Kleinladungsträger (VDA = Verband der Automobilindustrie)

7. Erklären Sie die beiden grundsätzlichen Mehrwegsysteme.

Die Kennzeichen eines **geschlossenen Systems** sind spezielle MTVs und ein begrenzter Teilnehmerkreis, z. B. ein Unternehmen, eine Branche oder ein Lieferant mit einem Kunden (bilaterales System).
In **offenen Systemen** gibt es keine Teilnehmerbeschränkung und es werden genormte MTVs verwendet, z. B. Europaletten.

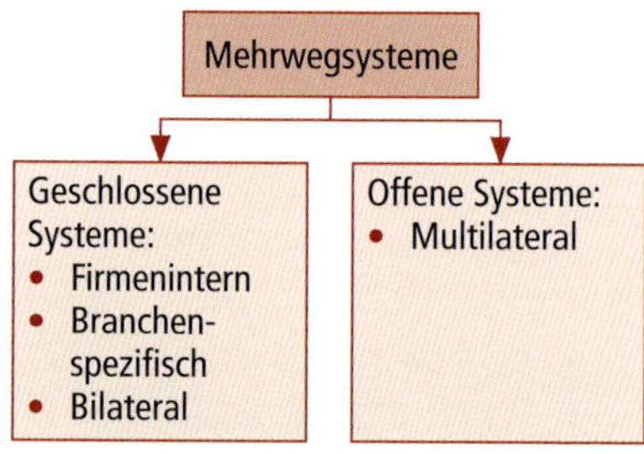

8. Unterscheiden Sie zwischen Pfand- und Poolsystem.

- Der Systembetreiber erhält beim **Pfandsystem** ein Pfand (Geldbetrag) für die MTV vom Lieferanten. Der Lieferant wiederum erhält bei Weitergabe der MTV an den Kunden ein gleichhohes Pfand.

→

Der Kunde muss die MTV an den Systembetreiber (oder Partnerstellen) zurückgeben, um das gezahlte Pfand zu erhalten.

- Beim **Poolsystem** stellen Systembetreiber, z. B. European Pallet Association („EPAL“) die MTV zur Verfügung. Aus diesem „Pool“ (Vorrat/Sammlung von MTV) können sich die Versender bedienen. Alle Beteiligten können die MTV nun tauschen *(Kölner Palettentausch)* oder Konten führen *(Bonner Palettentausch)*. Die Systembetreiber oder ihre zertifizierten Partner achten auf die Herstellung, die Reparatur und die Einhaltung der Normen.

9. Nennen Sie drei Vorteile des Pfandsystems.

- keine Bestandsführung notwendig, da das Pfand die Herstellung finanziert
- schnelle Weitergabe bzw. Umlauf, da das Pfand für den Besitzer gebundenes Kapital bedeutet
- leichte Zuordnung bei Beschädigungen und Schwund
- standardisierte (einheitliche) Normen für Größe und Tragfähigkeit

(Hinweis: Die Vorteile des Pfandsystems sind die Nachteile des Poolsystems.)

10. Nennen Sie drei Vorteile des Poolsystems.

- leichte Tausch- und Rückgabemöglichkeiten, da große weit verteilte Nutzergemeinschaft
- garantierte Qualität durch Systembetreiber und zertifizierte Partner
- standardisierte (einheitliche) Normen für Größe und Tragfähigkeit

(Hinweis: Die Vorteile des Poolsystems sind die Nachteile des Pfandsystems.)

11. Nennen Sie drei Nachteile des Poolsystems.

- Bestandsführung notwendig, dadurch höhere Verwaltungskosten als im Pfandsystem

→

- Schwund oder Beschädigungen sind leichter möglich, da Tauschsystem
- eventuell mangelndes Interesse an Reparatur und Reinigung
- höheres Risiko von Fälschungen, da leichter in Umlauf zu bringen als im Pfandsystem

12. Im Wareneingang werden zur schnelleren Bearbeitung Codier-Techniken eingesetzt. Ordnen Sie den folgenden Grafiken a)-g) die entsprechende Art des Barcodes zu: „GS1 QR-Code", „GTIN-13-Barcode (oder EAN-13-Barcode)", „GS 1-128 (Strichcode 128)", „Stapelcode: Code 49", „GS1-Pressecode", „MaxiCode" und „GS1 Data-Matrix".

a) 

b) 

c) 

d) 

e) 

f) 

g) 

a) GS1 QR-Code
(Hinweis: Erkennbar durch drei Rechtecke in drei der vier Ecken.)

b) MaxiCode
(Hinweis: Erkennbar durch drei Kreise.)

c) GS1 DataMatrix
(Hinweis: Erkennbar durch „L" geformtes Suchmuster.)

d) GTIN-13-Barcode
(Hinweis: Erkennbar, da ehemaliger EAN-13-Barcode.)

e) GS1-128
(Hinweis: Erkennbar, da breiter als GS1-Pressecode, ehemals Strichcode 128.)

f) Stapelcode: Code 49
(Hinweis: Erkennbar durch gestapelte Form und mit zwei kleinen Stichen oben sowie unten beginnend.)

g) GS1-Pressecode
(Hinweis: Erkennbar durch ISBN-Nummer.)

13. Beschreiben Sie kurz den Aufbau und die Funktionsweise der RFID-Technologie.

Die RFID-Technologie setzt sich aus dem Transponder (RFID-Tag), dem Schreib- und Lesegerät sowie der entsprechenden Software für die Einbindung ins Lagerverwaltungssystem zusammen.
Der Transponder besteht aus einem Mikrochip, einer Antenne und dem Träger (z. B. Etikett).
Der RFID-Tag hat eine weltweit eindeutige Nummer.
Der RFID-Tag, der als Etikett an einer Ware befestigt ist, reagiert auf Funksignale eines RFID-Lesegerätes. Er sendet seine Daten an das Gerät. Nach dem Empfang der RFID-Tag-Signale werden diese an den Hauptrechner mit dem Lagerverwaltungssystem weitergesendet. Hier werden die Daten aufbereitet und verarbeitet.

14. Welche Chancen liegen in der RFID-Technologie?

Chancen (Vorteile der RFID-Technologie):
- berührungsloser Datenaustausch ohne Sichtkontakt per Funk
- fast durch alle Materialien ist ein Schreiben und Lesen möglich (außer Metallwaren oder Waren mit hohem Metallanteil)
- höhere Datenspeicher als beim Barcode-System
- wiederbeschreibbarer Datenspeicher
- schnelles nacheinander Lesen mehrerer RFID-Tags (Pulk-Erkennung)
- bessere Widerstandsfähigkeit gegenüber Kratzern und Verschmutzung als beim Barcode
- Identifizierung entlang der Transportkette („track and trace" = Sendungsverfolgung)

(Hinweis: Die Vorteile der RFID-Technologie sind die Nachteile des Barcode-Systems und umgekehrt.)

15. Welche Risiken verbergen sich hinter der RFID-Technologie?

Risiken (Nachteile) der RFID-Technologie:
- Probleme beim Datenaustausch durch Funkstörungen, wenn RFID-Tags an Waren aus Metall oder mit hohem Metallanteil befestigt sind
- schlechtes Recycling, da sich die RFID-Tags nur schwer in Einzelteile zerlegen lassen
- derzeitig immer noch teurer als Barcodes, da die RFID-Tags an der Ware bleiben und nicht zurückgesendet werden.
- leichtes Ausspähen von persönlichen Daten wie Bewegungsdaten oder Einkaufsverhalten möglich, wenn die RFID-Tags nicht deaktiviert/gelöscht werden (Verlust der informationellen Selbstbestimmung)
- RFID-Funkwellen beeinflussen medizinische und diagnostische Geräte, so können Daten verfälscht werden oder es kann sogar zum Ausfall von Geräten kommen

16. Nennen Sie drei Vorteile des Barcode-Systems.

- einfache und preiswerte Codierung von Waren
- weltweiter Standard, denn ca. 90 % aller Waren sind über GTIN (global trade item number) mittels Barcode-System identifizierbar
- Ausspähen von Daten nicht notwendig bzw. ungeeignet, da die Informationsdichte für mögliche Diebe zu gering ist
- leichtes Recycling, da es sich um bedrucktes Papier handelt
- geringer Installationsaufwand von IT-Technik, da die Etiketten (Barcodes) auch über handelsübliche Drucker gedruckt werden können

1.4 Verhalten und Vorschriften bei Unfällen

1. In einem Betrieb ist der Schutz des Menschen vor Unfällen und Gefahren eine rechtlich verpflichtende Aufgabe des Arbeitgebers. Welche Gesetze oder Verordnungen müssen der Arbeitgeber und der Arbeitnehmer einhalten?

- Berufsgenossenschaftliche Vorschriften für Arbeitssicherheit und Gesundheitsschutz, BGV (früher Unfallverhütungsvorschriften)
- Arbeitsstättenverordnung
- Produktsicherheitsgesetz
- Arbeitsschutzgesetz
- Arbeitssicherheitsgesetz u. a.

2. Der Arbeitgeber muss bei der Erstunterweisung über die Betriebsorganisation, allgemeine Betriebsregeln, Brandschutz und Erste Hilfe informieren sowie eine Einweisung am Arbeitsplatz vornehmen. Zählen Sie fünf Beispiele einer Erstunterweisung durch den Arbeitgeber auf.

Der Arbeitgeber muss informieren über:
- Gefahrenschwerpunkte im Betrieb
- Einlasskontrollen
- Sicherheitskennzeichnungen im Betrieb
- Erste-Hilfe-Einrichtungen
- Notrufnummern
- Ordnung und Sauberkeit
- Tätigkeiten und Aufgaben
- Verlauf von Flucht- und Rettungswegen usw.

3. Nennen Sie die sechs Kategorien (Gliederungspunkte) einer Betriebsanweisung.

1. Anwendungsbereich
2. Gefahren für Mensch und Umwelt
3. Schutzmaßnahmen und Verhaltensregeln
4. Verhalten bei Störungen
5. Erste Hilfe
6. Sachgerechte Entsorgung und Instandhaltung

4. Die Arbeitnehmer sind verpflichtet sich an Betriebsanweisungen zu halten. Nennen Sie drei Pflichten des Arbeitgebers.

- Dokumentieren, Beurteilen und Kennzeichnen von Gefahrenpotenzialen
- Beseitigen von Gefahrenquellen
- Unterweisen der Arbeitnehmer mindestens einmal jährlich
- Dokumentieren der Unterweisung
- Melden von Arbeitsunfällen (Unfallanzeige)
- Bereitstellen der persönlichen Schutzausrüstung
- usw.

5. Nennen Sie fünf Bestandteile der persönlichen Schutzausrüstung (PSA).

- Schutzhelm
- Brille
- Atemschutzmaske
- Schalldämpfender Kopfhörer
- Kälteschutzkleidung
- Warnkleidung
- Anseilschutz
- Hautschutzmittel usw.

6. Geben Sie fünf Kategorien von Sicherheits- und Gesundheitsschutzkennzeichnungen an.

- Verbotszeichen
- Gebotszeichen
- Warnzeichen
- Rettungszeichen
- Brandschutzzeichen

7. Ordnen Sie den Sicherheitszeichen 1-9
a) die Kategorie und
b) den Namen zu.

1. 

2. 

3. 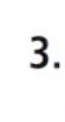 

4. 

5. 

6. 

7. 

8. 

9. 

1. a) Verbotszeichen
   b) Zutritt für Unbefugte verboten
2. a) Gebotszeichen
   b) Gehörschutz benutzen
3. a) Brandschutzzeichen
   b) Feuerlöscher
4. a) Warnzeichen
   b) Warnung vor schwebender Last
5. a) Verbotszeichen
   b) Für Flurförderzeuge verboten
6. a) Warnzeichen
   b) Warnung vor feuergefährlichen Stoffen
7. a) Rettungszeichen
   b) Notdusche
8. a) Warnzeichen
   b) Warnung vor Flurförderzeugen
9. a) Verbotszeichen
   b) Abstellen oder Lagern verboten

8. Wie verhalten Sie sich bei Betriebsunfällen?

- ruhig und besonnen bleiben
- Unfallstelle sichern
- eigene Sicherheit nicht vergessen
- Unfall melden
- weitere Hilfe holen
- auf die Rettungskräfte warten
- mit dem Verletzten/Erkrankten sprechen

9. Bei einer Notrufmeldung sollten Sie die „5 Ws“ beachten. Formulieren Sie die entsprechenden Fragen.

1. Wo ist es passiert?
2. Was ist passiert?
3. Wie viele Verletzte/Erkrankte?
4. Welche Verletzungen/Erkrankungen?
5. Warten auf Rückfragen.

2 Güter lagern

2.1 Lager unterscheiden

1. Beschreiben Sie die fünf Aufgaben des Lagers.

- **Sicherungsaufgabe:** Die Ware wird gelagert um sicherzustellen, dass immer ausreichend Ware für die Produktion bzw. den Verkauf zur Verfügung steht.
- **Überbrückungsaufgabe:** Die Ware wird gelagert, um den Zeitraum zwischen Herstellung bzw. Anschaffung und Verwendung bzw. Verkauf zu überbrücken.
- **Umformungsaufgabe:** Die Ware wird von einem lagerspezifischen Zustand in einen verkaufsspezifischen Zustand umgeformt.
- **Veredelungsaufgabe:** Die Ware soll während der Lagerung reifen und so ihren gewünschten Zustand erreichen.
- **Spekulationsaufgabe:** Die Ware wird gelagert in Erwartung steigender Preise.

2. Entscheiden Sie für die folgenden betrieblichen Situationen, um welche Aufgabe des Lagers es sich jeweils handelt.

a) Fertig gerösteter Kaffee wird in 500 g-Packungen umgefüllt.
b) In einem Silolager wird das Getreide der letzten Ernte gelagert.
c) Eine Käserei nutzt ein Höhlengewölbe zur Reifung eines Premiumproduktes.
d) Ein Automobilhersteller lagert Federbeine eines Zulieferers aus China, um Lieferschwierigkeiten auszugleichen.
e) Ein Stahlhändler nutzt seine gesamte Lagerkapazität, da er mit Preissteigerungen am Weltmarkt rechnet.

a) Umformungsaufgabe
b) Überbrückungsaufgabe
c) Veredelungsaufgabe
d) Sicherungsaufgabe
e) Spekulationsaufgabe

3. ***Bisher wurden alle Kunden Ihres Unternehmens von einem zentralen Standort aus beliefert. Die Geschäftsführung plant nun einen weiteren Lagerstandort.***

3.1 Wie wird ein Standortkonzept mit nur einem Lagerstandort genannt?	Zentrale Lagerung
3.2 Wie wird ein Standortkonzept mit mehreren Lagerstandorten genannt?	Dezentrale Lagerung
3.3 Beschreiben Sie zwei Vorteile für ein Standortkonzept mit einem Lagerstandort.	• Geringere Personalkosten, weil spezielle Positionen nur einmal besetzt werden müssen (z. B. Logistikleitung, Gefahrgutbeauftragter). • Das Personal ist innerhalb eines Standortes flexibler einsetzbar. • Einsparungen bei den Fördermitteln, da diese nicht mehrfach angeschafft werden müssen. • Ein besserer Überblick über die Lagerbestände.
3.4 Beschreiben Sie zwei Vorteile für ein Standortkonzept mit mehreren Lagerstandorten.	• Kürzere Wege zu den Kunden und somit geringere Lieferkosten sowie kürzere Lieferzeiten. • Zusätzliche Standorte ermöglichen eine engere Kundenbindung.
4. Welches Lager wird bei Fließfertigung nicht benötigt?	Zwischenlager bzw. Pufferlager werden bei Fließfertigung nicht benötigt.
5. Welches Lager wird beim Just-in-time-Prinzip nicht benötigt?	Roh-, Hilfs- und Betriebsstofflager

6. Vervollständigen Sie die folgende Übersicht zum Thema Betriebsarten und Lagerarten.

Betriebsarten	Lagerarten
Industriebetrieb: In einem Industriebetrieb werden Waren hergestellt. Dafür werden Roh-, Hilfs-, und Betriebsstoffe benötigt und es kommen Maschinen zum Einsatz.	• ______________________: ______________________ ______________________ • **Pufferlager oder Zwischenlager:** ______________________ ______________________ • ______________________: In diesem Lager werden die fertigen Produkte bis zum Verkauf gelagert.
Großhandel: ______________________ ______________________ ______________________	• **Auslieferungslager:** Vom Auslieferungslager beliefert der Großhändler seine Kunden. • ______________________: ______________________ ______________________
______________________: ______________________ ______________________ ______________________	• **Verkaufslager:** ______________________ ______________________ • ______________________: ______________________ ______________________

(Lösung auf S. 234)

7. Sie sind als Fachkraft für Lagerlogistik bei einem Hersteller für Skelettteile beschäftigt. Ihr Unternehmen beliefert Schulen und Universitäten mit hochwertigen Skelettmodellen.
Ihre Aufgabe ist es, in dieser Woche die bereits fertigen Hände mit zwei Schrauben an die ebenfalls bereits fertigen Armmodelle zu montieren.

7.1 Beschreiben Sie, was in diesem Zusammenhang unter einem Handlager zu verstehen ist.

Ein Handlager ist ein Lagerort direkt am Arbeitsplatz. Dort werden Materialien gelagert, die häufig benötigt werden. In diesem Fall die Schrauben zum Verbinden der bereits montierten Zwischenprodukte.

7.2 In welchem Lager werden die fertig montierten Arme bis zur Endmontage zunächst eingelagert?

Bei den bereits montierten Armen handelt es sich um ein halbfertiges Produkt. Dies wird im Halbfertigwarenlager oder auch Pufferlager eingelagert.

8. Die NORDlager GmbH benötigt für ein neuartiges Produkt ein Kühllager. Das Unternehmen verfügt weder über ein geeignetes Gebäude noch über entsprechend geschultes Personal. Aus diesem Grund sollen Sie prüfen, ob eine Fremdlagerung sinnvoll wäre.

8.1 Beschreiben Sie die folgenden Formen der Fremdlagerung und veranschaulichen Sie die Formen jeweils an einem Beispiel:
a) Trennungslagerung,
b) Sammellagerung,
c) Mietlagerung

a) **Trennungslagerung:** Die Güter der Einlagerer werden getrennt gelagert. Beispiel: 10.000 Jeanshosen der Firma Müller werden in Halle 1 gelagert und 15.000 Jeanshosen der Firma Schulz in Halle 2.
b) **Sammellagerung:** Gleiche Güter verschiedener Einlagerer werden zusammen gelagert. Dies ist nur möglich, wenn alle Einlagerer mit der Sammellagerung einverstanden sind und es sich um Sachen gleicher Art und Güte handelt (z. B. Getreide oder Mineralöl). Beispiel: Zehn Oldtimer werden in einer angemieteten Lagerhalle untergestellt.
c) **Mietlagerung:** Der Einlagerer mietet eine Lagerfläche und ist für die eingelagerte Ware selber verantwortlich.

8.2 Beschreiben Sie zwei Pflichten des Einlagerers.

- Der Einlagerer hat die Pflicht, die vereinbarte Vergütung für die Lagerung seiner Waren zu zahlen.
- Der Einlagerer muss den Lagerhalter darüber informieren, wenn er gefährliche Güter einlagern möchte. Er muss gefährliche Güter zudem entsprechend verpacken und kennzeichnen.

8.3 Beschreiben Sie zwei Pflichten des Lagerhalters.

- Der Lagerhalter ist verpflichtet, die Waren des Einlagerers zu lagern und aufzubewahren.
- Der Lagerhalter ist verpflichtet, dem Einlagerer während der üblichen Geschäftszeit die Möglichkeit zur Besichtigung seiner Waren zu geben und Maßnahmen zur Werterhaltung der Ware vorzunehmen.

8.4 Beschreiben Sie drei Varianten eines Lagerscheins.

- **Inhaberlagerschein:** Die Herausgabe der Ware erfolgt an jede Person, die den Lagerschein vorlegt. Die Übertragung des Herausgabeanspruchs kann daher durch einfache Übergabe des Lagerscheins erfolgen.
- **Orderlagerschein:** Die Herausgabe der Ware erfolgt an die Person, die auf der Rückseite (Indossament) des Lagerscheins als hierfür berechtigt vermerkt ist. Die Übertragung des Herausgabeanspruchs bewirkt eine Eigentumsübertragung.
- **Namenslagerschein:** Die Herausgabe der Ware erfolgt nur an die auf dem Lagerschein namentlich genannte Person. Eine Übertragung des Herausgabeanspruches der Ware ist nur durch eine Abtretungserklärung möglich.

9. ***Langfristig wollen Sie den Bau eines eigenen Lagers prüfen. Nach ausgiebiger Planung stellt sich die folgende Kostensituation dar:***
Eigenlagerung: fixe Kosten 50.000 €/Jahr; variable Kosten 5,50 €/m³
Fremdlagerung: 25,50 €/m³ einschließlich aller notwendigen Serviceleistungen.

9.1 Vervollständigen Sie die folgende Tabelle.

Lagerkapazität	Eigenlagerung			Fremdlagerung
	fixe Kosten	variable Kosten	Gesamtkosten	Kosten pro m³
0				
500				
1000				
1500				
2000				
2500				
3000				
3500				
4000				

(Lösung auf S. 235)

9.2 Berechnen Sie die kritische Lagermenge.

Die kritische Lagermenge beträgt 2.500 m³.
(Lösungsweg auf S. 235)

9.3 Nennen Sie jeweils zwei Beispiele für fixe und variable Lagerkosten.

Fixe Kosten:
- Lagermiete
- Personalkosten

Variable Kosten:
- Lagerzinsen
- Energiekosten

9.4 Beschreiben Sie zwei Gründe, die auch bei höheren Kosten für eine Fremdlagerung sprechen.

- Der Lagerhalter verfügt über entsprechend ausgebildetes Personal.
- Bei schwankender Auslastung ist die Fremdlagerung flexibler, da man keine Fixkosten hat.

9.5 Stellen Sie den Sachverhalt aus Aufgabe 9 grafisch dar.

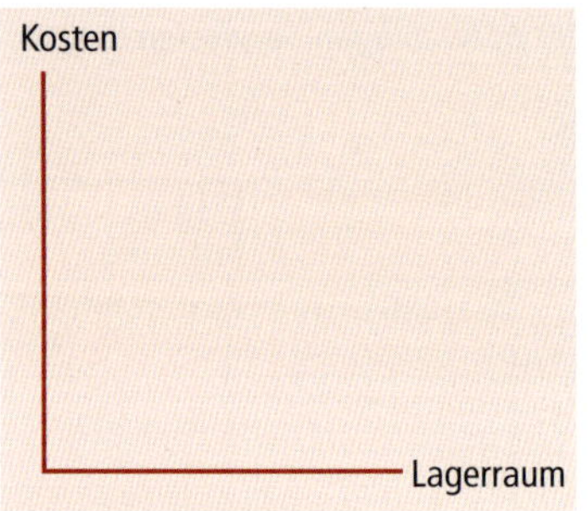

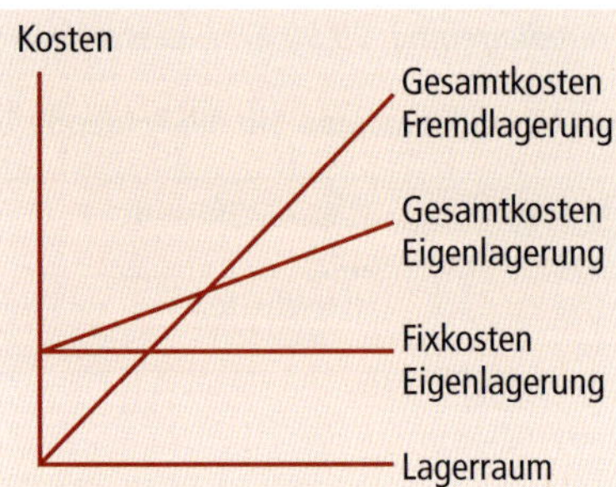

2.2 Lagereinrichtung

1. In Ihrem Unternehmen soll ein neuer Lagerbereich entstehen. Die Bereitstellung der Ware für die Kommissionierer soll dabei nach dem Prinzip „Ware zum Mann" erfolgen.

1.1 Nennen Sie drei Regalarten, die für diese Bereitstellungsart geeignet sind.

- Turmregal
- Paternosterregal
- Karussellregal

1.2 Die Planungsgruppe hat sich für die Anschaffung eines Turmregals entschieden. Der Grund hierfür ist, dass die Lagerung der Ware statisch erfolgt. Beschreiben Sie den Unterschied zwischen statischer und dynamischer Lagerung.

- Bei der **statischen Lagerung** wird die Ware während der Lagerung nicht bewegt.
- Bei der **dynamischen Lagerung** wird die Ware während der Lagerung bewegt. Bei der Entnahme eines einzelnen Artikels wird die gesamte Regalanlage und somit die gesamte Ware bewegt.

1.3 Beschreiben Sie zwei Vorteile der statischen Lagerung gegenüber der dynamischen Lagerung.

- Die Ware wird nur zur Ein- und Auslagerung bewegt. Daraus ergibt sich eine geringere Beanspruchung der Ware während der Lagerung.
- Es wird nur die Ware bewegt, die ein- oder ausgelagert wird. Daraus ergibt sich eine Energieeinsparung gegenüber der dynamischen Lagerung.

1.4 Beschreiben Sie die Funktionsweise eines Turmregals.

Bei einem Turmregal wird die Ware auf Tablaren gelagert. Diese Tablare werden im Inneren des Turmregals von einem Fördersystem am Lagerplatz entnommen und von dort in vertikaler Richtung zum Ausgabeplatz bewegt.

1.5 Nennen Sie zwei Regalarten, die besonders geeignet sind für Langgut.

Wabenregal (Kassettenregal) und Kragarmregal.

1.6 Nennen Sie drei Regalarten, die das FIFO-Prinzip unterstützen.

Durchlaufregal, Turmregal, Umlaufregal

2. In den folgenden Aufgaben werden Eigenschaften aufgezählt, die mit Regalarten in Verbindung gebracht werden können. Nennen Sie jeweils eine Regalart, die über alle aufgezählten Eigenschaften verfügt.

a) Geringe Investitionskosten, vielseitig einsetzbar, vielfältiges Zubehör
b) Hoher Flächennutzungsgrad, geringe Investitionskosten
c) Unterstützt das FIFO-Prinzip, getrennte Ein- und Auslagerung, hohe Kommissionierleistung
d) Besonders gut geeignet für Langgut, hohe Investitionskosten
e) Besonders gut geeignet für Langgut, geringe Investitionskosten, sehr flexibel, kein FIFO möglich
f) Hoher Flächen- und Raumnutzungsgrad, geeignet für schwere Lasten, einfach zu erweitern
g) Hohe Investitionskosten, dynamische Lagerung
h) Hohe Investitionskosten, statische Lagerung

a) Fachbodenregal
b) Einfahr- und Durchfahrregal
c) Durchlaufregal
d) Waben- bzw. Kassettenregal
e) Kragarmregal
f) Palettenregal
g) Paternoster oder Karussellregal
h) Turmregal

→

i) **Sehr großer Flächen- und Raumausnutzungsgrad, hohe Investitionskosten gesamt, geringe Investitionskosten pro Lagerplatz, Ware zum Mann, FIFO möglich**
j) **Sehr großer Flächen- und Raumausnutzungsgrad, hohe Investitionskosten, Lagerung nur in speziellen Behältern**
k) **Sehr große Flächen- und Raumausnutzung, hohe Investitionskosten, Beeinträchtigungen beim Zugriff**

i) Hochregal mit vollautomatischem Regalbediengerät
j) Automatisches Kleinteillager (AKL)
k) Verschieberegal

3. Ordnen Sie den folgenden Einlagerungskriterien die passende Aussage zu, indem Sie den bei der Aussage stehenden Buchstaben in das passende Kästchen eintragen.
In der richtigen Reihenfolge ergibt sich das auf S. 235 eingetragene Lösungswort.

Einlagerungskriterien:		**Aussagen:**	
LIFO-Prinzip	☐	Wertvolle Waren werden in einem besonders geschützten Bereich gelagert	E
Wert des Lagergutes	☐	Bei der Auslagerung wird erst die ältere Ware entnommen.	L
Umschlagshäufigkeit	☐	Häufig benötigte Ware wird auf einem schnell zugänglichen Lagerplatz gelagert.	G
Art des Lagergutes	☐	Leichte Waren werden oben und schwere Waren werden unten im Regal gelagert.	A
FIFO-Prinzip	☐	Die zuletzt eingelagerte Ware wird auch als erstes wieder entnommen.	R

(Lösungswort auf S. 235)

4. Ordnen Sie den folgenden Gütern eine geeignete Regalart zu, indem Sie den bei der Ware stehenden Buchstaben in das passende Kästchen eintragen.
In der richtigen Reihenfolge ergibt sich das auf S. 235 eingetragene Lösungswort.

Einlagerungskriterien:		**Aussagen:**	
Metallrohre, ¾ Zoll, Länge 7 m	☐	Durchlaufregal	E
Säcke mit Betonestrich	☐	Palettenregal	A
wertvolle Spezialwerkzeuge	☐	Kragarmregal	L
Gummidichtungen mit begrenzter Haltbarkeit	☐	Verschieberegal	R
selten benötigte Artikel	☐	Turmregal	G

(Lösungswort auf S. 235)

5. Bei der Besichtigung eines vollautomatischen Hochregallagers wird immer wieder auf den „I-Punkt" hingewiesen. Beschreiben Sie, worum es sich dabei handelt.

Der „I-Punkt" ist der Informationspunkt. An dieser Stelle im Lager werden die Waren bzw. Packstücke auf ihre Einlagerungsfähigkeit, insbesondere im Hinblick auf die Maße, geprüft. Ferner wird die Beschaffenheit der Paletten geprüft.
Zudem erfolgt die Zuweisung eines Lagerplatzes.

6. Erklären Sie den Unterschied zwischen einem Hochregallager in Silobauweise und in Betonbauweise.

- Bei der **Silobauweise** wird zunächst die Regalanlage gebaut. Sie dient gleichzeitig als tragende Konstruktion des Gebäudes. Anschließend wird die Gebäudehülle an den Außenseiten der Regalanlage erstellt.
- Bei der konventionellen **Betonbauweise** wird zunächst das Gebäude gebaut und anschließend die Regalanlage in dem fertig erstellten Lagergebäude installiert.

7. Beschreiben Sie den Begriff „Doppelspiel" im Zusammenhang mit einer vollautomatischen Regalanlage.

Beim Doppelspiel werden Leerfahrten vermieden. Jede Auslagerungsfahrt wird nach Möglichkeit mit einer Einlagerung verbunden.

8. In einem Fachbodenregal mit einer Feldlast von 900 kg sollen pro Regalfach 150 kg eingelagert werden. Mit wie vielen Regalfächern darf das Regal bestückt werden?

Anzahl Regalfächer = Feldlast / Fachlast
= 900 kg / 150 kg
= 6 Regalfächer

9. Für den späten Vormittag ist eine Lieferung von 2.270 Spielekonsolen angekündigt. Jede einzelne hat ein Bruttogewicht von 1,9 kg. Der für die Lieferung bereits reservierte Lagerbereich verfügt über ein Fachbodenregal mit insgesamt 48 Fächern. Die Fachlast beträgt 60 kg.

9.1 Berechnen Sie die Anzahl der Spielekonsolen, die in diesem Fachbodenregal eingelagert werden können.

In das Fachbodenregal können 1.488 der 2.270 Spielekonsolen eingelagert werden. (Lösungsweg auf S. 235)

9.2 Berechnen Sie die Anzahl der zusätzlich benötigten Fächer, um die gesamte Lieferung einzulagern.

Es werden 26 zusätzliche Fächer benötigt. (Lösungsweg auf S. 235)

9.3 Berechnen Sie die Auslastung der gesamten Regalanlage nach der Erweiterung in Prozent.

Auslastung in % = 97,14 %
(Lösungsweg auf S. 236)

2.3 Arbeiten im Lager

1. Nennen Sie drei Grundsätze ordnungsgemäßer Lagerung.

- Sauberkeit
- Geräumigkeit
- Übersichtlichkeit

2. Sie wollen Ihre Kollegen davon überzeugen, zukünftig mehr Wert auf ein sauberes Lager zu legen. Nennen Sie drei Vorteile eines sauberen Lagers.

- Bessere Arbeitsbedingungen
- Geringere Unfallgefahr
- Besserer Eindruck bei Kundenbesuchen

3. Nicht alle Güter können nach dem Wareneingang direkt eingelagert werden. Vielfach ist eine Vorbereitung notwendig. Beschreiben Sie, welche Tätigkeiten in diesem Zusammenhang mit den folgenden Begriffen gemeint sind:
- **Vorverpackung/Portionieren**
- **Komplettierung**
- **Etikettieren.**

- **Vorverpackung/Portionieren:** Zum Schutz der Ware, zur besseren Lagerung und zur schnelleren Entnahme kann die Ware in vorgezählten Mengen vorverpackt werden.
- **Komplettierung:** Zusammenstellen verschiedener Waren zu einer Kombinationsverpackung.
- **Etikettieren:** Die Waren werden gekennzeichnet. Dabei wird ein Etikett an der Ware bzw. der Verpackung angebracht. In den meisten Fällen erhalten die Waren einen Barcode.

2.4 Gefahren im Lager

1. Nennen Sie drei Maßnahmen zur Gewährleistung des Brandschutzes in einem Lager.

- Schulung der Mitarbeiter
- Rauchverbot im Lager
- Feuergefährdete Bereiche besonders kennzeichnen

2. Nennen Sie drei bauliche Maßnahmen um die Folgen eines Brandes zu mindern.

- Einsatz von schwer brennbaren Materialien
- feuersichere Stahltüren
- Einbau einer Feuerlöschanlage
- Aushang von Hinweisen für das Verhalten im Brandfall

3. Nennen Sie drei Brandbekämpfungsanlagen.

- Feuerlöscher
- Sprinkleranlage
- CO_2-Anlage

4. Welche technische Einrichtung ist geeignet, um einen Brand im Lager frühzeitig zu erkennen?

Feuerwarnanlagen (z. B. Feuermelder, Rauchmelder, Thermomelder)

5. Nennen Sie drei Gesetze, die den Schutz der Umwelt zum Ziel haben.

- Bundesimmissionsschutzgesetz
- Gesetz zum Schutz vor gefährlichen Stoffen (Chemikaliengesetz)
- Gefahrstoffverordnung
- Wasserhaushaltsgesetz

6. Welche Aufgabe hat ein Leichtflüssigkeitsabscheider?

Ein Leichtflüssigkeitsabscheider hält Flüssigkeiten zurück, die leichter sind als Wasser. Hierzu zählt insbesondere Öl.

2.5 Güter einlagern

1. Bisher wurden in Ihrem Unternehmen überwiegend Waren für die Sommersaison angeboten. Für die Zukunft ist eine Sortimentserweiterung mit Winterartikeln geplant. Für die Fortführung des bisher angewandten Festplatzsystems stehen nicht in ausreichender Anzahl Lagerplätze zur Verfügung.

1.1 Beschreiben Sie das Festplatzsystem und nennen Sie zwei Vorteile.

Beim Festplatzsystem hat jeder Artikel seinen festen Lagerplatz. Sollte der Artikel nicht am Lager sein, bleibt der Platz ungenutzt.

Vorteile:

- Die Kommissionierer kennen die Lagerplätze der Artikel und können so auch ohne Unterstützung der EDV kommissionieren.
- Die Artikel können nach bestimmten Kategorien zusammen gelagert werden. Dies erhöht die Übersicht.

1.2 Nennen Sie ein weiteres Einlagerungssystem und beschreiben Sie, warum mit dessen Anwendung eine Sortimentserweiterung mit der bisherigen Anzahl an Lagerplätzen möglich ist.

Chaotische Einlagerung: Bei der chaotischen Einlagerung werden die Waren auf einem beliebigen Lagerplatz eingelagrt. Kein Lagerplatz wird für eine bestimmte Ware reserviert. Daher können leere Lagerplätze auch für andere Waren genutzt werden.
In diesem Falle wäre es denkbar, im Winter die Lagerplätze der Sommerware für die Winterartikel zu nutzen.

1.3 Nennen Sie einen Nachteil der Chaotischen Einlagerung.

Bei diesem Einlagerungssystem wird eine elektronische Lagerplatzverwaltung benötigt. Bei einem Ausfall kann nicht weiter gearbeitet werden.

2. ***Beim Lagerordnungssystem wird zwischen starrer Einlagerung und flexibler Einlagerung unterschieden. Vielfach kommen in diesem Zusammenhang auch andere Begriffe mit der gleichen Bedeutung zum Einsatz.***

2.1 Nennen Sie zwei andere Begriffe für starre Einlagerung.

Fester Lagerplatz, Festplatzsystem

2.2 Nennen Sie zwei andere Begriffe für flexible Einlagerung.

Freie Einlagerung, chaotische Einlagerung

2.3 Nennen und beschreiben Sie drei Einlagerungsgrundsätze.

- FiFo – First in first out: Die zuerst eingelagerten Waren werden als erstes wieder ausgelagert.
- LiFo – Last in first out: Die zuletzt eingelagerten Waren werden als erstes wieder ausgelagert.
- HiFo – Highest in first out: Die zum höchsten Preis eingekauften Waren werden als erstes wieder ausgelagert.

3 Güter bearbeiten

3.1 Arbeitsmittel im Lager

1. In Ihrem Lager müssen häufig Kleinteile verpackt werden. Zu diesem Zweck wollen Sie geeignete Arbeitsplätze einrichten. Beschreiben Sie zwei wesentliche Merkmale, die bei der Gestaltung dieser Arbeitsplätze aus ergonomischer Sicht berücksichtigt werden müssen.

- Die Beleuchtung der Arbeitsplätze sollte ein augenschonendes Arbeiten ermöglichen.
- Die Tische sollten in der Höhe verstellbar sein.
- Es sollte die Möglichkeit gegeben sein, dass die Tätigkeit im Sitzen und im Stehen ausgeübt werden kann.

2. Nennen Sie vier Arbeitsmittel, die im Bereich „Wareneingang" zum Einsatz kommen.

- Paketwaage
- Cuttermesser
- Mobiles Datenerfassungsgerät (MDE, Scanner)
- Etikettendrucker

3. Nennen Sie drei Arbeitsmittel, die im Bereich „Güter kommissionieren" zum Einsatz kommen.

- Mobiles Datenerfassungsgerät (MDE, Scanner)
- Zählwaage
- Drucker

4. Nennen Sie vier Arbeitsmittel, die im Bereich „Güter verpacken" zum Einsatz kommen.

- Klebestreifengeber
- Tacker
- Umreifungsgerät
- Paketwaage
- Schrumpfautomat

5. Nennen Sie vier Arbeitsmittel, die dem Informationsfluss dienen.

- Computer
- Faxgerät
- Mobiles Datenerfassungsgerät (MDE, Scanner)
- Headset

6. Beschreiben Sie zu den folgenden Arbeitsmittel jeweils einen Vorteil, der sich durch ihren Einsatz ergibt:
a) Klebestreifengeber
b) Etikettiergerät
c) Palettenkipper
d) Hubtisch
e) Zählwaage
f) Scanner

a) Sauberes, sicheres und schnelles Verschließen von Packstücken.
b) Gut lesbare Beschriftung.
Schnelleres Beschriften.
Kann Barcodes erstellen.
c) Schnelles und körperschonendes Entladen von Paletten und Gitterboxen.
d) Erlaubt ein rückenschonendes Arbeiten mit der Ware.
e) Erleichtert das Portionieren von Kleinteilen.
f) Sicheres und schnelles Erfassen von Artikelnummern.

7. Sie sollen für die Versandabteilung einen Etikettendrucker anschaffen. Beschreiben Sie zwei Kriterien, die für die Auswahl von erhöhter Bedeutung sind.

- *Druckgeschwindigkeit:* Die Druckgeschwindigkeit muss ausreichend und an die Arbeitsabläufe in der Versandabteilung angepasst sein.
- *Anschaffungskosten:* Die Anschaffungskosten müssen im Verhältnis zu dem Nutzen des Gerätes angemessen sein.
- *Kosten für Verbrauchsmaterialien:* Bei der Anschaffung müssen die Kosten für spezielle Verbrauchsmaterialien berücksichtigt werden. Zu hohe Kosten in diesem Bereich können gegen ein Gerät mit einem günstigen Anschaffungspreis sprechen.

8. Beschreiben Sie ausführlich die Bedienung einer Zählwaage.

1. Wenn ein Behälter verwendet wird, muss zunächst die Tara ermittelt werden: Leeren Behälter auf die Waage stellen, Tara-Taste drücken, Anzeige geht auf null.
2. Es wird das Stückgewicht der zu zählenden Artikel ermittelt (Referenzmessung). Dieses Gewicht wird in der Waage gespeichert.
3. Dann wird das Gesamtgewicht aller zu zählenden Artikel ermittelt.
4. Die Zählwaage teilt dann das Gesamtgewicht durch das Stückgewicht und ermittelt somit die Stückzahl.

9. Sie sollen die Quantitätsprüfung für 3.500 Spezialdübel mit einer Zählwaage durchführen. Das Stückgewicht beträgt 9 g. Bestimmen Sie den Wägebereich in kg einer für diese Aufgabe geeigneten Zählwaage.

0,009 kg bis 31,5 kg

10. Welche staatliche Einrichtung ist für die Kontrolle von Mess- und Wiegeeinrichtungen zuständig?

Das Eichamt.

3.2 Güterpflege

1. Sie arbeiten im Regionallager eines Lebensmitteleinzelhändlers in der Abteilung „Frischeprodukte". Die Milchprodukte sollen bei einer Umgebungstemperatur von 6 °C bis 8 °C gelagert werden.

1.1 Beschreiben Sie eine Kontrolle, die bei einer ordnungsgemäßen Warenannahme von Frischeprodukten durchgeführt werden muss.

Es wird geprüft, ob die Temperatur der Ware und im Transportmittel den Vorgaben der jeweiligen Ware entspricht. Nach Möglichkeit wird die Aufrechterhaltung der Kühlkette während des Transportes überprüft.

1.2 Die Kontrolle des Temperaturverlaufs eines in Ihrem Arbeitsbereich befindlichen Kühlregals ergibt einen bereits drei Stunden andauernden Anstieg auf 10 °C. Erläutern Sie, wie Sie mit der dort gelagerten Ware verfahren werden und beschreiben Sie Ihre nächsten Arbeitsschritte.

- Sie stellen sicher, dass die Produkte nicht in den Verkauf gelangen.
- Sie bereiten die Auslagerung der in dem Regal befindlichen Güter vor.
- Sie buchen die betroffene Ware aus.
- Sie informieren Ihren Vorgesetzen.
- Sie veranlassen die Instandsetzung des Regals.

2. Nennen Sie für die folgenden vier Produktgruppen typische Maßnahmen zur Warenpflege: Milchprodukte, Pflanzen, Holz, Elektrogeräte.

- **Milchprodukte:** Kühlkette beachten.
- **Pflanzen:** Für ausreichend Licht und Wasser sorgen.
- **Holz:** Trocken und gut belüftet lagern.
- **Elektrogeräte:** Vor Staub und Feuchtigkeit schützen.

3.3 Inventur

1. Nennen Sie zwei Gründe, die eine Inventur erforderlich machen.

- Überprüfung der Bestände (Soll-Ist-Vergleich).
- Bewertung der Bestände
- Gesetzliche Vorgaben

2. Erläutern Sie die Zusammenhänge zwischen den Begriffen Inventur, Inventar und Bilanz.

- Die **Inventur** ist die mengen- und wertmäßige Erfassung des Vermögens und der Schulden.
- Das **Inventar** ist ein Verzeichnis der Ergebnisse der Inventurtätigkeit.
- Das Inventar ist die Grundlage zur Erstellung der **Bilanz**. Die Bilanz ist ein Konto, in dem Vermögen (Aktivseite) und Kapital (Passivseite) eines Unternehmens dargestellt werden.

3. Nennen Sie vier wesentliche Arbeitsschritte bei der Durchführung einer Inventur.

- Bilanzstichtag und Zähltag festlegen
- Verteilen und unterweisen der Inventurtätigkeiten, Einteilen der Teams
- Durchführung der Inventur (zählen, messen, wiegen)
- Kontrolle der Ergebnisse (Stichproben)
- Fortschreibung bzw. Rückrechnung bei einem vom Bilanzstichtag abweichenden Zähltag
- Bewertung der Bestände

4. Erläutern Sie den Unterschied zwischen Soll- und Istbestand. Gehen Sie hierbei auch darauf ein, wie diese Bestände ermittelt werden.

- Der **Sollbestand** ist der Bestand, der aufgrund der Bestandsfortschreibung vorhanden sein soll.
- Der **Istbestand** ist der tatsächliche Bestand, der bei der Inventur körperlich erfasst wurde.

5. Nennen Sie vier mögliche Gründe für Inventurdifferenzen.

- Diebstahl
- Schwund
- Ein- oder Auslagerung ohne Buchung
- Falsche Buchung
- Kommissionierfehler
- Einlagerung auf einem falschen Regalplatz

6. Bei der körperlichen Bestandsaufnahme im Rahmen der Inventur stoßen Sie auf eine größere Menge Waren mit einem abgelaufenen MHD.
a) Beschreiben Sie einen Arbeitsschritt, der in dieser Situation aus lagertechnischer Sicht erforderlich ist.
b) Beschreiben Sie einen Arbeitsschritt, der in dieser Situation aus buchungstechnischer Sicht erforderlich ist.

a) Die Waren mit dem abgelaufenen MHD müssen ausgelagert werden.
b) Die Waren mit dem abgelaufenen MHD müssen ausgebucht werden.

7. Nennen Sie eine gesetzliche Grundlage, aus der sich die Verpflichtung zur Durchführung einer Inventur ergibt.

§ 240 Handelsgesetzbuch (HGB): Inventar

8. Beschreiben Sie den Begriff „Niederstwertprinzip".

Nach den Grundsätzen ordnungsgemäßer Buchführung gilt prinzipiell der Grundsatz der kaufmännischen Vorsicht. Wird ein Gut in einem Jahr zu verschiedenen Bezugspreisen angeschafft oder ergibt sich aus anderen Gründen die Vermutung eines niedrigeren Wertansatzes, so ist es nach diesem Grundsatz prinzipiell mit dem niedrigsten Wert zu erfassen.

9. Beschreiben Sie den Ablauf einer Stichtagsinventur unter der Angabe von fünf wesentlichen Arbeitsschritten.

- Bestimmung des Zähl- und Stichtages
- Verteilung der Inventurarbeiten auf die Angestellten
- Übergabe der Handzettel mit den Arbeitsanweisungen
- Zählen, Messen, Wiegen
- Erfassung der Bestände auf den Inventurzetteln
- Erfassung der zwischen Zähl- und Stichtag verkauften Waren in Abschreiblisten
- Eintragung der Bestände in Inventurbögen
- Bewertung der Waren zu Anschaffungs- bzw. Herstellungskosten

10. Für die Durchführung einer Inventur stehen unterschiedliche Verfahren zur Auswahl. Nennen und erläutern Sie vier Verfahren. Gehen Sie dabei jeweils auf drei wesentliche Merkmale der Verfahren ein.

Stichtagsinventur:
- Bei der Stichtagsinventur wird der Bestand am Geschäftsjahresende körperlich ermittelt.
- Die Erfassung erfolgt durch Zählen, Messen oder Wiegen. Da alle Artikel erfasst werden müssen, ist diese Form sehr arbeitsintensiv.
- Die Stichtagsinventur kann auch zeitnah, innerhalb von 10 Tagen vor oder nach dem Bilanzstichtag, durchgeführt werden.

Verlegte Inventur:
- Die Vorgehensweise der verlegten Inventur entspricht der der Stichtagsinventur.
- Die verlegte Inventur findet in dem Zeitraum drei Monate vor bis zwei Monate nach dem Bilanzstichtag statt.
- Die Zu- und Abgänge müssen dann auf den Bilanzstichtag fortgeschrieben oder zurückgerechnet werden.

Permanente Inventur:
- Hier erfolgt eine körperliche Erfassung zu einem beliebigen Zeitpunkt im Geschäftsjahr.
- Die Zu- und Abgänge der einzelnen Vermögensgegenstände müssen bis zum Bilanzstichtag fortgeschrieben werden.
- Man spricht daher auch von einer buchmäßigen Inventur.

Stichprobeninventur:
- Zunächst inventiert man die 5 % der gelagerten Teile, die den größten Wert (mind. 40 %) ausmachen.
- Im zweiten Schritt werden wichtige Positionen, wie diebstahlgefährdete oder leicht verderbliche Teile, ebenfalls vollständig erfasst.
- Aus dem verbleibenden Restbestand des Lagerumfanges entnimmt man eine Stichprobe. Die hierbei ermittelten Bestandsdifferenzen werden auf die restlichen Güter hochgerechnet.

11. In Ihrem Betrieb findet die Stichtagsinventur in diesem Jahr nicht am Bilanzstichtag 31.12., sondern bereits am 21.12. statt.
a) Nennen Sie die Bezeichnung für eine Stichtagsinventur, die in dieser Form vom eigentlichen Inventurtermin abweicht.
b) In welchem Zeitraum kann eine solche Inventur stattfinden?

a) Zeitnahe Inventur
b) Zehn Tage vor bis zehn Tage nach dem Bilanzstichtag.

12. In Ihrem Unternehmen beginnt das Geschäftsjahr am 01.01. eines jeden Jahres und endet jeweils am 31.12. Die Inventur soll aufgrund der Arbeitsbelastung zum Jahreswechsel erst am 01.02. stattfinden. Entscheiden Sie, welche Inventurart sich in der beschriebenen Situation anbietet. Begründen Sie Ihre Entscheidung.

Es bietet sich eine verlegte Inventur an. Diese kann in dem Zeitraum drei Monate vor bis zwei Monate nach dem Bilanzstichtag stattfinden. Der in der Situation genannte Termin liegt innerhalb dieses Zeitraums. Der Ablauf entspricht im Wesentlichen dem einer Stichtagsinventur.

13. Im Rahmen einer verlegten Inventur wurden die folgenden Bestände und Bestandsveränderungen ermittelt. Bestimmen Sie auf der Grundlage dieser Daten den Bestand für den Bilanzstichtag 31.12.00.
a) Istbestand am Zähltag 01.10.00: 11.400 Stück
Zugänge 01.10.00–31.12.00: 2.300 Stück
Abgänge 01.10.00–31.12.00: 680 Stück
Bilanzstichtag 31.12.00
b) Istbestand am Zähltag 28.02.01: 13.500 Stück
Zugänge 01.01.01–28.02.01: 1.200 Stück
Abgänge 01.01.01–28.02.01: 2.900 Stück
Bilanzstichtag 31.12.00

a) 11.400 Stück + 2.300 Stück – 680 Stück = 13.020 Stück
b) 13.500 Stück – 1.200 Stück + 2.900 Stück = 15.200 Stück

14. Nennen Sie vier Vorteile der permanenten Inventur.

- Die Inventurarbeiten können auf das ganze Jahr verteilt werden.
- Der Betrieb muss am Zähltag nicht geschlossen werden.
- Die Inventur kann durchgeführt werden, wenn der Bestand einer Ware besonders niedrig ist.
- Die Inventurarbeiten können dann durchgeführt werden, wenn gerade wenig zu tun ist.

15. Nennen Sie drei Voraussetzungen für die Stichprobeninventur.

- Es müssen mind. 2000 verschiedene Artikelarten gelagert werden.
- Es muss ein EDV-Lagerbuchführungssystem zur Erfassung der Bestände, der Zu- und Abgänge vorhanden sein.
- 5 % der gelagerten Teile müssen mindestens 40 % des Lagerwertes ausmachen.

16. Prüfen Sie für die dargestellten Situationen, welcher der folgenden Bestände korrigiert werden muss: Meldebestand, Mindestbestand, Istbestand, Höchstbestand, Sollbestand.

a) Ein Wareneingang wurde versehentlich nur mit der halben Stückzahl eingebucht.

b) Ein Warenausgang wurde nicht gebucht.

c) Im Außenlager wurden 20 Stück eines Artikels gestohlen.

a) Sollbestand
b) Sollbestand
c) Sollbestand

17. Sie beginnen Ihre Arbeitswoche mit einem Anfangsbestand von 3.450 Stück. Im Verlauf der Woche ergeben sich die in der Tabelle dargestellten Bestandsveränderungen:

Wochentag	Zugänge in Stück	Abgänge in Stück
Montag	750	650
Dienstag	680	500
Mittwoch	350	1.250
Donnerstag	1.000	1.500
Freitag	400	900

→

Zudem werden im Rahmen einer Bestandsprüfung 250 defekte und 380 falsch einsortierte Stücke entnommen. Außerdem erhalten Sie von einem Kunden 150 Stücke zurück. Ermitteln Sie unter Berücksichtigung aller Angaben den Lagerbestand am Wochenende.	Anfangsbestand: 3.450 St. + Zugänge Mo–Fr 3.180 St. – Abgänge Mo–Fr 4.800 St. – defekte Stücke 250 St. – falsch einsortierte Stücke 380 St. + Rücklieferung vom Kunden 150 St. = Endbestand Wochenende **1.350 St.**
18. Bei einer Bestandskontrolle bemerken Sie, dass bei einigen Gummidichtungen das MHD abgelaufen ist. **a) Beschreiben Sie, was Sie aus lagertechnischer Sicht zu tun haben.** **b) Beschreiben Sie, was Sie aus buchungstechnischer Sicht zu tun haben.** **c) Beschreiben Sie eine mögliche Folge, wenn Sie in dieser Situation nichts unternehmen.**	a) Der Artikel muss ausgelagert werden. b) Der ausgelagerte Bestand muss ausgebucht werden. c) Der Artikel wird an einen Kunden ausgeliefert. Dies führt zu einer Rücksendung, verbunden mit zusätzlichen Kosten.
19. Welche zwei Bestandsarten werden nach der Bestandserfassung miteinander verglichen?	Sollbestand und Istbestand.
20. Erklären Sie den Begriff „körperliche Inventur".	Der Vorgang der körperlichen Inventur dient der Bestandsermittlung von betrieblichen Vermögensgegenständen. Die Ermittlung erfolgt durch Zählen, Messen oder Wiegen.
21. Erklären Sie den Begriff „zeitnahe Inventur" und beschreiben Sie, wie mit den Zu- und Abgängen zwischen dem Zähl- und dem Bilanzstichtag zu verfahren ist.	Eine zeitnahe Inventur erfolgt zehn Tage vor oder nach dem Bilanzstichtag. Die zwischen Zähltag und Bilanzstichtag erfolgten Zu- und Abgänge müssen auf den Bilanzstichtag fortgeschrieben und zurückgerechnet werden.

3.4 Wirtschaftlichkeit im Lager

1. Lagerkosten:
Nennen Sie fünf Kategorien, in die sich Lagerkosten einteilen lassen und geben Sie jeweils ein Beispiel an.

- Personalkosten: Löhne und Gehälter
- Kosten für Lagerräume: Miete
- Kosten für gelagerte Ware: Lagerzinsen
- Kosten für Fördermittel: Leasingraten
- Materialkosten: Verpackungsmaterial

2. Erklären Sie den Unterschied zwischen fixen und variablen Lagerkosten.

Fixe Lagerkosten sind unabhängig vom Lagerbestand.
Variable Lagerkosten sind abhängig vom Lagerbestand.

3. Erklären Sie den Zweck des Mindestbestandes.

Der Mindestbestand ist eine Reserve für besondere Situationen, wie Lieferverzögerungen oder erhöhte Nachfrage.

4. Erklären Sie den Zweck des Meldebestandes.

Der Meldebestand signalisiert den Zeitpunkt der Bestellung.

5. Erklären Sie den Zweck des Höchstbestandes.

Der Höchstbestand soll überflussige Lagerbestände vermeiden und so die Höhe der variablen Lagerkosten minimieren.

6. Für einen Artikel in Ihrem Lager stehen Ihnen die folgenden Informationen zur Verfügung:
Tagesverbrauch: 200 Stück; Lieferzeit: 5 Tage; Mindestbestand: 800 Stück; Höchstbestand: 4.000 Stück.

a) Berechnen Sie den Meldebestand.
b) Wie viel Ware muss bei Erreichen des Meldebestandes bestellt werden?
c) Berechnen Sie auf der Grundlage der zur Verfügung stehenden Informationen den durchschnittlichen Lagerbestand.
d) Stellen Sie die Situation grafisch dar.

a) Meldebestand = Tagesverbrauch · Lieferzeit + Mindestbestand
Meldebestand = 200 · 5 + 800 = 1.800 Stück

b) 4.000 Stück – 800 Stück = 3.200 Stück

c) Durchschnittlicher Lagerbestand = (Höchstbestand + Mindestbestand) : 2
(4.000 + 800) : 2 = 4.800 : 2 = 2.400 Stück

d) Lösung auf S. 236

7. Vervollständigen Sie die folgende Darstellung:

Lösung auf Seite 237

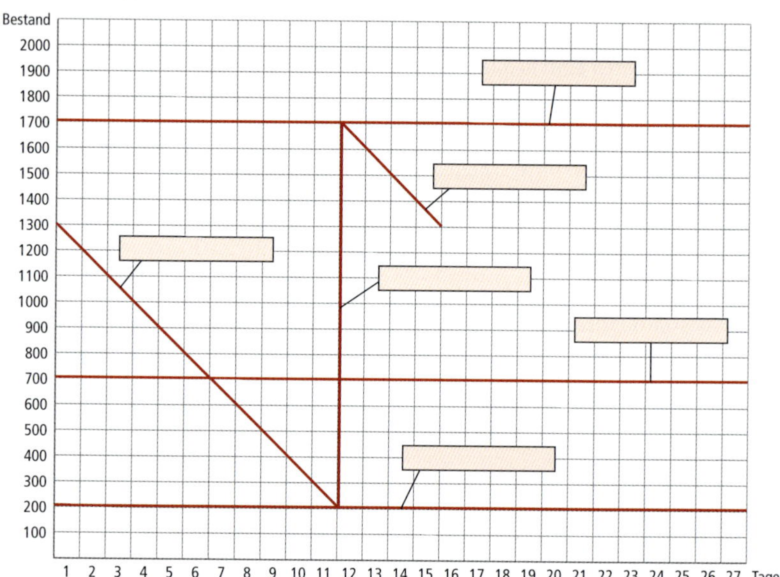

8. Für den Artikel „KH 4760" galten bisher die folgenden Werte: Mindestbestand: 600 Stück; Meldebestand bisher: 2.400 Stück; Tagesverbrauch bisher: 200 Stück. Der Tagesverbrauch hat sich in den letzten Monaten deutlich erhöht und liegt nun bei 300 Stück.

a) Berechnen Sie den Meldebestand unter Berücksichtigung der bisherigen Werte und dem neuen Tagesverbrauch.

b) Auf wie viele Tage müsste sich die Lieferzeit verkürzen, wenn trotz des erhöhten Tagesverbrauches der Meldebestand weiter 2.400 Stück betragen soll?

a) Schritt 1: Lieferzeit = (Meldebestand bisher – Mindestbestand) : Tagesverbrauch bisher = (2.400 – 600) : 200 = 9 Tage
Schritt 2: Meldebestand = Tagesverbrauch · Lieferzeit + Mindestbestand = 300 · 9 + 600 = 3.300 Stück

b) (Meldebestand bisher – Mindestbestand) : Tagesverbrauch = (2.400 – 600) : 300 = 6 Tage

9. **Als Information über die Bestandsführung zu einem Artikel in Ihrem Lager erhalten Sie die folgende Darstellung:**

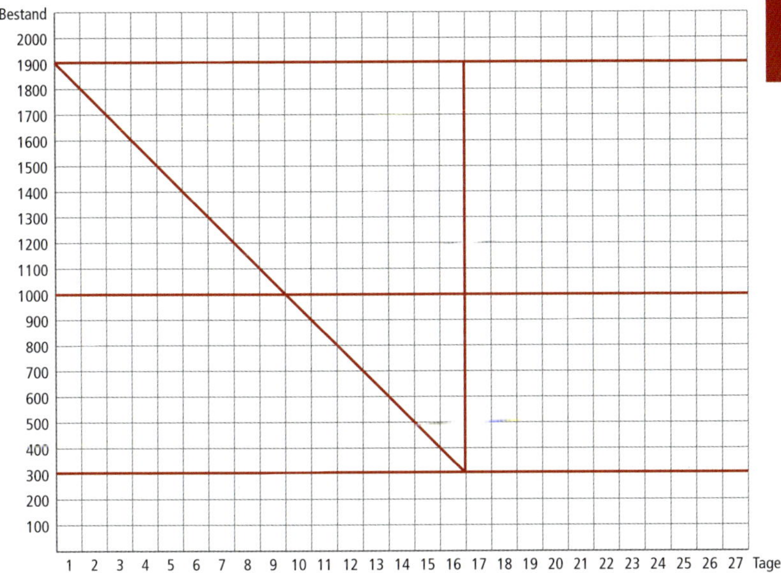

- **a) Bestimmen Sie den Höchstbestand.**
- **b) Bestimmen Sie den Tagesverbrauch.**
- **c) Bestimmen Sie den Mindestbestand.**
- **d) Bestimmen Sie die Lieferzeit.**
- **e) Bestimmen Sie den Meldebestand.**
- **f) Bestimmen Sie die Bestellmenge.**

a) 2.000 Stück
b) 100 Stück
c) 400 Stück
d) 7 Tage
e) 1.100 Stück
f) 1.600 Stück

10. Für einen Artikel in Ihrem Lager stehen Ihnen die folgenden Informationen zur Verfügung:
Anfangsbestand: 120.000 €;
Zugänge 01.01. bis 31.12.:
1.100.000 €; Zinssatz: 12 %.

Jan	**250.000 €**
Feb	**220.000 €**
Mär	**240.000 €**
Apr	**180.000 €**
Mai	**190.000 €**
Jun	**230.000 €**
Jul	**264.000 €**
Aug	**270.000 €**
Sep	**260.000 €**
Okt	**274.000 €**
Nov	**170.000 €**
Dez	**220.000 €**

Berechnen Sie die Lagerzinsen. Runden Sie alle Zwischenergebnisse und das Endergebnis auf zwei Stellen nach dem Komma.

Die Lagerzinsen betragen 5.924,10 €.
(Lösungsweg auf S. 237 f.)

11. Beschreiben Sie zwei Maßnahmen, die geeignet sind, die Kapitalbindung im Rahmen des Güter- und Materialflusses zu senken.

- Mindestbestände senken.
- Höchstbestände senken.
- Durchlaufzeit in der Fertigung verkürzen.
- Zwischenlagerung zwischen den einzelnen Produktionsstufen vermeiden.

12. Die Lagerleitung wird von der Controlling-Abteilung angewiesen, den Mindestbestand für insgesamt 20 ausgewählte Produkte zu senken.
Beschreiben Sie je einen Vor- und einen Nachteil, der sich aus diesem Vorgehen ergibt.

Vorteil: Durch die Senkung des Mindestbestandes verringert sich der Kapitalbedarf und somit verringern sich auch die Lagerzinsen.
Nachteil: Durch die Senkung des Mindestbestandes erhöht sich das Risiko für Fehlmengenkosten, z. B. weil Aufträge nicht ausgeführt werden können.

**13. Die Lagerleitung wird von der Controlling-Abteilung angewiesen, den Höchstbestand für insgesamt 20 ausgewählte Produkte zu senken.
Beschreiben Sie je einen Vor- und einen Nachteil, der sich aus diesem Vorgehen ergibt.**

Vorteil: Durch die Senkung des Höchstbestandes verringert sich der Kapitalbedarf und somit verringern sich auch die Lagerzinsen.
Nachteil: Durch die Senkung des Höchstbestandes erhöht sich die Bestellhäufigkeit und somit fallen mehr Bestell- und Lieferkosten an.

14. Für den Artikel „HK 4765" liegen Ihnen die folgenden Daten vor:

Anfangsbestand:	**57.435 €**
Quartalsbestand 31.03.01:	**77.970 €**
Quartalsbestand 31.06.01:	**58.450 €**
Quartalsbestand 31.09.01:	**45.760 €**
Quartalsbestand 31.12.01:	**84.320 €**

**Im Jahr 00 wurde für diesen Artikel ein durchschnittlicher Lagerbestand von 52.300 € festgestellt.
Berechnen Sie mit den vorliegenden Daten, um wie viel Prozent sich der durchschnittliche Lagerbestand im Jahr 01 verändert hat.**

Der durchschnittliche Lagerbestand hat sich um 23,88 % erhöht.
(Lösungsweg auf S. 238)

15. Beschreiben Sie den Begriff „Lagerreichweite".

Die Lagerreichweite drückt aus, für welchen Zeitraum der aktuelle Bestand noch ausreicht, wenn ein konstanter Tagesverbrauch angenommen wird.

16. Berechnen Sie die Lagerreichweite bei folgenden Angaben:

Lagerbestand:	**1.225 Stück**
offene Bestellungen:	**350 Stück**
reservierte Bestände:	**200 Stück**
Tagesverbrauch:	**125 Stück**

Lagerreichweite: 11 Tage
(Lösungsweg auf S. 238)

**17. Der aktuelle Bestand für den Artikel „KH 2740" reicht bei einem Tagesverbrauch von 140 Stück pro Tag noch für 15 Arbeitstage.
Berechnen Sie, wie viele Tage der Vorrat reicht, wenn der Verbrauch um 15 % ansteigt.**

Der Vorrat reicht bei einer Steigerung des Tagesverbrauches um 15 % noch für 13 volle Arbeitstage.
(Lösungsweg auf S. 238)

4 Güter im Betrieb transportieren

4.1 Innerbetrieblicher Materialfluss

1. Erklären Sie die Begriffe innerbetrieblicher und außerbetrieblicher Materialfluss.

Der **innerbetriebliche Materialfluss** dient der Beförderung von Gütern innerhalb des Betriebes.
Der **außerbetriebliche Materialfluss** dient der Beförderung von Gütern zwischen Unternehmen und Lieferanten bzw. Kunden.

2. Geben Sie drei Beispiele für den innerbetrieblichen Materialfluss an.

Der innerbetriebliche Materialfluss findet statt

- zwischen einzelnen Abteilungen des Lagerbereichs, z. B. vom Lager in den Warenausgang,
- zwischen den Arbeitsplätzen einer Abteilung, z. B. von der Kommissionierung zur Verpackung,
- an einem Arbeitsplatz, z. B. beim Kommissionieren: Entnahme der Ware aus dem Regalfach und Ablegen in den Kommissionierbehälter.

3. Die Gestaltung des innerbetrieblichen Materialflusses ist von verschiedenen Komponenten abhängig. Nennen Sie vier Komponenten.

- Förderstrecke
- Fördergut
- Fördermenge
- Förderkosten

4. Die Gestaltung eines optimalen innerbetrieblichen Materialflusses verfolgt verschiedene Ziele.
a) Nennen Sie fünf Ziele.
b) Geben Sie je Ziel mindestens eine Möglichkeit an, wie es erreicht werden kann.

a) Fünf Ziele für die Gestaltung des innerbetrieblichen Materialflusses:
   - bessere Arbeitsbedingungen
   - sicherer Transport
   - Einsparung von Kosten
   - Verkürzung der Durchlaufzeit
   - Energieverschwendung reduzieren

→

b) **Bessere Arbeitsbedingungen:** Einsatz von Fördermitteln, unfallsichere Arbeitsbedingungen
Sicherer Transport: keine Beschädigungen der Waren auf dem Transport
Einsparung von Kosten: gute Raumausnutzung, flexible Nutzung der Fördermittel
Verkürzung der Durchlaufzeit: wenig Zwischenlagerungen, geringe Liegezeiten der Waren
Energieverschwendung reduzieren: wenig Leerfahrten, Einsatz von Fördermitteln, die einen geringen Energieverbrauch haben und den Umweltanforderungen entsprechen

4.2 Förderhilfsmittel

1. Definieren Sie den Begriff „Förderhilfsmittel".

Förderhilfsmittel sind Packmittel, die das Fördergut lade-, lager- und transportfähig machen.

2. Förderhilfsmittel werden in folgende Kategorien unterteilt:
a) Paletten,
b) formstabile Förderhilfsmittel,
c) forminstabile Förderhilfsmittel.
Ordnen Sie die folgenden Förderhilfsmittel den jeweils richtigen Kategorien zu:
Europaletten, Kanister, Beutel, Holzkiste, Tablar, Fass, Big Bag, Gitterboxpalette.

Europaletten – a)
Kanister – b)
Beutel – c)
Holzkiste – b)
Tablar – b)
Fass – b)
Big Bag – c)
Gitterboxpalette – a)

3. Geben Sie mindestens drei Anforderungen an, denen Förderhilfsmittel gerecht werden sollen.

genormt, kostengünstig, umweltschonend, wiederverwendbar, leichte Handhabbarkeit

4.3 Fördermittel

4.3.1 Stetig- und Unstetigförderer

1. Definieren Sie die Begriffe „Stetigförderer" und „Unstetigförderer".

Stetigförderer haben eine feste Förderstrecke, auf der Waren kontinuierlich oder taktweise gefördert werden.
Unstetigförderer werden nur dann eingesetzt, wenn sie benötigt werden. Sie können je nach Bedarf die gegebenen Fahrwege nutzen.

2. Nennen Sie mindestens zwei Vor- und zwei Nachteile von Stetigförderern.

Vorteile:
- ständige Beförderungsbereitschaft
- keine Leerfahrten
- niedriger Personalbedarf

Nachteile:
- nicht flexibel einsetzbar
- vorgegebener Förderweg
- Stillstand bei Ausfall

3. Erläutern Sie den Unterschied zwischen flurgebundenen und flurfreien Stetigförderern.

- Die flurgebundenen Stetigförderer verlaufen auf der Erde/Boden.
- Die flurfreien Stetigförderer sind an der Decke verankert.

4. Ordnen Sie den Bildern die folgenden Begriffe richtig zu: Kreiskettenförderer, Elektrohängebahn, Rollenbahn, Becherwerk, Unterflurschleppkettenförderer.

a) 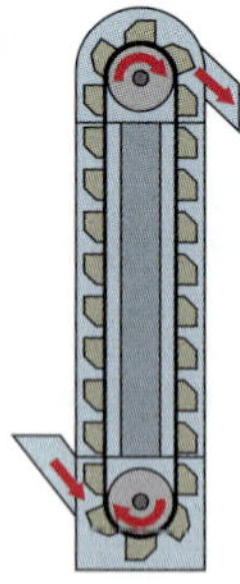

→

a) Becherwerk

→

b) 

b) Elektrohängebahn

c) 

c) Rollenbahn

d) 

d) Unterflurschleppkettenförderer

e) 

e) Kreiskettenförderer

5. Unstetigförderer lassen sich in verschiedene Kategorien unterteilen. Geben Sie drei Kategorien an und finden Sie, wenn möglich, jeweils zwei Beispiele.

Hebezeuge und Aufzüge: Kran, Hebebühne, Lastenaufzüge
Regalbediengeräte: Regalabhängige und regalunabhängige Regalbediengeräte
Flurförderzeuge: Hubwagen, Gabelstapler

6. Geben Sie zwei Vor- und zwei Nachteile von Unstetigförderern an.

Vorteile:
- flexibel einsetzbar
- keine feste Beförderungsstrecke

Nachteile:
- Leerfahrten sind möglich
- hoher Personalbedarf

7. Flurförderzeuge können einen manuellen, einen maschinellen oder einen automatischen Antrieb haben. Ordnen Sie die folgenden Flurförderzeuge den genannten Kategorien zu: Etagenwagen, Schlepper, Hubwagen, fahrerloses Transportsystem, Gabelstapler.

Manuell: Etagenwagen, Hubwagen
Maschinell: Schlepper, Gabelstapler
Automatisch: fahrerloses Transportsystem

4.3.2 Hebezeuge

8. Die durch die Berufsgenossenschaften erlassene BGV D 6 enthält die Unfallverhütungsvorschriften beim Umgang mit Kranen. Beantworten Sie in Bezug auf diese Vorschrift die folgenden Fragen:
a) Wer hat die Erlaubnis zum Führen eines Kranes?
b) Erklären Sie die Bedeutung der Teamarbeit bei der Bedienung eines Kranes. Gehen Sie dabei auf den Ablauf und die Beteiligten ein.
c) Welche Einrichtungen sind vor Arbeitsbeginn durch den Kranführer zu prüfen? Nennen Sie drei.
d) Was versteht man unter der Ablegereife?
e) Welche Sicherheitseinrichtungen werden bei Kranen benötigt?
f) Erklären Sie den Neigungswinkel β.

a) Nur sachkundige Personen dürfen einen Kran selbstständig führen. Sie müssen mindestens 18 Jahre alt und körperlich und geistig geeignet sein.
b) Der Kranführer bedient den Kran, die Anschläger schlagen die Last an. Ohne Einverständnis des Anschlägers darf der Kranführer die Last nicht heben.
c) Vor Arbeitsbeginn sind die Bremsen, Notendhalteeinrichtungen und Lastaufnahmemittel zu überprüfen.
d) Die Ablegereife bedeutet, dass an einem Anschlagmittel äußere Fehler, Abnutzungen, Verformungen etc. aufgetreten sind und dieses somit aussortiert werden muss.
e) Notendhalteeinrichtungen: begrenzen Auf- und Abwärtsfahrten sowie Fahrbewegungen
Fahr- und Drehwerksbremsen: sichern den Kran gegen ungewollte Bewegung
f) Der Neigungswinkel β bestimmt die Tragfähigkeit des Anschlagmittels. Je größer β, desto geringer ist die Tragfähigkeit.

9. Ordnen Sie den folgenden Abbildungen die Fachbegriffe zu: Säulenschwenkkran, mobiler Kran, Fahrzeugkran, Portalkran, Deckenlaufkran.

a)

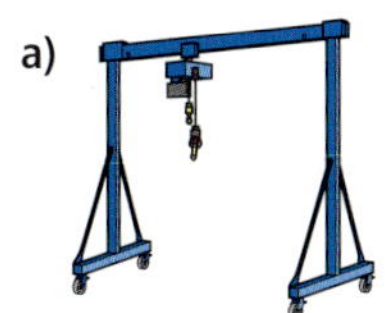

a) Mobiler Kran

b)

b) Deckenlaufkran

c)

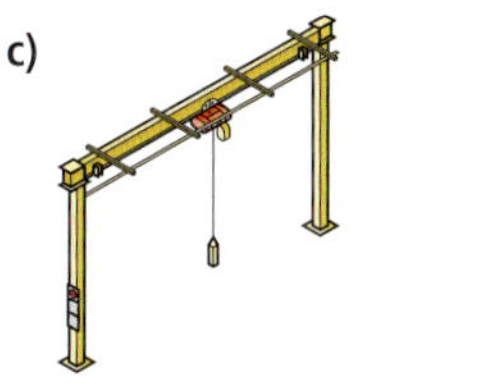

c) Portalkran

d)

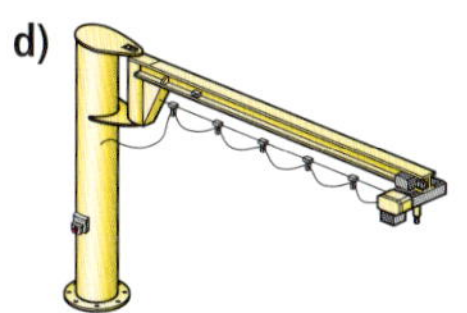

d) Säulenschwenkkran

e)

e) Fahrzeugkran

10. Als Anschlagmittel beim Entladen sollen Ketten aus Rundstahl verwendet werden. Es ist von einer gleichmäßigen Belastung der Ketten auszugehen, der Neigungswinkel β beträgt 45° und es werden drei Ketten angeschlagen. Welcher Ketten-Nenndicke in mm bedarf es, wenn eine Last von 11 t gehoben werden soll? Nutzen Sie nachstehende Belastungstabelle.

Erforderliche Ketten-Nenndicke: 13 mm

	1-strang	2-strang		3- und 4-strang	
Neigungswinkel	0°	0–45°	45–60°	0–45°	45–60°
Belastungsfaktor	1	1,4	1	2,1	1,5
Ketten-Nenndicke in mm	**Tragfähigkeit in kg**				
8	3.000	4.250	3.000	6.300	4.500
10	5.000	7.100	5.000	10.600	7.500
13	8.000	11.200	8.000	17.000	11.800
16	12.500	17.000	12.500	26.500	19.000
Bei asymmetrischer Belastung muss die Tragfähigkeit um 50 % reduziert werden!					

Quelle: Carl Stahl

4.3.3 Gabelstapler

11. Gabelstapler werden anhand verschiedener Merkmale unterschieden, z. B.:
a) Unterfahrbarkeit
b) Antriebsart
c) Radzahl
d) Hubhöhe
e) Bedienerposition
Erklären Sie die jeweiligen Merkmale.

a) Es gibt radunterstützte, freitragende Stapler oder Schubmaststapler.
Sie unterscheiden sich darin, wie die Ware aufgenommen werden kann und wie an die Ware herangefahren wird.

b) Benzin-/Dieselstapler, Elektrostapler, Gasstapler.
Die Antriebsart ist entscheidend dafür, ob der Stapler im Innen- oder Außenbereich eingesetzt werden kann.

→

c) Drei- oder vierrädrige Stapler:
Dreirädrige Stapler sind wendiger und somit in schmaleren Gängen besser einsetzbar.

d) Einfach-, Zweifach-, Dreifach- oder Vierfachmast:
Die Höhe des Mastes und dessen Ausfahrbarkeit sind entscheidend für die Höhe, in die der Stapler heben kann.

e) Es gibt drei Arten von Bedienerpositionen, die Deichselführung, Steh- und Sitzstapler. Hier geht es um die Position des Mitarbeiters bei der Bedienung des Staplers.

12. Ordnen Sie den folgenden Bildern die Fachbegriffe zu.
(1) Schubmaststapler
(2) freitragender Stapler
(3) dreirädriger Stapler
(4) Stehstapler
(5) Schlepper
(6) Elektro-Deichsel Gabelhubwagen

a)

a) Elektro-Deichsel Gabelhubwagen (6)

b)

b) freitragender Stapler (2)

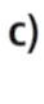

c) Schlepper (5)

d)

d) dreirädriger Stapler (3)

e)

e) Schubmaststapler (1)

f)

f) Stehstapler (4)

13. Um die Einsatzmöglichkeiten von Staplern zu erweitern, gibt es sogenannte Anbaugeräte. Nennen Sie vier Anbaugeräte und beschreiben Sie ihren Einsatz.

- Schüttgutschaufel – zum Transportieren von z. B. Sand
- Fassgabel – zum Umklammern von z. B. Fässern
- Sicherheitskorb – zum Heben von Personen
- Tragdorn – zum Transportieren von Teppichrollen, Coils usw.

14. An jedem Gabelstapler sind sogenannte Traglastdiagramme angebracht. Lösen Sie die Aufgaben mit Hilfe des folgenden Diagramms.

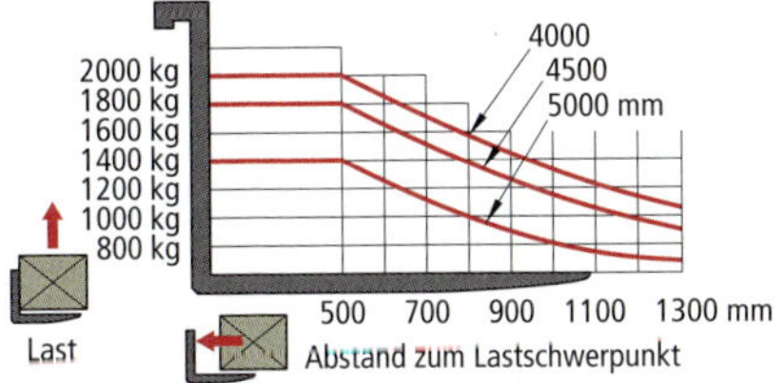

a) Welche maximale Hubhöhe in m liegt bei diesem Stapler vor?
b) Welches maximale zulässige Gewicht in kg kann dieser Stapler heben?
c) Eine Kiste mit einem Lastschwerpunktabstand von 70 cm und einem Gewicht von 1400 kg soll in einer Höhe von 4,50 m eingelagert werden. Ist das mit diesem Stapler möglich?
d) Darf eine Kiste (1,70 x 1,70 x 1,40 m) mit einem mittigen Schwerpunkt und einem Gewicht von 1900 kg mit diesem Stapler 4 m hoch gehoben werden?
e) Eine Kiste (120 x 80 x 40 cm) mit mittigem Schwerpunkt und einem Gewicht von 1560 kg soll gehoben werden. Welche Hubhöhe in mm ist hier die maximale?

a) 5 m
b) 2.000 kg
c) Ja
d) Nein
e) 4.500 mm bei Queraufnahme (Lösungsweg auf S. 238)

15. Um einen Gabelstapler führen zu können, muss der Fahrer laut BGV D 27 Voraussetzungen erfüllen. Zählen Sie diese Voraussetzungen auf.

- Mindestalter 18 Jahre
- körperliche und geistige Eignung
- theoretische und praktische Ausbildung
- schriftlicher Auftrag durch den Arbeitgeber

16. Vor Arbeitsbeginn müssen am Gabelstapler Sicht- und Funktionsprüfungen durchgeführt werden. Geben Sie jeweils mindestens drei Tätigkeiten an, die bei
a) einer Sichtprüfung und
b) einer Funktionsprüfung
durchgeführt werden.

a) Sichtprüfung:
   - Schäden an den Gabelzinken und Gabelträgern
   - Zustand der Reifen und Luftdruck
   - einwandfreier Zustand des Fahrerschutzdaches
   - keine Beschädigungen an den Hydraulikschläuchen
   - einwandfreier Zustand des Lastschutzgitters
   - Tragkraftdiagramme vorhanden und lesbar

b) Funktionsprüfung:
   - Warnlampen funktionstüchtig
   - Lichtanlage funktionstüchtig
   - Hubgerüst ausfahren, neigen und Kettenspannung prüfen
   - Betriebs- und Handbremse überprüfen
   - Lenkspiel prüfen
   - Hupe prüfen

17. Bei der Benutzung von Gabelstaplern müssen Verhaltensregeln eingehalten werden. Geben Sie zu jeder der Abbildungen die richtigen Verhaltensregeln an.

a) 

b) 

c) 

d) 

a) Last bergseitig transportieren
b) maximal zulässige Tragkraft beachten
c) nur die vorgesehenen Fahrtwege benutzen
d) Lasten so aufnehmen, dass sie nicht verrutschen können

→

→

e) 
f) 
g) 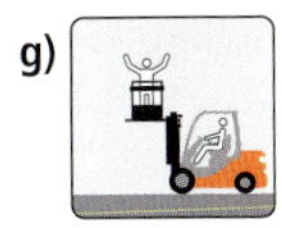
h) 

e) beim Beladen auf ausreichende Sicht achten bzw. bei hohen Lasten rückwärts fahren oder Einweiser heranziehen
f) Gabeln während der Fahrt in niedrige Stellung bringen
g) Arbeitsplattform verwenden
h) Fahrzeuge beim Abstellen vor unbefugtem Benutzen schützen

4.3.4 Regalbediengeräte

18. Erläutern Sie den Begriff „Regalbediengerät". Gehen Sie dabei auf die Einsatzorte und die Bedienbarkeit ein.

Regalbediengeräte werden in Hochregalen eingesetzt. Sie transportieren und lagern Güter zumeist vollautomatisch ein und aus.

19. Unterscheiden Sie regalabhängige und regalunabhängige Regalbediengeräte voneinander.

Regalabhängige Regalbediengeräte: Für jeden Gang existiert ein separates Regalbediengerät, somit wird eine hohe Umschlagsleistung erreicht.
Regalunabhängige Regalbediengeräte: Diese werden mit Hilfe von z. B. Weichen versetzt. Die Investitionskosten verringern sich hierdurch, jedoch wird auch die Umschlagsleistung geringer.

20. Erklären Sie den Begriff „Umschlagsleistung".

Zahl der Ein- und Auslagerungen in einer bestimmten Zeit, z. B. in einer Minute.

21. Wovon hängt die Umschlagsleistung eines Regalbediengerätes ab?

Von der Bauweise, vom Einlagerungsort, von der Spielzeit (Einzel- oder Doppelspiel).

22. Unterscheiden Sie die Begriffe Einzelspiel und Doppelspiel voneinander.

Einzelspiel: Pro Fahrt wird eine Ein- oder Auslagerung vorgenommen.
Doppelspiel: Auf dem Hinweg wird eine Einlagerung vorgenommen und auf dem Rückweg eine Auslagerung.

23. Ein Unternehmen arbeitet im Schichtbetrieb von 06:00 Uhr bis 23:00 Uhr.
a) Wie viele Paletten können in dieser Zeit ein- und ausgelagert werden, wenn die Spielzeit eines Regalbediengerätes im Doppelspiel 180 Sekunden dauert.
b) Wie viele Regalbediengeräte sind notwendig, um eine Palettenzahl von 2000 Stück ein- und auszulagern?

a) 17 Stunden = 1.020 Minuten
180 Sekunden = 3 Minuten
1.020 Min : 3 Min = 340 Paletten
340 Paletten · 2 (Doppelspiel) =
680 Paletten

b) 2.000 Paletten · 2 = 4.000 Paletten
4.000 Paletten : 680 Paletten = 5,88 =
6 Regalbediengeräte

4.3.5 Fahrerlose Transportsysteme

24. Erklären Sie den Begriff „fahrerloses Transportsystem".

Zum „fahrerlosen Transportsystem" zählen das Fahrzeug selbst und der festgelegte Förderweg. Die Steuerung erfolgt grundsätzlich nicht durch Personen, sondern durch eine vorgegebene Förderstrecke.

25. Welche vier Steuerungsarten sind Ihnen bei fahrerlosen Transportsystemen bekannt?

- Induktive Spurführung
- optische Spurführung
- Spurführung mit magnetischen Leitlinien
- Spurführung mit Lasernavigation

26. Erklären Sie die vier Steuerungsarten von fahrerlosen Transportsystemen.

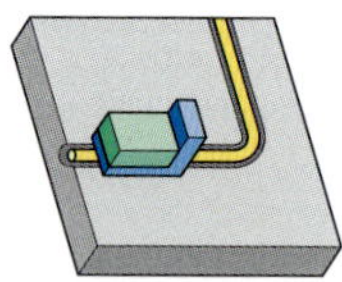

Induktive Spurführung:
Im Boden werden Induktionsschleifen verlegt und das Fahrzeug folgt seinem Weg aufgrund von Impulsen, die durch diese Schleifen abgegeben werden.

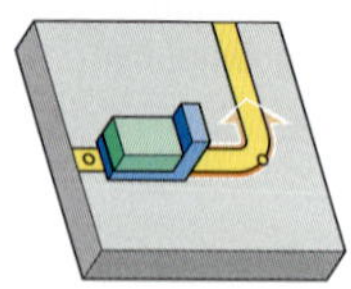

Optische Spurführung:
Das Fahrzeug tastet den Boden nach einer Linie ab und folgt dieser. Dies erfolgt mithilfe optischer Aufnahmen.

→ →

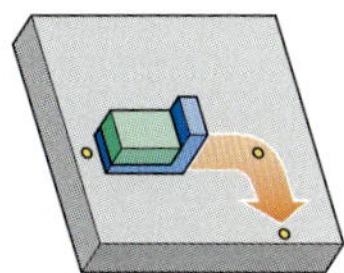

Spurführung mit magnetischen Leitlinien:
Im Boden werden Magnete eingelassen, denen das Fahrzeug folgt.

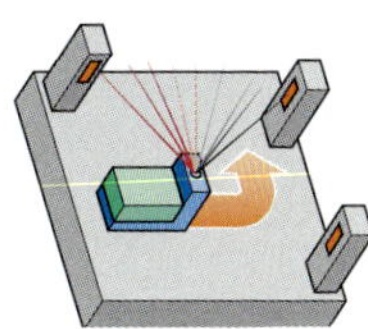

Spurführung mit Lasernavigation:
Auf der Transportstrecke sind Spiegel angebracht, die den Laserstrahl reflektieren, wodurch das Fahrzeug seine einprogrammierte Strecke erkennt.

27. Geben Sie drei Vor- und drei Nachteile fahrerloser Transportsysteme an.

Vorteile:
- flexibel einsetzbar
- Förderwege sind leicht veränderbar
- geringer Personalbedarf

Nachteile:
- Ladekapazität der Batterie ist begrenzt
- hohe Investitionskosten
- hohe Wartungskosten

28. Welche Sicherheitsvorkehrungen können zur Vermeidung von Unfällen an „fahrerlosen Transportsystemen" getroffen werden?

- Notfallschalter zum Ausschalten
- Lichtschranken am Fahrzeug
- akustische und optische Signale, wie Hupe oder Blinklicht

29. Ein Unternehmen arbeitet von 08:00 Uhr bis 18:00 Uhr. Beim Bau einer neuen Lagerfläche sollen fahrerlose Transportsysteme zum Einsatz kommen.

a) Das fahrerlose Transportsystem erreicht eine Geschwindigkeit von 5 km/h. Wie lange braucht ein Fahrzeug für die Förderstrecke von 860 Metern, wenn das Fahrzeug für die Be- und Entladung jeweils 45 Sekunden benötigt?
Geben Sie Ihr Ergebnis in Minuten und Sekunden an.

a) 11 min 49 s
(Lösungsweg auf S. 238)

→ →

b) Wie viele Paletten können 10 Fahrzeuge, die gleichzeitig im Einsatz sind, während der Arbeitszeit auf dieser Strecke transportieren, wenn jedes Fahrzeug eine Palette transportieren kann.

b) 500 Paletten
(Lösungsweg auf S. 239)

4.4 Innerbetriebliche und außerbetriebliche Organisation des Arbeitsschutzes

4.4.1 Allgemeine Regelungen

1. Unterscheiden Sie die Begriffe des innerbetrieblichen und des außerbetrieblichen Arbeitsschutzes.

Innerbetrieblicher Arbeitsschutz:
liegt in der Verantwortung des Unternehmers bzw. Arbeitgebers. Staatliche Arbeitsschutzvorschriften richten sich an ihn. Kann an Verantwortliche übertragen werden. Die Arbeitnehmer sind zur Einhaltung des Arbeitsschutzes verpflichtet.
Außerbetrieblicher Arbeitsschutz:
Staatliche Stellen und Berufsgenossenschaften erlassen Vorschriften zum Arbeitsschutz, organisieren Beratung, Prüfung und Überwachung.

2. Wer ist am innerbetrieblichen Arbeitsschutz beteiligt?

- Arbeitgeber
- Arbeitnehmer
- Sicherheitsbeauftragter
- Fachkraft für Arbeitssicherheit (Sicherheitsfachkraft)
- Betriebsrat
- Betriebsärzte

3. Welche Aufgaben hat der Arbeitgeber beim innerbetrieblichen Arbeitsschutz?

- Er ist gesetzlich dazu verpflichtet, Arbeitnehmer vor Gefahren für Leben und Gesundheit zu schützen.
- Er ist für die Durchführung des Arbeitsschutzes zuständig.
- Er muss Arbeitnehmer vor Beginn der Beschäftigung, wiederkehrend einmal im Jahr und bei neuen Gefahrenquellen über Arbeits- und Unfallgefahren belehren.

4. Was wird vom Arbeitnehmer beim innerbetrieblichen Arbeitsschutz erwartet?

Der Arbeitnehmer hält die Vorgaben des Arbeitsschutzes und der Unfallverhütungsvorschriften ein, z. B. Tragen von Schutzbekleidung.

5. Nennen Sie drei Aufgaben des Sicherheitsbeauftragten beim innerbetrieblichen Arbeitsschutz.

Sicherheitsbeauftragte
- unterstützen den Arbeitgeber beim Planen und Realisieren von Schutzmaßnahmen.
- kontrollieren die Durchführung der Schutzmaßnahmen.
- beraten Kollegen sowie Arbeitgeber über Unfall- und Gesundheitsgefahren.
- weisen Kollegen darauf hin, die Schutzmaßnahmen einzuhalten.
- sind beteiligt an Betriebs- und Unfalluntersuchungen.

6. Welche Rechte hat der Betriebsrat beim innerbetrieblichen Arbeitsschutz?

Der Betriebsrat hat:
- Informationsrecht,
- Überwachungsrecht,
- Gestaltungsrecht,
- Mitbestimmungsrecht,
- Unterstützungsrecht.

7. Welche wichtigen Aufgaben haben Betriebsärzte beim innerbetrieblichen Arbeitsschutz?

- Beratung der Arbeitgeber und für Arbeitsschutz verantwortlichen Personen
- Organisation der 1. Hilfe
- Feststellen von Ursachen für Gesundheitsschäden und Unfälle
- regelmäßiges Begehen von Arbeitsstätten
- Melden von festgestellten Mängeln und Vorschlag zur Beseitigung der Mängel
- Untersuchung der Arbeitnehmer
- arbeitsmedizinische Beurteilung und Beratung
- Erfassung und Auswertung von Untersuchungsergebnissen

8. Der Arbeitsschutzausschuss fasst die verschiedenen Stellen des innerbetrieblichen Arbeitsschutzes zusammen.
a) Welche Aufgabe hat er?
b) Aus welchen Mitgliedern setzt er sich zusammen?
c) Wie häufig tritt er zusammen?

a) Beratung zu Anliegen des Arbeitsschutzes.
b) Arbeitgeber, Betriebsrat (2 Mitglieder), Sicherheitsfachkraft (1 Mitglied), Betriebsarzt (1 Mitglied), Sicherheitsbeauftragte (bis zu 3 Mitglieder).
c) Mindestens einmal im Vierteljahr.

9. Welche Träger des außerbetrieblichen Arbeitsschutzes gibt es?

- Staatliche zuständige Stellen (z.B. Gewerbeaufsichtsamt)
- Berufsgenossenschaften als Träger der Unfallversicherung

10. In welchen Zeiträumen sind Unfallanzeigen an die Berufsgenossenschaften abzugeben?

- Arbeitsunfall, durch den die verletzte Person mehr als drei Tage arbeitsunfähig ist: innerhalb von drei Tagen nach dem Unfall.
- Bei tödlichen Unfällen oder mehr als fünf Verletzten: unverzüglich (z.B. telefonisch).

11. Wie heißt die Berufsgenossenschaft, der die Lagerbranche angehört?

Berufsgenossenschaft für Handel und Warendistribution (BGHW)

12. Erklären Sie den Begriff „Unfallverhütungsvorschriften".

Die Unfallverhütungsvorschriften sind in die Berufsgenossenschaftlichen Vorschriften für Arbeitssicherheit und Gesundheitsschutz (BGV) eingeordnet. Es sind Vorschriften und Regeln zur Vermeidung von Arbeitsunfällen, Berufskrankheiten und Gesundheitsrisiken. Die Erstellung von Unfallverhütungsvorschriften erfolgt in Zusammenhang mit dem Arbeitsschutzgesetz und anderen Gesetzen und Verordnungen. Sie sind bindend für ein Unternehmen, das einer Berufsgenossenschaft angehört.

4.4.2 Vorschriften beim Heben und Tragen

13. Um die Belastung der Wirbelsäule so gering wie möglich zu gestalten gilt es, verschiedene Grundregeln zu beachten. Erklären Sie, welche Grundregeln in den folgenden Bildern dargestellt sind:

a)

a) Nutzen vorhandener Hilfsmittel

b)

b) Rücken gerade halten, Knie beugen

c)

c) Last möglichst körpernah tragen.

d)

d) Ruckartige Bewegungen und Verdrehen des Oberkörpers vermeiden – den ganzen Körper drehen.

e)

e) Bei schweren und sperrigen Lasten helfen lassen.

14. Die zumutbaren Lasten hängen von verschiedenen Faktoren ab. Lösen Sie die folgenden Aufgaben mit Hilfe der Tabelle und entscheiden Sie, ob die Beispiele zulässig sind.

Zumutbare Last in kg Häufigkeit des Hebens und Tragens				
	gelegentlich		häufiger	
Lebensalter	**Frauen**	**Männer**	**Frauen**	**Männer**
15 bis 18 Jahre	15	25	10	20
19 bis 45 Jahre	15	55	10	30
älter als 45 Jahre	15	45	10	25

(Empfehlung des Bundesministers für Arbeit und Sozialordnung, veröffentlicht im Bundesarbeitsblatt 1981/11, S. 96 zitiert auf: http://medien-e.bghw.de/bge/m103/m103.htm, gesehen am 31.7.2014)

„Gelegentlich" bedeutet: Heben und Tragen der Last höchstens 1 x pro Stunde bei einem Transportweg bis längstens 4 Schritte.

„Häufiger" bedeutet: Heben und Tragen der Last wenigstens 2 x pro Stunde bei einem Transportweg von 5 und mehr Schritten.

a) Ein 16 Jahre alter Auszubildender trägt beim Entladen von Containern regelmäßig Lasten bis zu 15 kg.
b) Eine 50-jährige Kommissioniererin trägt gelegentlich Lasten von 25 kg.
c) Ein 21 Jahre alter Lagerarbeiter hebt häufig Lasten bis zu 30 kg.

a) Ja, dies ist zulässig.
b) Nein, die Maximalgrenze liegt bei Frauen im Alter von über 45 Jahren und gelegentlichem Tragen von Lasten bei 15 kg.
c) Ja, dies ist zulässig.

15. Welche Regeln für das Heben und Tragen gelten für werdende Mütter?

Nach dem Mutterschutzgesetz dürfen werdende Mütter regelmäßig 5 kg und gelegentlich 10 kg heben.

5 Güter kommissionieren

5.1 Grundbegriffe und Gründe für Warenausgänge

1. Erklären Sie die Begriffe „Kommissionieren" und „Kommission".

Kommissionieren: das Zusammentragen von Waren entsprechend eines Auftrages
Kommission: der zu kommissionierende Auftrag

2. Nennen Sie fünf Gründe für Warenausgänge.

- Lieferung an den Kunden
- Umlagerung in ein anderes Lager
- Materialbereitstellung für die Produktion
- Aussortieren alter oder verdorbener Waren
- Rücksendung an den Lieferanten

5

3. Geben Sie vier mögliche Ursachen für Kommissionierfehler an.

- Unkonzentriertheit des Kommissionierers
- nachlässiges Arbeiten des Kommissionierers
- unzureichende Warenkenntnis
- schlecht lesbare Lagerplatzkennzeichnung

4. Fehler bei der Kommissionierung können Folgen für das Unternehmen haben. Beschreiben Sie vier mögliche Folgen.

- Aufgrund zu wenig kommissionierter Ware kommt es zu Fehlmengen beim Kunden.
- Wenn der Kommissionierer nach der Entnahme eine falsche Menge verbucht, kommt es zu falschen Lagerbeständen im System.
- Wenn der Kommissionierer sich z. B. nicht an das FIFO-Prinzip bei der Entnahme hält, führt dies zu einem Verderben bzw. Veralten der Ware.
- Wenn Kunden häufiger falsche bzw. fehlerhafte Lieferungen erhalten, führt dies zum Kundenverlust.

5. Nennen Sie vier Maßnahmen, die das Unternehmen zur Vermeidung von Kommissionierfehlern ergreifen kann.

- Schulung der Mitarbeiter
- Nachkontrollen der Kommission
- gut lesbare Regalbeschriftung
- Prämien für schnelles und korrektes Arbeiten

5.2 Kommissioniersysteme

5.2.1 Informationsflusssystem

1. Welche Vorgänge umfasst das Informationsflusssystem? Zählen Sie die einzelnen Schritte in der zeitlich richtigen Abfolge auf.

1. Erfassen des Kundenauftrages
2. Aufbereiten des Kundenauftrages zu einem Kommissionierauftrag
3. Weitergabe des Kommissionierauftrages
4. Quittieren der Entnahme
5. Verbuchen der Entnahme

2. Wie erfolgt die Erfassung des Kundenauftrages?

- Kundenauftrag kann schriftlich, telefonisch, per Fax, E-Mail oder Internet entgegen genommen werden
- nach Eingang Erfassung in der EDV
- Überprüfen der Lieferbereitschaft

3. Erklären Sie die zwei möglichen Aufbereitungsarten des Kundenauftrages.

- Batch-Modus: Sammlung der Aufträge über einen Zeitabschnitt und anschließende gemeinsame Aufbereitung
- Real-Time-Modus: Nach Auftragseingang erfolgt die Aufbereitung sofort

4. Die Weitergabe eines Kommissionierauftrages kann schriftlich oder beleglos erfolgen. Erläutern Sie die beiden Weitergabearten.

- Schriftliche Weitergabe: Mit einem Beleg (z. B. Pickliste, Rechnung, Lieferschein)
- Beleglose Weitergabe: Daten werden dem Kommissionierer direkt vom System optisch (Scanner, Geräte zur mobilen Datenerfassung) oder akustisch (Headset) weitergegeben.

5. Geben Sie je drei Vor- und Nachteile der beleghaften Kommissionierung gegenüber der beleglosen Kommissionierung an.

Vorteile der beleghaften Kommissionierung:
- Für den Kommissionierer ist erkennbar, wie viel Positionen der Auftrag umfasst.
- Der Kommissionierer kann die Reihenfolge der Kommissionierung (Wegoptimierung) selbst bestimmen.
- Bei Eilaufträgen ist eine schnelle Bearbeitung möglich.

→

Nachteile der beleghaften Kommissionierung:
- Die Kommissionierleistung ist geringer.
- Es kommt zu einer höheren Fehlerquote, z. B. durch Fehler beim Lesen des Auftrages oder der Regalbeschriftung.
- Das Drucken der Kommissionieraufträge ist nicht Ressourcen schonend.

6. Nennen Sie drei Vorteile und zwei Nachteile der beleglosen Kommissionierung.

Vorteile der beleglosen Kommissionierung:
- hohe Kommissionierleistung
- geringe Fehlerquote
- kurze Einarbeitungszeit

Nachteile der beleglosen Kommissionierung:
- hohe Investitionskosten
- bei Ausfall der EDV keine weitere Bearbeitung möglich

7. Nennen Sie die fünf Möglichkeiten der beleglosen Weitergabe.

- Pick by Barcode/Pick by Scan
- Kommissionierung mit mobilen Datenterminals
- Pick by RFID
- Pick by Light
- Pick by Voice

8. Erklären Sie die Weitergabemöglichkeiten „Pick by Scan" und „Pick by Light".

Pick by Scan: Der Kommissionierer scannt den Barcode des Behälters und erhält so die Informationen zum Auftrag. Er begibt sich zum Lagerfach und entnimmt die Ware. Durch abscannen wird die Position auf dem Auftrag abgehakt.

Pick by Light: Der Kommissionierer geht mit einem Transportbehälter durch das Lager. Ihm wird per LED-Anzeige der nächste Lagerort angezeigt. Am Lagerort steht die entsprechende Stückzahl. Nach der Entnahme wird die Quittiertaste gedrückt.

9. Beschreiben Sie drei weitere Möglichkeiten für die Weitergabe eines Kommissionierauftrages.

- **Kommissionierung mit mobilen Datenterminals:** Kleinterminals sind am Stapler angebracht. Hierüber bekommt der Kommissionierer seine Informationen. Nach der Entnahme bestätigt der Kommissionierer die Entnahme.
- **Pick by RFID:** Das Verfahren ist dem Verfahren „Pick by Scan" ähnlich, nur dass die RFID-Transponder keinen direkten Sichtkontakt zum Lesen benötigen. Die Dateien werden per Funk zwischen Transponder und RFID-Gerät übertragen.
- **Pick by Voice:** Hier wird dem Kommissionierer der Auftrag per Headset übermittelt. Nach der Entnahme bestätigt der Kommissionierer mit der Spracheingabe „ok".

10. Geben Sie zu jeder beleglosen Weitergabemöglichkeit einen Vor- und einen Nachteil an.
a) Pick by Scan
b) Kommissionierung mit mobilen Datenterminals
c) Pick by RFID
d) Pick by Light
e) Pick by Voice

a) Pick by Scan:
Vorteil: geringe Fehlerquote, direkte Verbindung mit der Lager-EDV
Nachteil: Wenn der Barcode verschmutzt ist, kommt es zu Lesefehlern

b) Kommissionierung mit mobilen Datenterminals:
Vorteil: geringe Fehlerquote, hohe Kommissionierleistung möglich
Nachteil: hohe Investitionskosten, Probleme bei Ausfall der EDV

c) Pick by RFID:
Vorteil: hohe Speicherkapazität, geringe Fehlerhäufigkeit, Datenübertragung ohne Sichtkontakt möglich
Nachteil: RFID kann nur genutzt werden, wenn alle Teilnehmer der Logistikkette damit arbeiten, hohe Investitionskosten

d) Pick by Light:
Vorteil: geringe Einarbeitungszeit erforderlich, geringe Fehlerquote, hohe Kommissionierleistung
Nachteil: hohe Investitions- und Wartungskosten, bei Stromausfall Stillstand

→

e) Pick by Voice:
Vorteil: hohe Kommissionierleistung, Kommissionierer hat die Hände frei, geringe Fehlerquote
Nachteil: technische Probleme sind möglich, hohe Investitionskosten, bei Stromausfall kommt es zum Stillstand

11. Was ist unter der Quittierung eines Kommissionierauftrages zu verstehen und welche Unterscheidungen kann man dabei treffen?

Der Kommissionierer bestätigt die fertige Bearbeitung seines Kommissionierauftrages:

- mit Kommissionierbeleg: Abhaken der einzelnen Positionen und Unterschrift,
- bei der beleglosen Kommissionierung durch Scannen der Positionen und Bestätigung der Eingabe durch Knopfdruck.

5.2.2 Materialflusssystem

12. Erläutern Sie die zwei gezeigten Bereitstellungsmethoden und geben Sie jeweils zwei Vor- und zwei Nachteile an.

→

Statische Bereitstellung = Person zur Ware: Kommissionierer geht oder fährt zum Regalfach und entnimmt die Ware dort
Vorteile: geringe Investitionskosten, geringe Störanfälligkeit bei Stromausfall
Nachteile: lange Wegzeiten, hohe körperliche Belastung

→

Dynamische Bereitstellung = Ware zur Person:
Ware wird zum Kommissionierer transportiert und dieser entnimmt die Ware an seinem Platz
Vorteile: Wegfall von Wegzeiten, hohe Kommissionierleistung, geringe körperliche Belastung durch Einsetzen automatischer Entnahmehilfen
Nachteile: hohe Investitionskosten für Fördermittel, bei Stromausfall kommt es zu Stillstand

13. Beschreiben Sie die Tätigkeiten bei der statischen Bereitstellung.

Der Kommissionierer bekommt den Kommissionierauftrag, klärt den Lagerort, geht zum entsprechenden Regalfach, kontrolliert ob der richtige Lagerplatz vorliegt und entnimmt die Ware.

14. Geben Sie zu jeder Bereitstellungsart zwei geeignete Regalarten an.

Statische Bereitstellung: Fachbodenregal, Verschieberegal
Dynamische Bereitstellung: Umlaufregal, Turmregal

15. Unterscheiden Sie die eindimensionale und die zwei- oder mehrdimensionale Fortbewegung beim Kommissionieren. Welche Fördermittel sind jeweils einsetzbar?

Eindimensionale Fortbewegung erfolgt zu Fuß oder mitfahrend, z. B. mit Hilfe einer Sackkarre, eines Handgabelhubwagens.
Zwei- oder mehrdimensionale Fortbewegung erfolgt mit Hilfe eines gleichzeitig fahrenden und hubfähigen Flurförderzeugs, z. B. Gabelstapler.

16. Im Hinblick auf den Materialfluss können drei Entnahmemöglichkeiten unterschieden werden. Nennen und erklären Sie diese.

- manuell: per Hand
- mechanisch: mit Hilfe eines Flurfördermittels
- automatisch: mit Kommissionierrobotern oder -automaten

17. Die Abgabe der Waren erfolgt zentral, dezentral oder im Pick-Pack-Verfahren. Erklären Sie die drei Abgabevarianten.

- Zentrale Abgabe: Die Kommission wird in einem Behälter gesammelt und vollständig zur Abgabestelle gebracht.

→

- Dezentrale Abgabe: Die Kommission wird einzeln oder in Teilen zur Abgabestelle gebracht und dort zusammengetragen.
- Pick-Pack-Verfahren: Direkt während der Kommissionierung wird die Kommission versandfertig gemacht. → Pick-Pack = greifen und packen

18. Nach der Entnahme der Waren sind Kontrollen zur Vermeidung von Kommissionierfehlern wesentlich. Wann, wie und durch wen ist eine Kontrolle möglich?

- Wann: Die Kontrolle findet entweder nach der Entnahme oder vor dem Verpacken statt.
- Durch wen: Die Kontrolle kann der Kommissionierer selbst oder eine Kontrollperson durchführen.
- Wie: Die Kontrolle kann durch zählen, messen und wiegen erfolgen. Die erfassten Daten werden mit dem Kommissionierbeleg verglichen. Gleichfalls kann eine Kontrolle per Gewichtskontrolle erfolgen (Vergleich errechnetes Gewicht und tatsächliches Gewicht), per RFID, per Scanner oder durch eine optische Kontrolle mittels Kamera.

5

5.2.3 Organisationssystem

19. Benennen und erklären Sie die drei Teilbereiche des Organisationssystems.

Betriebsorganisation: Hier wird festgelegt, in welcher zeitlichen Abfolge die Kundenaufträge bearbeitet werden.
Aufbauorganisation: Hier wird festgelegt, in welche Kommissionierzonen das Lager eingeteilt ist.
Ablauforganisation: Hier wird der Ablauf der Kommissionierung entschieden, indem festgelegt wird, welche Kommisioniermethode genutzt wird.

20. Geben Sie zu jedem Teilbereich des Organisationssystems zwei Faktoren an, die für diesen Bereich eine entscheidende Rolle spielen.

- Betriebsorganisation: Auftragsgröße, Terminvorgaben
- Aufbauorganisation: Umschlagsmengen, Gütereigenschaften

→

- Ablauforganisation: Anzahl der Personen, die kommissionieren sollen, Anzahl der Aufträge, die gleichzeitig die Kommissionierzonen durchlaufen sollen.

5.3 Kommissioniermethoden

1. Beschreiben Sie die auftragsorientierte, serielle Kommissionierung ohne und mit Übergabestellen anhand der Abbildungen.

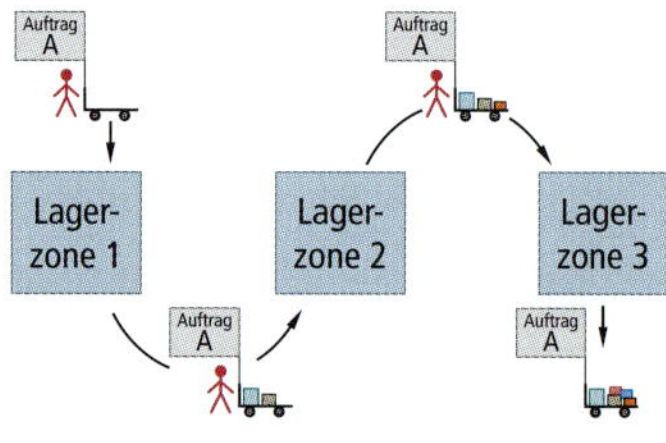

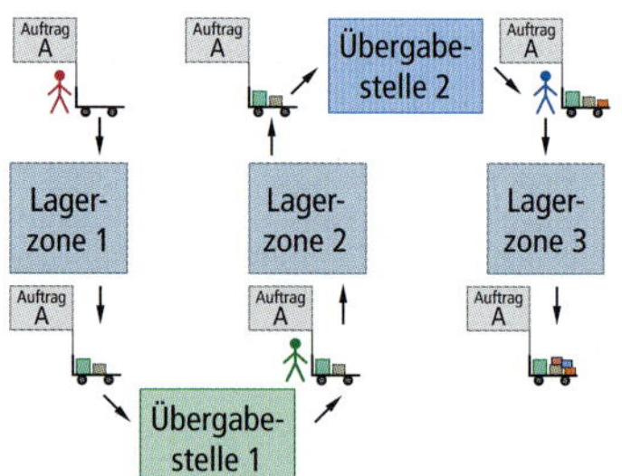

Ohne Übergabestellen:
- Ein Kommissionierer durchläuft das gesamte Lager bzw. alle Lagerzonen allein und trägt alle Positionen der Kommission zusammen.

Mit Übergabestellen:
- Ein Kommissionierer durchläuft seine Lagerzone und kommissioniert die entsprechenden Positionen der Kommission.
- Er gibt an der Übergabestelle die kommissionierte Ware und den Kommissionierbeleg an den nächsten Kommissionierer weiter.
- Dieser kommissioniert die Positionen seiner Zone usw.

2. Welches Problem kann bei der Kommissionierung mit Übergabestellen auftreten?

Es kann zu Wartezeiten kommen, wenn eine unterschiedlich starke Auslastung der einzelnen Lagerzonen vorliegt bzw. die Kommissionierer verschiedene Arbeitstempi haben.

3. Nennen Sie je einen Vor- und einen Nachteil der auftragsorientierten, seriellen Kommissionierung.

- Vorteil: schnelle Einarbeitung, geringer Organisationsaufwand bei der Vor- und Nachbereitung
- Nachteil: lange Auftragsdurchlaufzeiten

4. Erläutern Sie die auftragsorientierte, parallele Kommissionierung und geben Sie je einen Vor- und einen Nachteil an.

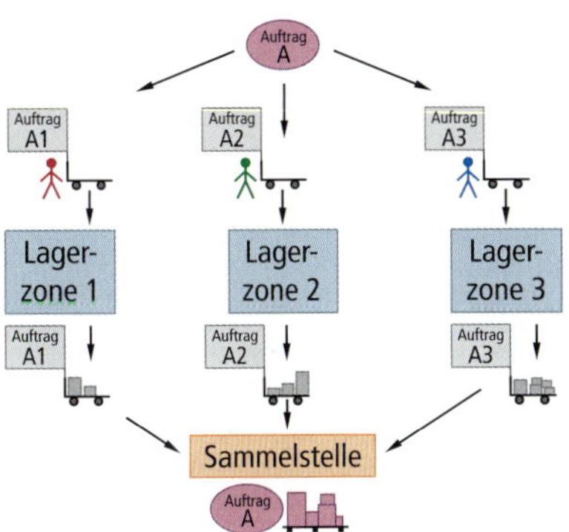

Ein Auftrag wird in Teilaufträge (je nach Anzahl der Lagerzonen) aufgeteilt. Die Kommissionierer erhalten einen Teilauftrag entsprechend ihrer Lagerzone und tragen die Positionen der Kommission zusammen.
Nach Beendigung der Teilkommission werden die Teilaufträge an der Auftragssammelstelle zur Gesamtkommission zusammengeführt.
Vorteil: kürzere Auftragsdurchlaufzeit im Gegensatz zur seriellen Kommissionierung
Nachteil: die Kommissionierbereiche haben eine verschieden hohe Auslastung, höheres Maß an Vor- und Nachbereitung notwendig

5

5. Erklären Sie die serienorientierte, parallele Kommissionierung. Berücksichtigen Sie in Ihrer Erklärung die 1. und 2. Kommissionierstufe. Geben Sie je einen Vor- und einen Nachteil an.

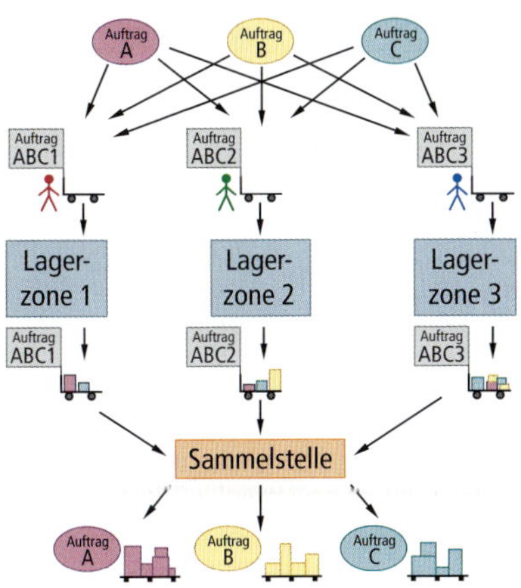

Mehrere Aufträge werden gesammelt und zu einer Serie zusammengefasst. Die Positionen der Serie werden auf die einzelnen Lagerzonen aufgeteilt. Somit enthält ein Teilauftrag, z. B. der Lagerzone A Positionen verschiedener Aufträge (1. Kommissionierstufe).
Die Kommissionierer kommissionieren die Teilaufträge ihrer Lagerzone. Nach Beendigung werden die Teilaufträge zur Auftragssammelstelle gebracht. Hier werden die einzelnen Positionen den ursprünglichen Aufträgen zugeordnet (2. Kommissionierstufe).
Vorteil: Jeder Lagerplatz wird pro Serie nur ein Mal angelaufen (Wegminimierung).
Nachteil: lange Auftragsdurchlaufzeiten, hoher Vorbereitungs- und Nachbereitungsaufwand, EDV notwendig.

6. Beschreiben Sie den wesentlichen Vorteil der parallelen Kommissionierung gegenüber der seriellen.

Bei der parallelen Kommissionierung kommissionieren mehrere Kommissionierer eine Kommission gleichzeitig, was zu einer Reduzierung der Auftragsdurchlaufzeit führt.

7. Erklären Sie die beiden abgebildeten Wegstrategien.

a) 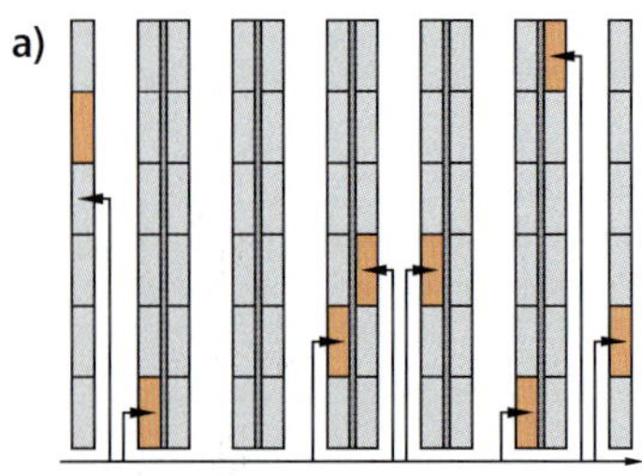

b) 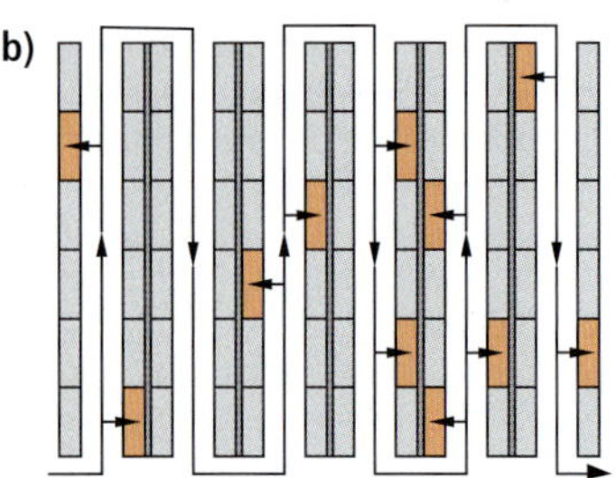

a) Stichgangsstrategie:
Waren mit einer hohen Umschlagshäufigkeit liegen am Regalanfang, so dass während der Kommissionierung die Gänge nicht vollständig durchlaufen werden müssen, sondern der entsprechende Regalgang vom Hauptgang aus nur „angestochen" werden muss. Dies führt zu einer deutlichen Verringerung der Wegzeiten.

b) Schleifenstrategie:
Der Kommissionierer durchläuft oder durchfährt jeden Regalgang vollständig. Dies ist nur sinnvoll, wenn davon auszugehen ist, dass die Kommission Positionen enthält, die auf alle Gänge verteilt sind, da sonst die Wegzeit und somit die Auftragsdurchlaufzeit verlängert wird.

5.4 Kommissionierzeiten

1. Die Kommissionierzeit setzt sich aus fünf Teilzeiten zusammen. Nennen Sie die fünf Teilzeiten und erklären Sie diese.

- Basiszeit: Zeit für organisatorische Vor- und Nachbereitungen
- Wegzeit: Zeit, die der Kommissionier auf dem Weg zwischen zwei Entnahmeorten benötigt
- Greifzeit: Zeit, die der Kommissionierer benötigt, um die Ware aus dem Regalfach zu entnehmen und auf den Kommissionierwagen zu legen

→

- Totzeit (= Nebenzeit): Zeit, die der Kommissionierer benötigt, um Anbrüche zu bilden, den Lagerplatz zu suchen, die entnommenen Stückzahlen zu kontrollieren etc.
- Verteilzeit (persönliche und sachliche): Zeit, in der nicht gearbeitet wird
  persönliche Verteilzeit: Nase putzen, Toilettengang
  sachliche Verteilzeit: Warten auf Aufträge oder Transportmittel

2. Geben Sie zu jeder Kommissionierzeit zwei Möglichkeiten zur Verkürzung an.

Basiszeit:
- gute und übersichtliche Bereitstellung von Behältern und Fördermitteln
- gut lesbare und übersichtliche Kommissionieraufträge

Wegzeit:
- wegeoptimierte Picklisten
- Verwendung von Durchlaufregalen

Greifzeit:
- beleglose Kommissionierung (Pick by Voice)
- Griffhöhe und Grifftiefe optimal gestalten

Totzeit:
- gut lesbare Regalbeschriftung,
- keine Anbruchbildung – Vorverpackungen erstellen

Verteilzeit:
- gut organisierte Ablauforganisation
- Motivation der Mitarbeiter, z. B. Prämienlohnsystem

3. Ordnen Sie der jeweiligen Tätigkeit die entsprechende Kommissionierzeit zu:
a) Artikel in einen Behälter legen
b) Suchen und Bereitstellen von Hilfsmitteln wie Paletten und Kommissionierwagen
c) Warten auf wichtige Informationen

a) Greifzeit
b) Basiszeit
c) sachliche Verteilzeit

→ →

d) Kontrollieren, Zählen, Vergleichen
e) Anbruch bilden
f) Entnahme eines Artikels aus dem Regalfach

d) Totzeit
e) Totzeit
f) Greifzeit

4. Berechnen Sie für einen Kommissionierauftrag mit 20 Positionen die Kommissionierzeit. Geben Sie das Ergebnis in Minuten und Sekunden an. Es liegen die folgenden Einzelzeiten vor:
- **Basiszeit: 5 Minuten**
- **durchschnittliche Greifzeit pro Position: 35 Sekunden**
- **durchschnittliche Totzeit pro Position: 1 Minute**
- **durchschnittliche Wegzeit pro Position: 50 Sekunden**
- **persönliche Verteilzeit: 2 Minuten**
- **sachliche Verteilzeit: 10 Minuten**

Kommissionierzeit:
65 Minuten 20 Sekunden
(Lösungsweg auf S. 239)

5. Bei welchen Teilzeiten der Aufgabe 4 erscheint Ihnen eine Optimierung sinnvoll? Begründen Sie Ihre Entscheidung und geben Sie gleichzeitig Möglichkeiten für eine Verkürzung an.

- Die Wegzeit zwischen den einzelnen Entnahmeorten ist sehr lang. Hier stellt sich die Frage nach der geeigneten Wegstrategie oder ggf. nach der Nutzung eines Flurfördermittels.
- Die sachliche Verteilzeit ist sehr lang. Hier bedarf es einer Korrektur der organisatorischen Abläufe, da der Kommissionierer vermutlich sehr lange auf seine Aufträge warten muss.

5.5 Kommissionierleistungen

1. Kennzahlen der Kommissionierung sind jeweils einzeln für sich genommen ohne großen Aussagewert. Was muss geschehen, damit der Unternehmer aus der jeweiligen Kennzahl eine Aussage gewinnen kann?

Es müssen Vergleichswerte aus vorherigen Perioden des Unternehmens, aus anderen Niederlassungen, anderen Unternehmen oder Zahlen der jeweiligen Branche vorliegen, um die eigenen Kennzahlen interpretieren zu können.

2. Erklären Sie den Begriff Kommissionierleistung. Geben Sie zudem die Formel zur Berechnung der Kommissionierleistung an.

Die Kommissionierleistung gibt an, wie produktiv ein Lager im Bereich der Kommissionierung ist.

$$\text{Kommissionierleistung} = \frac{\text{3.600 Sekunden}}{\text{Komm.zeit in Sekunden je Position}}$$

3. Nennen Sie mindestens drei Faktoren, von denen die Kommissionierleistung abhängig ist.

Die Kommissionierleistung ist abhängig
- von der Kommissioniermethode
- von der Güterart
- von den eingesetzten Fördermitteln
- von der Sortimentsgröße
- vom Kommissioniersystem (statische oder dynamische Bereitstellung etc.)

4. Berechnen Sie die Kommissionierleistung pro Stunde, wenn ein Kommissionierer für eine Position durchschnittlich 80 Sekunden benötigt.

Kommissionierleistung:
45 Positionen pro Stunde
(Lösungsweg auf S. 239)

5. Wie viele Positionen werden im Durchschnitt je Auftrag kommissioniert, wenn ein Unternehmen 4750 Aufträge mit insgesamt 15569 Positionen bearbeitet?

Durchschnittlich 3,28 Positionen pro Auftrag
(Lösungsweg auf S. 239)

6. Ein Kommissionierer macht bei 5678 Kommissionierungen 25 Fehler. Wie groß ist seine Fehlerquote in Prozent?

Fehlerquote: 0,44 %
(Lösungsweg auf S. 239)

7. **Ein Unternehmen hat folgende Daten zur Kommissionierung ermittelt:**
Im Jahr 2011 hatte das Unternehmen 16.250 Picks und 78 Fehler in der Kommissionierung. Im Jahr 2012 lag die Pickanzahl bei 16.590 und die Fehlerzahl bei 156.
a) Berechnen Sie die Fehlerquoten der Jahre 2011 und 2012.
b) Welche Ursachen können für die veränderte Fehlerquote angenommen werden? Nennen Sie drei.

a) Fehlerquote 2011: 0,48 %
Fehlerquote 2012: 0,94 %
(Lösungsweg auf S. 239)
b) Lagerbeschriftungen sind nicht eindeutig, Einsatz von ungelerntem Personal, Motivation der Mitarbeiter ist schlecht

8. **Die Betriebskosten pro Stunde betragen 280,00 € und es wird mit einer Kommissionierleistung von 120 Aufträgen pro Stunde gerechnet. Wie hoch sind die Kommissionierkosten pro Auftrag?**

2,33 € pro Auftrag
(Lösungsweg auf S. 240)

9. **Ein Kommissionierer schafft 480 Positionen in einer Stunde. Wie viele Positionen schafft ein Leiharbeiter der 5 % weniger Positionen in einer Stunde bewältigt?**

456 Positionen
(Lösungsweg auf S. 240)

6 Güter verpacken

6.1 Grundbegriffe, Funktionen und Beanspruchungen

1. Definieren Sie folgende Fachbegriffe:
a) Packgut,
b) Packhilfsmittel,
c) Packstoff,
d) Verkaufsverpackung,
e) Packung,
f) Packmittel,
g) Packstück,
h) Verpackung,
i) Umverpackung,
j) Einwegverpackung,
k) Transportverpackung,
l) Verbundverpackung,
m) Mehrwegverpackung,
n) Getränkeverpackung und
o) restentleerte Verpackung.

a) … ist die zu verpackende Ware.
b) … ist das Material, welches das Packmittel ausfüllt, ergänzt, sichert usw.
c) … ist das Material aus dem die Packmittel und Packhilfsmittel bestehen.
d) … ist eine Verpackung, die als eine Verkaufseinheit angeboten wird und beim Endverbraucher anfällt.
e) … ist das Packgut zusammen mit der Verpackung.
f) … ist das Behältnis, welches das Packgut aufnimmt, um es zu lagern oder/und zu transportieren oder/und zu verkaufen.
g) … ist eine Packung, die insbesondere transport- und lagerfähig ist.
h) … ist das Packmittel zusammen mit dem Packhilfsmittel.
i) … ist eine zusätzliche Verpackung zur Verkaufsverpackung. Sie wird nicht wie diese aus Gründen der Hygiene, der Haltbarkeit oder des Schutzes der Ware vor Beschädigung oder Verschmutzung verwendet. Sie kann mehrere Verkaufsverpackungen umfassen.
j) … ist eine für den einmaligen Gebrauch genutzte Verpackung.
k) … erleichtert den Transport, schützt die Waren vor Beschädigungen oder dient der Sicherheit des Transports. Sie fällt nur beim Vertreiber an.
l) … ist eine Verpackung, die aus unterschiedlichen, nicht von Hand trennbaren Materialien besteht.
m) … ist eine für den gleichen Zweck mehrfache genutzte Verpackung.
n) … ist eine geschlossene oder überwiegend geschlossene Verpackung für flüssige Lebensmittel.
o) … ist eine Verpackung, deren Inhalt komplett ausgeleert worden ist.

2. Welche der Fachbegriffe aus Aufgabe 1 sind Verpackungen im Sinne der Verpackungsverordnung[1]?

- Verkaufsverpackung (VerpackV § 3 (1), 2)
- Umverpackung (VerpackV § 3 (1), 3)
- Transportverpackung (VerpackV § 3 (1), 4)
- Getränkeverpackung (VerpackV § 3 (2))
- Mehrwegverpackung (VerpackV § 3 (3))
- Einwegverpackung (VerpackV § 3 (3))
- Verbundverpackung (VerpackV § 3 (5))
- restentleerte Verpackung (VerpackV § 3 (6))
- Nicht aufgeführt ist die ökologisch vorteilhafte Einweggetränkeverpackung (VerpackV § 3 (4))

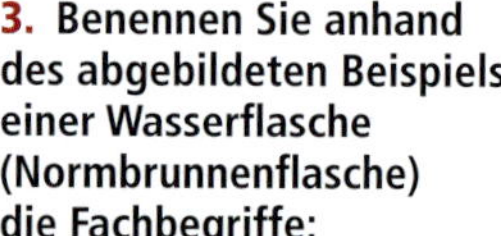

3. Benennen Sie anhand des abgebildeten Beispiels einer Wasserflasche (Normbrunnenflasche) die Fachbegriffe:
a) Packgut,
b) Packmittel,
c) Verpackung,
d) Packhilfsmittel,
e) Packstoff und
f) Mehrwegverpackung.

a) Wasser (oder Mineralwasser)
b) leere Glasflasche ohne Deckel
c) leere Glasflasche mit Deckel
d) Deckel (oder Metalldeckel)
e) Glas (Packmittel) und Aluminium/Metall (Packhilfsmittel)
f) Glasflasche mit Deckel oder gefüllte Glasflasche mit Deckel *(Hinweis: Ohne Deckel ist eine Rückgabe möglich.)*

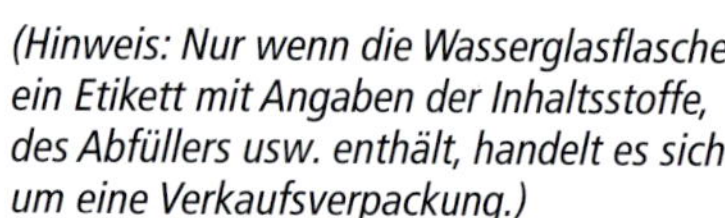

(Hinweis: Nur wenn die Wasserglasflasche ein Etikett mit Angaben der Inhaltsstoffe, des Abfüllers usw. enthält, handelt es sich um eine Verkaufsverpackung.)

4. Nennen Sie
a) drei Vorteile und
b) drei Nachteile
von Verpackungen.

a) Vorteile: Verpackungen …
- *schützen* die Ware vor Verderb, Diebstahl, Qualitätsverlusten oder Schäden.
- *rationalisieren* die Lagerung, den Transport, die Be- und Entladung.
- *verlagern* das Handling (z. B. Auspacken) auf den Käufer durch Selbstbedienungssysteme.
- *schaffen* Arbeitsplätze in der Verpackungsindustrie.
- *enthalten* Informationen über die Ware.

→

[1] Verordnung über die Vermeidung und Verwertung von Verpackungsabfällen (Verpackungsverordnung – VerpackV) § 3 (1).

b) Nachteile: Verpackungen …
- *erhöhen* die Kosten der eigentlichen Ware.
- *erhöhen* die Kosten der Entsorgung.
- *binden* wertvolle Rohstoffe (z. B. Metalle).
- *belasten* die Umwelt, wenn sie falsch entsorgt werden und in der Herstellung.
- *täuschen* den Verbraucher durch Größe, Aufmachung usw. über Inhalt und Wert der Ware (Stichwort: „Mogelpackungen").

5. Welche fünf Funktionen bzw. Aufgaben erfüllen Verpackungen?

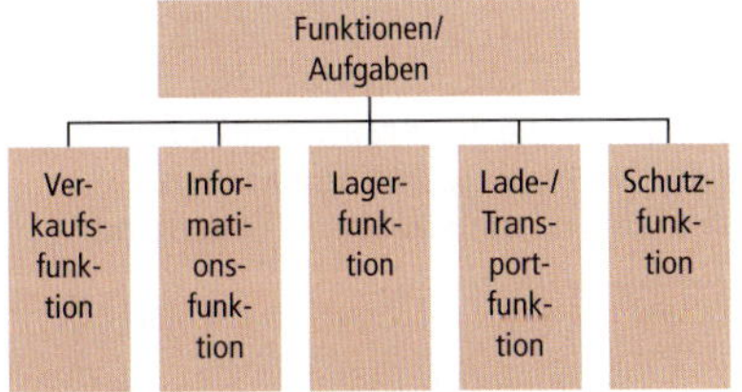

*(Hinweis: Ein mögliches Merkwort ist „**VILLS**", d. h. **V**erkaufs-, **I**nformations-, **L**ager-, **L**ade- und **S**chutzfunktion. Es klingt ähnlich wie der Filz.)*

6. Die Verpackung kann
a) den Menschen,
b) die Umwelt,
c) das Transportmittel oder
d) das Packgut
schützen.
Geben Sie jeweils ein Beispiel für diesen Schutz an.

Verpackungen schützen …

a) den *Menschen* vor Verletzungen durch scharfe Kanten, Vergiftungen durch entweichende Giftstoffe oder Verätzungen durch Gefahrstoffe.
b) die *Umwelt* vor entweichenden Gasen, auslaufenden flüssigen Stoffen, feuergefährlichen oder explosionsgefährlichen Stoffen.
c) das *Transportmittel* vor Beschädigungen durch schlechte Handhabung, Verschmutzungen durch feinstaubige Stoffe oder auslaufende Flüssigkeiten.
d) das *Packgut* vor Verunreinigung, Schmutz, Rost, Diebstahl, Schädlingen, Witterung, Fall, Stoß, Druck oder Erschütterung.

7. Beschreiben Sie drei Verbesserungen, die durch Verpackungen bei der Lagerung erreicht werden (Lagerfunktion).

- Verpackungen ermöglichen eine *optimale Ausnutzung des Lagerraums* durch Stapeln von Packstücken in Regalen oder ohne Regal, z. B. in der Blocklagerung.
- Die Verpackungen *rationalisieren die Ein- und Auslagerungsvorgänge* im Lager, da durch genormte Packmittel vollautomatische Förderzeuge verwendet werden können.
- Durch vorverpackte Ware können die *Arbeiten im Lager schneller* durchgeführt werden.
- Eine geeignete Verpackung für die Ware *erhöht die Lagerdauer* durch Schutz vor Schädlingen, Verschmutzung, Rost usw.

8. Warum verbessern Verpackungen das Be- und Entladen sowie Transportieren der Ware (Lade- und Transportfunktion)?

- Durch *Bildung von Ladungseinheiten* lassen sich die Ladevorgänge verkürzen, z. B. 200 Schachteln auf einer Europalette können schneller mit einem Gabelstapler bewegt werden als die einzelnen Schachteln von Hand.
- Durch *genormte und abgestimmte Packmittel* wird der Laderaum von Transportmitteln besser ausgenutzt, z. B. Anpassung der Maße der Europalette an die Maße der Ladeflächen von LKWs, Binnencontainern usw.
- Durch die *Nutzung von genormten Förderzeugen, Packmitteln, Transportmitteln usw.* kann Personal eingespart und die Standzeiten der Transportmittel gesenkt werden.

9. Welche Möglichkeiten gibt es, die Verpackung in den Verkaufsprozess einzubeziehen (Verkaufsfunktion)?

- *Verpackung als Werbeträger:* Sie soll beim Käufer eine positive Kaufentscheidung oder Wiedererkennen bewirken. Dies wird durch Markenlogos, Farb- und Formgestaltung erreicht.

→

- *Verpackung als Hilfsmittel zur Verbesserung des Verkaufsvorgangs:* Sie enthält bereits bestimmte Mengen, Größen usw. dadurch entfällt das Zählen, Abfüllen, Wiegen. Bei modernen Selbstbedienungssystemen übernimmt der Kunde z. B. das Kassieren.
- *Verpackung als Zusatznutzen:* Sie bringt dem Käufer einen zusätzlichen Nutzen, der nichts mit der eigentlichen Ware zu tun hat, z. B. ein Marmeladenglas kann als Einmachglas oder ein Joghurtglas kann als Trinkglas verwendet werden.

10. Erklären Sie, was unter Informationsfunktion der Verpackung verstanden wird.

Die Verpackung enthält *lesbare Informationen* über Preis, Größe, Inhalt oder *verschlüsselte Informationen* wie Barcodes oder *hinweisende und warnende Informationen* über das Handling der Verpackung wie „vor Hitze schützen".

11. Die Ware soll über die gesamte Logistikkette vor Gefahren und Beanspruchung geschützt werden:
a) Nennen Sie die vier Kategorien bzw. Arten von Beanspruchung der Verpackung.
b) Beschreiben Sie jede Kategorie bzw. Art von Beanspruchung.

a) 1. Mechanische Beanspruchung
2. Klimatische Beanspruchung
3. Beanspruchung durch Lebewesen
4. Beanspruchung durch Diebstahl

b) 1. Bei der *mechanischen Beanspruchung* wirken Kräfte auf das Packstück durch Fall, Stoß, Schub, Druck oder Erschütterung.
2. Bei der *klimatischen Beanspruchung* wirken Tau- bzw. Schwitzwasser, geografische und witterungsabhängige Einflüsse auf das Packstück.
3. Bei der *Beanspruchung durch Lebewesen* verursachen Kleintiere (Mäuse, Ratten), Insekten (Käfer, Maden, Holzwürmer) oder Pilze Schäden an der Verpackung. Sie können auch das Packgut erreichen und es im Wert mindern oder sogar vernichten.
4. Bei der *Beanspruchung durch Diebstahl* können Teile des Packgutes oder gesamte Ladungseinheiten gestohlen werden.

6

12. Beschreiben Sie jeweils drei vorbeugende Maßnahmen für jede Kategorie bzw. Art von Beanspruchung.

- Mechanische Beanspruchung:
  - Wählen von in sich stabilen Packmitteln
  - Umwickeln mehrerer Packstücke mit Stretch- oder Schrumpffolie
  - Anwenden der Verbundstapelung
  - Beachten der Grundsätze zur Stapelung, z. B. leichte Packstücke oben und schwere unten
  - Ausfüllen von Zwischenräumen in Packmitteln oder zwischen Packstücken
- Klimatische Beanspruchung:
  - Auswählen von temperaturunabhängigen Packmitteln (Kühlcontainer)
  - Verwenden von luftdurchlässigen Packmitteln (Holzkisten)
  - Verwenden von wasserabweisenden (Teerpapier) oder wasseraufnehmenden Packhilfsmitteln (Trockenmittelbeutel, VCI-Mittel)
- Beanspruchung durch Lebewesen:
  - Verwenden von behandelten Naturhölzern (wärmebehandelte Europalette), um Befall von Schädlingen vorzubeugen
  - Verwenden von Packmitteln aus Kunststoff oder Metall, um Tieren das Nagen an der Verpackung zu erschweren
  - Achten auf Sauberkeit, Ordnung und Übersichtlichkeit im Lager sowie beim Transport
- Beanspruchung durch Diebstahl:
  - Verwenden von neutraler und unauffälliger Verpackung (keine Werbeaufdrucke auf der Verpackung)
  - Verwenden schwarzer Stretch- oder Schrumpffolie
  - Verwenden von abschließbaren Packmitteln (Collico)
  - Zusammenfassen kleiner Packstücke zu einer größeren Verpackungseinheit

13. Die DIN EN ISO 780: 1999-04 standardisieren die Markierung für den internationalen Versand von Packstücken. Bezeichnen Sie die nachfolgenden Symbole der Handhabungshinweise in Deutsch und Englisch.
(DIN: Deutsches Institut für Normung, EN: Europäische Norm, ISO: International Organization for Standardization.)

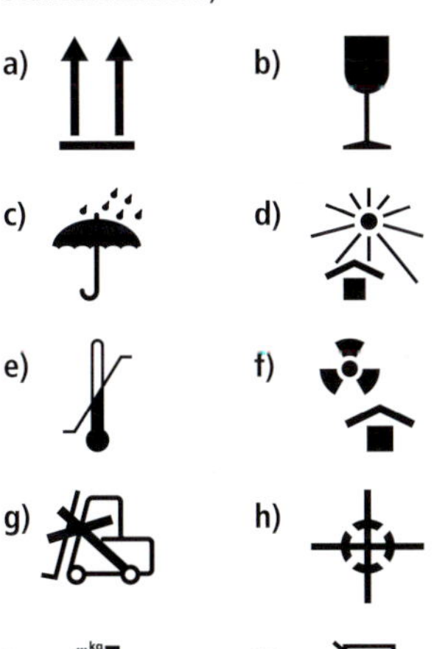

	Deutsch	Englisch
a	oben	this way up
b	zerbrechlich	fragile
c	vor Nässe schützen	keep dry
d	vor Hitze schützen	keep away from heat (protect from heat)
e	zulässiger Temperaturbereich	temperature limitation
f	vor radioaktiven Strahlen schützen	protect from radioactive sources
g	keine Gabelstapler ansetzen	do not use fork lift truck
h	Schwerpunkt	center of gravity
j	Begrenzung der Masse der Stapellast	stacking limitation
k	nicht stapeln	do not stack
l	Klammern in Pfeilrichtung	clamp here
m	keine Klammern in Pfeilrichtung ansetzen	do not clamp

(Hinweis: Eine vollständige Markierung an einem Packstück muss aus drei Teilen bestehen – der Leitmarke, der Informationsmarkierung und den Handhabungshinweisen.)

14. **Zeichnen Sie die Symbole der Handhabungshinweise (nach DIN EN ISO 780: 1999-04) für**
a) „nicht rollen“,
b) „keine Haken verwenden“ und
c) „hier anschlagen“.

a) engl.: „do not roll“	b) engl.: „use no hooks“	c) engl.: „sling here“

15. **Übersetzen Sie die nachfolgenden Handhabungshinweise ins Englische:**
a) Bruttogewicht
b) Nettogewicht
c) ätzend
d) giftig
e) nicht werfen
f) hier öffnen

a) gross weight
b) net weight
c) corrosive, caustic
d) poisonous, toxic
e) don't throw
f) open here

6.2 Arten von Packmitteln

1. **Nennen Sie fünf Materialien aus denen Packmittel hergestellt werden können.**

Holz, Metalle, Kunststoffe, Karton, Pappe, Papier, Glas, Textilien u. a.

2. **Unterscheiden Sie die drei verschiedenen Holzarten, aus denen Packmittel hergestellt werden können.**

- *Vollholz, Naturholz, Massivholz* ist das feste harte Gewebe von Bäumen. Es darf in einigen Ländern nur behandelt oder ohne Rinde eingeführt werden.
- *Sperrholz* besteht aus mehrschichtigen Holzabfällen (ganze Holzplatten), die verleimt sind. Dadurch darf es in alle Länder eingeführt werden.
- *Pressholz* besteht aus Holzabfällen (Sägespänen), die verleimt sind. Dadurch darf es in alle Länder eingeführt werden.

3. **Welche Vorteile bieten Packmittel aus Holz?**

Holz ist ein
- nachwachsender Rohstoff, er wird gezielt und kontrolliert angebaut
- sehr stabiler Rohstoff (geeignet für schwere Bauteile)

→

- flexibel an das jeweilige Packgut anpassbarer Rohstoff
- umweltfreundlicher Rohstoff wegen der leichten Entsorgung (Wiederverwendung, stoffliche oder energetische Verwertung)
- einheimischer Rohstoff, der nicht importiert werden muss

4. Nennen Sie fünf Packmittel aus Holz und ihre jeweilige Besonderheit.

- Inlandskiste: sehr stabile Kistenform durch Kopf-, Ringleisten usw.
- Seekiste: Überseetransport, es wird auf Ringleisten verzichtet, um Volumen zu sparen.
- Steige/Harass: Obst- und Gemüsetransport, gute Belüftung, Einsichtnahme möglich.
- Zusammenlegbare Holzkisten: Leerzustand sehr platzsparend.
- Verschlag: Offener Rahmen, der aus Holzbrettern oder Holzlatten konstruiert ist.
- Holzaufsetzrahmen: Leerzustand platzsparend, da zusammenlegbar, zusätzliche Stabilisierung palettierter Ware.
- Kantholzkonstruktion: Gegensatz zum Verschlag aus Kanthölzern, umgibt die Ware nicht voll, geeignet für sperrige und schwere Güter.

5. Eine besondere Holzkonstruktion aus Brettern und Kanthölzern sind die Flachpaletten. Eine der wichtigsten Lade-Plattformen in Europa ist die genormte Euroflachpalette. Welche Merkmale weist diese Holzpalette hinsichtlich Maßen, Eigengewicht, Tragfähigkeit, Auflast, Kennzeichnung, Unterfahrbarkeit sowie Verwendungshäufigkeit auf?

- *Maße:* 1.200 mm lang, 800 mm breit und 144 mm hoch
- *Eigengewicht:* ca. 20–25 kg je nach Feuchtigkeit des verwendeten Holzes
- *Tragfähigkeit:* 1.000 kg (Punktbelastung), 1.500 kg (gleichmäßig), 2.000 kg (vollflächig und gleichförmig)
- *Auflast:* maximal 4.000 kg (unterste Palette im Stapel, wenn sie sich auf einer ebenen, horizontalen und starren Fläche befindet und die Auflast horizontal und vollflächig aufliegt)

→

- *Kennzeichnung:*
  - EPAL-Kennzeichnung *(linker Klotz)*,
  - zulässiges Eisenbahnsymbol, IPPC-Kennzeichen, Herstellercode *(mittlerer Klotz)*
  - EUR-Markenzeichen *(rechter Klotz)*
- *Unterfahrbarkeit:* Vierwegpalette (von allen vier Seiten unterfahrbar)
- *Verwendungshäufigkeit:* Mehrwegpalette im Poolsystem (mehrfache Verwendung, wenn die Tauschbarkeit gewährleistet ist, siehe Seite 17)

(Hinweis: Einwegpaletten (≠ Mehrwegpaletten) können nur einmal benutzt werden. Zweiwegpaletten (≠ Vierwegpaletten) können von zwei Seiten unterfahren werden.)

6. Erklären Sie die IPPC-Kennzeichnung der International Plant Protection Convention der Vereinten Nationen.

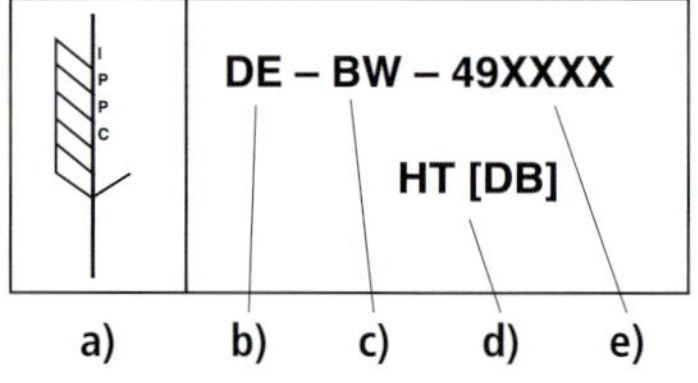

a) IPPC-Logo
b) Herkunftsland (hier: Deutschland)
c) Bundesland (hier: Baden-Württemberg)
d) Behandlungsmethode (hier: heat treatment = wärmebehandelt und debarked = entrindet)
e) Registrierungsnummer (hier: in Deutschland mit 49 beginnend)

(Hinweis: Eine weitere Behandlungsmethode ist MB = Methylbromid (engl.: methyl bromide).)

7. Sie sind in Ihrem Lager im Versand eingesetzt und sollen auf eine Euroflachpalette so viele Schachteln (Länge: 30 cm, Breite: 20 cm und Höhe: 15,6 cm) wie möglich sechslagig packen. Die Schachteln dürfen nicht gekippt werden. Berechnen Sie, wie viele Schachteln auf eine EUR-Palette gepackt werden können.

96 Schachteln
(Lösungsweg siehe S. 240)

8. Sie sind in Ihrem Lager im Versand eingesetzt und sollen auf eine Euroflachpalette so viele Schachteln (Länge: 30 cm, Breite: 20 cm und Höhe: 15,6 cm) wie möglich sechslagig packen. Die Schachteln dürfen nicht gekippt werden. Berechnen Sie, welches Volumen in dm³ das Packstück (Ware inkl. EUR-Palette) hat.

1.036,8 dm³
(Hinweis: 1.039,8 dm³ (: 1000) = 1,0398 m³)
(Lösungsweg siehe S. 240)

9. Nachdem Sie in Aufgabe 7–8 das Packstück für den Versand vorbereitet haben, müssen Sie es abschließend zweimal mit Folie umwickeln. Hierfür verwenden Sie die Maße der Schachteln inkl. der Palette und einen Verschnitt von 5 %. Berechnen Sie, wie viel m² Folie Sie dafür benötigen.

9,072 m² Folie
(Lösungsweg siehe S. 241)

10. Nennen Sie drei weitere Möglichkeiten wie Sie die Schachteln aus Aufgabe 7–9 gegen Verrutschen auf einer Palette schützen können.

- Umhüllen mit Schrumpffolie (Aufgabe 9: Stretchfolie)
- Anwenden der Verbundstapelung (wie bei einer Mauer aus Ziegeln)
- Verwenden von Papier oder Kartonage als Zwischenlage
- Umreifen mit Kunststoff- oder Stahlband
- Benutzen eines leicht löslichen Haftklebers

11. Erklären Sie die folgenden Fachbegriffe:
a) Karton
b) Pappe
c) Vollpappe
d) Wellpappe
e) Schachtel.

a) Packstoff, dessen Flächengewicht zwischen 150 g/m² und 600 g/m² liegt. Er besteht in der Regel aus mehreren Lagen Papier mit unterschiedlicher Dicke.
b) Packstoff, der als Überbegriff für die beiden Arten Vollpappe und Wellpappe steht.
c) Packstoff, dessen Flächengewicht mehr als 600 g/m² beträgt und der keine Hohlräume wie die Wellpappe besitzt.

→

d) Packstoff, der aus ein- oder mehrlagigem gewellten Papier besteht und auf flachem Papier oder Karton aufgeklebt ist. Durch die Hohlräume (Wellenform) hat der Packstoff bei geringem Gewicht eine hohe Steifigkeit und Stoßdämpfung.
e) Packmittel, das aus Karton oder Pappe bestehen kann, z. B. Zigarettenschachtel.

(Hinweis: Schachtel wird umgangssprachlich als Karton bezeichnet, aber in der DIN 55405 ist der Begriff als Packmittel genau definiert.)

12. Welche Vorteile haben Packmittel aus Karton bzw. Pappe gegenüber anderen Packmitteln? Nennen Sie vier.

- geringe Beschaffungskosten durch Massenanfertigung der Papierindustrie
- Ersparnis bei Lager- bzw. Transportkosten durch faltbare Schachteln (flach zusammenlegbar)
- leichte Entsorgung durch Recycling
- mehrfache Wiederverwendung bei entsprechender Qualität
- zusätzlicher Nutzen, da leicht zu bedrucken mit Werbung oder anderen Informationen
- einfaches Hinzufügen zusätzlicher Eigenschaften wie öl-, wasser-, fettabweisend oder schwer entflammbar usw.
- geringes Eigengewicht (Tara) bei gleichzeitig guten Eigenschaften wie Stabilität, Steifigkeit, Stapelbarkeit (insb. bei Produkten aus Wellpappe)

13. Nennen Sie drei Vorteile von Packmitteln aus Kunststoff.

- hohe Stabilität
- sehr gute mehrfache Wiederverwendung möglich (sehr umweltfreundlich/ökologisch)
- gute Eignung für das Verpacken von Ware mit hygienischen Anforderungen, da leicht zu reinigen
- lange Haltbarkeit
- witterungsunempfindlicher als Packmittel aus Holz oder Karton/Pappe
- gut für den Export geeignet, da keine Exportbeschränkungen zu beachten sind

(Hinweis: Die genannten Vorteile gelten auch für die Packmittel aus Metall.)

14. Beschreiben Sie kurz die Besonderheiten der folgenden Packmittel aus Kunststoff:
a) Drehstapelbehälter
b) Konische Behälter
c) Eurobehälter, Euroboxen
d) Blisterverpackung
e) Skinverpackung

a) Ineinanderstapeln bei Drehung um 180° möglich → Raumeinsparung um bis zu 80 %
b) verjüngendes/kegelförmiges Design (oben breiter als unten) ermöglicht das Stapeln ineinander → Raumeinsparung
c) genormtes Maß, das dem Maß der Europalette angepasst ist, z. B. 60 cm x 80 cm-Module → 2 Behälter füllen die gesamte Fläche der Europalette
d) formstabile Sichtverpackung, d. h. zwischen Packgut und Packmittel ist noch Luft, z. B. Tablettenverpackungen *(Hinweis: Das Wort „Blister" heißt übersetzt „Blase".)*
e) umgibt das Packgut wie eine zweite Haut, d. h. keine Luft zwischen Packgut und Packmittel *(Hinweis: Das Wort „Skin" heißt übersetzt „Haut".)*

15. Neben der EUR-Palette als bekanntestem Packmittel aus Holz gibt es ein ebenso beliebtes Packmittel aus Metall: den Container. Benennen Sie die nachfolgenden Abbildungen von Containerarten mit dem entsprechenden Fachbegriff:

→

→

a) 

a) Standardcontainer, ISO-Container

b) 

b) Hardtop-Container (abnehmbares Stahldach)

c) 

c) Open Top-Container (abnehmbare Plane)

d) 

d) Flat-Container (Flatrack, Flat)

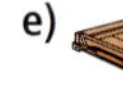

e) 

e) Plattformcontainer (Plat, plats)

f) 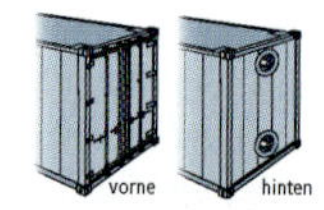

f) Isolier-Container

g) 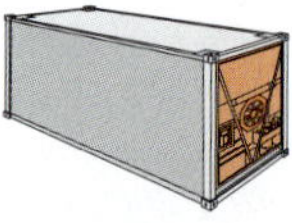

g) Kühlcontainer (Reefer)

h) 

h) Bulk-Container

i) 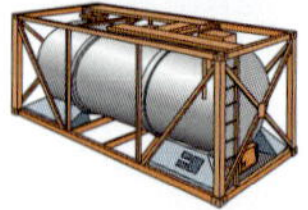

i) Tank-Container

(Hinweis: Nicht aufgeführte Container sind der ventilierte (belüftete) Container und der Intermediate Bulk Container (IBC).)

16. Nennen Sie die wesentlichen Merkmale der folgenden Packmittel aus Metall (Großbehälter):
a) ISO-Container (Übersee-, Seefrachtcontainer),
b) Binnencontainer,
c) Wechselcontainer (Wechselbehälter, -brücke).

a) ISO-Container:
- International standardisierte Maße, die *nicht* an die Europaletten-Maße angepasst sind
- Einsatz im internationalen Schiffsverkehr
- Stapelbar, da normierte und klassifizierte Stahlkonstruktion (garantierte Zuverlässigkeit in der Stabilität)
- Verschiedene Varianten für unterschiedliche Ware möglich

b) Binnencontainer:
- Europäische standardisierte Maße, die an die Europalette angepasst sind
- Optimale Ausnutzung der Ladefläche für die Europalette → geringere Schutzfüllung
- Einsatz überwiegend auf dem Landweg in Europa (insbesondere im Eisenbahnverkehr)
- Stapelbar, da normierte und klassifizierte Stahlkonstruktion (garantierte Zuverlässigkeit in der Stabilität)
- Verschiedene Varianten für unterschiedliche Waren möglich

c) Wechselcontainer:
- Breitere und längere Konstruktion als beim Binnencontainer → Höhere Kapazität von Europaletten
- Besitzt einklappbare Stützen oder Füße zum Absetzen auf dem Boden
- Leichtes Verladen auf LKW, da er ganz einfach unterfahren werden kann
- Wirtschaftlicherer Einsatz als beim Binnencontainer wegen der Unterfahrbarkeit
- Optimale Ausnutzung der Ladefläche für die Europalette → geringere Schutzfüllung
- Nicht stapelbar, da die Konstruktion mit Stahlblechwänden oder nur Abdeckplanen nicht für ausreichende Stabilität sorgt

6

17. Ihr Kunde aus den USA erwartet von Ihnen, dass Sie die Ware auf eine GMA-Palette mit 48 x 40 Inch verladen.
a) Welche Maße hat eine GMA-Palette in mm?
b) Wie viele GMA-Paletten passen einlagig in einen 20'-Container mit den Innenmaßen 20' x 7,7' x 8,5'?
c) Wie viel dm³ Beladevolumen hat ein 20'-Standardcontainer?

Hinweise:
- *GMA = Grocery Manufacturers Association = Vereinigung der Lebensmittelhersteller;*
- *1' = 1 Fuß = 30,48 cm*
- *1'' = 1 Zoll/Inch = 2,54 cm*
- *1 Fuß = 12 Zoll/Inch*

a) GMA-Paletten-Maß: 1.219,2 mm x 1.016,0 mm
b) 10 Stück einlagig
c) 37.070,25 dm^3 : 1000 = 37,07 m^3

Hinweis: In einen 20'-Container passen 11 Europaletten (2 x 5'er Block + 1 EUR-Palette quer) und in einen 40'-Container passen 25 Europaletten. Die Europaletten werden in 5'er-Blocks zu 2 längs und 3 quer (2,4 m x 2,0 m) gelegt.

(Lösungsweg auf S. 241)

6.3 Arten von Packhilfsmitteln

1. In welche drei Gruppen bzw. Kategorien lassen sich Packhilfsmittel einteilen?

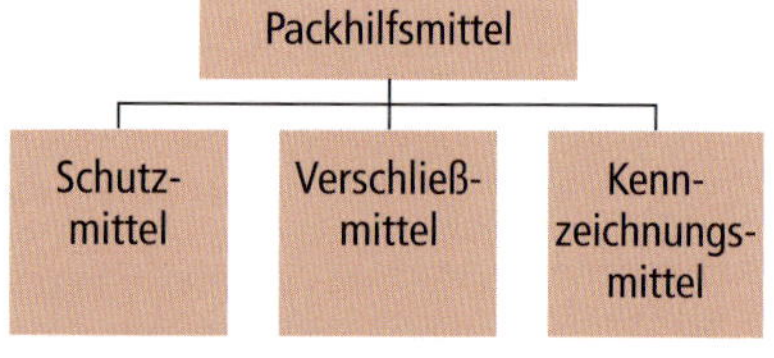

2. Ordnen Sie die nachfolgenden Packhilfsmittel einer Kategorie (Gruppe) zu:
a) Holzwolle
b) Klammer
c) Ölpapier
d) Kippindikator
e) Begleitpapiertasche
f) Umreifungsband

a) Schutzmittel
b) Verschließmittel
c) Schutzmittel
d) Kennzeichnungsmittel
e) Kennzeichnungsmittel
f) Verschließmittel

3. Vor welchen Gefahren bzw. Beanspruchungen sollen Packhilfsmittel schützen.

Sie sollen schützen vor:
- mechanischen Beanspruchungen wie z. B. Druck, Stoß, Fall, Verrutschen und dabei Bruch, Kratzer, Beulen usw. verhindern
- Beanspruchungen durch Feuchtigkeit und Nässe
- Beanspruchungen durch Diebstahl oder Öffnen

4. Nennen Sie vier Packhilfsmittel, die gegen Rost bzw. Feuchtigkeit schützen.

Ölpapier, Bitumenpapier, Teerpapier, Trockenmittelstab, Trockenmittelbeutel, VCI-Verfahren, Folienumhüllung (Schrumpf- oder Stretchfolie)

5. Erklären Sie, welchen Vorteil das VCI-Verfahren gegenüber anderen Schutzmitteln gegen Rost hat.

Das VCI-Verfahren (Volatile Corrosion Inhibitor = flüchtiger Korrosions-Hemmer) besteht aus einem Trägermaterial, z. B. einem Folienbeutel, der eine Substanz enthält. Diese Substanz gibt ein Gas an ihre Umgebung ab, das metallische Werkstoffe vor Korrosion und Rost auch an schwer erreichbaren Stellen schützt.
Nach dem Auspacken verflüchtigt sich der Rost-Hemmer ohne Rückstände an der Ware. Darin liegt der Vorteil gegenüber anderen Schutzmitteln, die aufwendig entfernt werden müssen.

6

6. Welche der folgenden Indikatoren sind jeweils ausgelöst?

a) Kippindikatoren:

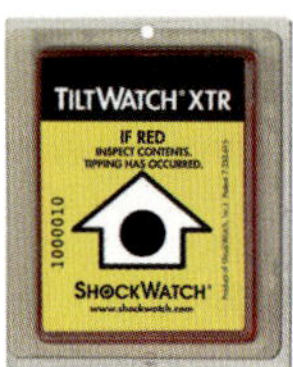

Bild 1

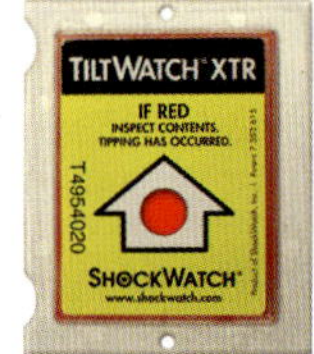

Bild 2

b) Kippindikatoren:

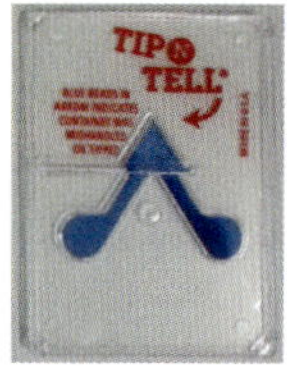

Bild 1

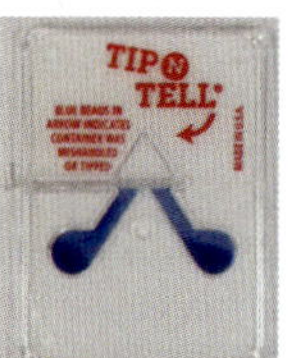

Bild 2

c) Stoßindikatoren:

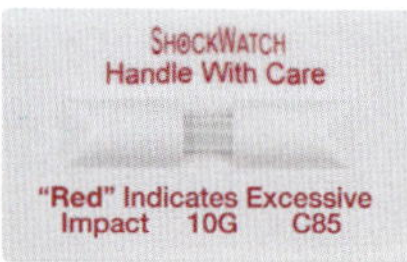

Bild 1

Bild 2

a) Der Kippindikator im Bild 2 ist ausgelöst.
b) Der Kippindikator im Bild 1 ist ausgelöst.
c) Der Stoßindikator im Bild 2 ist ausgelöst.

6.4 Gefahrstoffe verpacken

1. Beim Verpacken von gefährlichen Stoffen wird zwischen Gefahrstoffen und Gefahrgütern unterschieden.
a) Erklären Sie die beiden Fachbegriff „Gefahrstoff" und „Gefahrgut".
b) Nennen Sie jeweils eine rechtliche Grundlage.

a) *Gefahrstoffe* sind alle gefährlichen Substanzen, die verpackt, abgefüllt, gelagert oder innerbetrieblich transportiert werden.
Gefahrgüter sind alle gefährlichen Substanzen, die außerhalb des Betriebes auf der Straße, Schiene, Wasser oder in der Luft transportiert werden.

b) *Gefahrstoffe:* Verordnung zum Schutz vor Gefahrstoffen (Gefahrstoffverordnung – GefStoffV), Chemikaliengesetz
Gefahrgut: Gesetz über die Beförderung gefährlicher Güter (Gefahrgutbeförderungsgesetz – GGBefG); REACH-Verordnung[1], CLP-Verordnung[2], GHS-Verordnung[3] u.a.

6

2. Gefahrgüter werden nach nationalen und internationalen Vorschriften in neun Hauptklassen und weitere Unterklassen eingeteilt. Benennen Sie die neun Hauptklassen.

1. *Explosive Stoffe* und Gegenstände mit Explosivstoff
2. *Gase*
3. *Entzündbare flüssige Stoffe*
4. *Entzündbare Stoffe*
5. *Entzündend* (oxidierend) *wirkende Stoffe* und organische Peroxyde
6. *Giftige Stoffe* und ansteckungsgefährdende Stoffe
7. *Radioaktive Stoffe*
8. *Ätzende Stoffe*
9. *Verschiedene gefährliche Stoffe* und Gegenstände

[1] REACH = Registration, Evaluation, Authorisation of Chemicals, engl. für Registrierung, Bewertung und Zulassung von Chemikalien.
[2] CLP = Regulation on Classification, Labelling and Packaging of Substances and Mixtures, engl. für Einstufung, Kennzeichnung und Verpackung von Stoffen und Gemischen.
[3] GHS = Globally Harmonised System of Classification and Labelling of Chemicals, engl. für weltweit abgestimmtes System zur Einstufung und Kennzeichnung von Chemikalien.

3. Ordnen Sie den Gefahrenzetteln die entsprechende Hauptklasse zu.

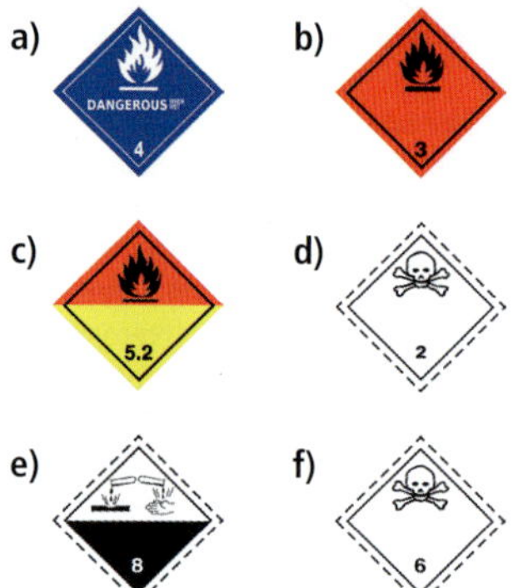

a) Entzündbare Stoffe (Klasse 4: Stoffe, die bei Berührung mit Wasser entzündbare Gase entwickeln)
b) Entzündbare Flüssigkeiten (Klasse 3)
c) Entzündend wirkende Stoffe (Klasse 5: Organische Peroxide)
d) Gase (Klasse 2: Giftige Gase)
e) Ätzende Stoffe (Klasse 8)
f) Giftige Stoffe (Klasse 6)

Hinweis: Die Gefahrenzettel enthalten das Gefahrensymbol aus dem Piktogramm nach GHS und die Gefahrgutklasse:

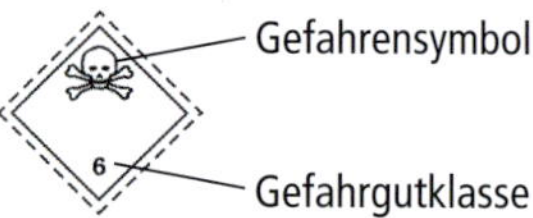

4. Welche Pflichten beim Verpacken von Gefahrgütern müssen Sie beachten?

- Wählen eines geeigneten und zulässigen Packmittels
- Prüfen der UN-Zulassungsnummer (in BRD meist die BAM-Nummer)
- Prüfen ob das Packmittel in Ordnung ist (keine Beschädigungen, keine Risse usw.)
- Verwenden geeigneter Packhilfsmittel
- Beachten des Füllgrades bei Flüssigkeiten
- Verschließen des Packstückes

5. Erklären Sie, was Sie unter
a) „Sperrgut" und
b) „Schwergut"
verstehen.
Nennen Sie je ein Beispiel.

a) *Sperrgüter* sind Güter, die entweder sehr lang oder breit oder hoch sind oder in kein normales Packmittel passen, z. B. Stahlrohre, Holzbalken, Badewannen.
b) *Schwergüter* sind Güter, deren Gewicht über das normale Maß hinausgeht, z. B. Coils (Rollen mit Stahlblech), Schiffsschrauben.

6. Erklären Sie folgenden UN-Code (u/n) 4H1/X45/S/14/D/BAM321/BU mithilfe der nachstehenden Auszüge aus dem ADR[4] Anlageband Teil 6 Bau- und Prüfvorschriften für Verpackungen, Großpackmittel (IBC), Großverpackungen und Tanks.

Kennzahl	Verpackungsart
1	Fass
2	(bleibt offen)
3	Kanister
4	Kiste
5	Sack
6	Kombinationsverpackung
7	(bleibt offen)
0	Feinstblechverpackung

Kennbuchstabe	Werkstoff
A	Stahl
B	Aluminium
C	Naturholz
D	Sperrholz
F	Holzfaserwerkstoff
G	Pappe
H	Kunststoff
L	Textilgewebe
M	Papier, mehrlagig
N	Metalle (außer Stahl und Aluminium
P	Glas, Porzellan, Steingut

Kennzahl	Kategorie
1	mit nicht abnehmbarem Deckel
2	mit abnehmbarem Deckel

Code	Bezeichnung
UN-Symbol	Vereinte Nationen (Pflicht auf jeder zugelassenen Gefahrgutverpackung)
4H1	Art der Verpackung (hier: 4 = Kiste, H = Kunststoff, 1 = nicht abnehmbarer Deckel)
X	Buchstabe für die Verpackungsgruppe (hier: X = Packmittel für Gefahrstoffe mit hoher Gefährlichkeit)*
45	zulässige Bruttohöchstmasse, bei Flüssigkeiten in Druck angegeben (hier: 45 kg)
S	Stoffart (S = solid; L = liquid)
14	Herstellungsjahr der Verpackung (hier: das Jahr 2014)
D	Länderkürzel, d.h. das Land, in dem die Verpackung zugelassen wurde (hier: Deutschland)
BAM 321	Zulassungsstelle mit Zulassungsnummer (hier: BAM = Bundesanstalt für Materialforschung, Zulassungsnummer 321)
BU	Hersteller des Packmittels (hier: BU = Kürzel des Herstellers)

*Gefahrgüter werden drei Verpackungsgruppen zugeordnet: I = hohe, II = mittlere, III = geringe Gefahr. Entsprechend werden Gefahrgutverpackungen in Gruppen unterteilt: X = hohe, Y = mittlere, Z =geringe Gefahr.

[4] ADR = **A**ccord européen relatif au transport international des marchandises **D**angereuses par **R**oute, frz. für Europäisches Übereinkommen über die internationale Beförderung gefährlicher Güter auf der Straße.

7. Nennen Sie drei Kennzeichnungen, die bei Gefahrgütern vorgenommen werden müssen.

- Kennzeichnen der Innenverpackung nach GefStoffV mit Gefahrensymbolen
- Kennzeichnen der Außenverpackung mit Gefahrenzettel und UN-Nummer
- Kennzeichnen der Transportverpackung nach Gefahrgutverordnung mit Gefahrenzettel, Großzetteln (sogenannte Placards mit 25 cm x 25 cm) und Warntafeln
- Anbringen von Standrichtungspfeilen an der Außenverpackung an gegenüberliegenden Seiten bei Flüssigkeiten

6.5 Umwelt- und Kostenaspekte beim Verpacken

1. In Deutschland gibt es das Gesetz zur Förderung der Kreislaufwirtschaft und Sicherung der umweltverträglichen Bewirtschaftung von Abfällen (Kreislaufwirtschaftsgesetz – KrWG)[5], das den Schutz von Mensch und Umwelt bei der Erzeugung von Abfällen sicherstellen will. Deshalb gibt es eine Rangfolge beim Umgang mit Abfällen. Beschreiben Sie kurz diese Rangfolge.

1. *Vermeiden:* Herstellung und Konsum sollten so gestaltet werden, dass möglichst wenig Verpackungsabfälle anfallen.
2. *Vorbereitung zur Wiederverwendung:* Die entstandenen Abfälle sind durch Reparatur, Reinigung oder Prüfung so vorzubereiten, dass sie wieder für den ursprünglichen Zweck verwendet werden können (z. B. Pfandflaschen → Reinigung → Wiederbefüllung).
3. *Recycling:* Abfälle sollten stofflich verwertet werden (z. B. Aufbereitung von Plastikflaschen zu Plastikkisten).
4. *Verwertung/Verfüllung:* Abfälle sollten energetisch verwertet werden (z. B. durch Verbrennen).
5. *Beseitigung:* Abfälle, die nicht verwertet werden können, müssen umweltverträglich beseitigt werden (z. B. Deponien).

[5] Das Gesetz ist aufgrund europäischer Richtlinien 2012 geändert worden. Der § 6 KrWG beschreibt eine neue Rangfolge bei der Abfallbewirtschaftung, die Abfallhierarchie. Die Begriffe sind im § 3 (20, 23, 24, 25, 26) KrWG beschrieben.

2. In der Verpackungsverordnung sind die Verpackungsbegriffe genau definiert. Erklären Sie die nachfolgenden Fachbegriffe:
a) Verkaufsverpackungen,
b) Umverpackungen und
c) Transportverpackungen.

a) *Verkaufsverpackungen:*
Verpackungen, die als eine Verkaufseinheit angeboten werden und beim Endverbraucher anfallen oder Verpackungen des Handels, der Gastronomie und anderer Dienstleister, die die Übergabe von Waren an den Endverbraucher ermöglichen (Serviceverpackungen).

b) *Umverpackungen:*
Verpackungen, die als zusätzliche Verpackungen zu den Verkaufsverpackungen verwendet werden und nicht aus Gründen der Hygiene, der Haltbarkeit oder des Schutzes an den Endverbraucher abgegeben werden.

c) *Transportverpackungen:*
Verpackungen, die den Transport von Waren erleichtern, die die Waren auf dem Transport vor Schäden bewahren oder die aus Gründen der Transportsicherheit verwendet werden und beim Vertreiber anfallen.

6

3. Es gibt zwei Systeme zur Entsorgung von Abfällen. Beschreiben Sie diese zwei Abfall-Entsorgungssysteme.
(Hinweis: In der Verpackungsverordnung werden die Hersteller und Vertreiber (u. a. Einzelhandel) verpflichtet, Verpackungen zurückzunehmen. Falls ein Hersteller oder Vertreiber sich an dem Dualen System Deutschland, dem sog. „Grünen Punkt", beteiligt, ist er von der genannten Rücknahmepflicht befreit.)

- *Holsystem:* Der Abfallsystem-Betreiber holt die gesammelten Wertstoffe (z. B. beim „Grünen Punkt" die „Gelbe Tonne/Sack") direkt beim Endverbraucher ab.
- *Bringsystem:* Der Endverbraucher bringt die gesammelten Wertstoffe dem Abfallsystem-Betreiber (z. B. Recyclinghöfe) oder in die Wertstoffcontainer.

4. Welche drei Vorteile bietet das Duale System Deutschland den Beteiligten?

- Flächendeckendes Entsorgungssystem neben der öffentlich-rechtlichen Müllabfuhr → mehr Wettbewerb

→

(Hinweis: Die Finanzierung über eine Abgabe der Hersteller und Vertreiber an das Entsorgungssystem (DSD) bewirkt, dass der Verbraucher an diesen Kosten anteilig über den Warenpreis beteiligt wird. Das Verursacherprinzip wird nicht ganz beachtet!)

- Trennung der Versorgung mit Verpackungen von der Entsorgung der Verpackungen
- Förderung von Mehrwegsystemen (z. B. Pfandflaschen)
- Befreiung der Rücknahmepflicht des Herstellers und Vertreibers

5. Im § 448 BGB sind die Kosten für Verkäufer und Käufer geregelt. Wer von beiden trägt bei den nachfolgenden Verpackungen die Kosten:
a) Verkaufsverpackung,
b) Versandverpackung und
c) Umverpackung?

a) Verkäufer trägt die Kosten der Verkaufsverpackung
b) Käufer trägt die Kosten für die Versandverpackung
c) Verkäufer trägt die Kosten der Umverpackung

6. Nennen Sie fünf Beispiele für Kosten, die bei der Verpackung von Waren anfallen.

- *Maschinenkosten für Verpackungsgeräte:* Abschreibungskosten, Wartungskosten, Stromkosten, Raumkosten
- *Materialkosten für Packmittel und Packhilfsmittel:* Anschaffungskosten, Raum-/ Lagerkosten, Entsorgungskosten
- *Lohnkosten für Arbeitnehmer:* Tätigkeiten beim Verpacken der Ware, beim Einkauf von Verpackungen und bei der Entsorgung der Verpackungen.

7. Berechnen Sie den Kaufpreis (ohne MwSt.) für den Käufer bei folgenden vertraglichen Vereinbarungen und Bedingungen:
Preis der Ware: 7,50 €/kg
Gewicht der Ware (Nettogewicht): 160,0 kg
Kosten der Transportverpackung: 25,00 €
Tara (Eigengewicht): 15,0 kg
a) brutto für netto,
b) Preis einschließlich Verpackung und
c) Preis ausschließlich Verpackung.

a) brutto für netto: 1.312,50 €
b) Preis einschließlich Verpackung: 1.200,00 €
(Hinweis: Der Preis wird vom Nettogewicht berechnet und enthält alle Kosten.)
c) Preis ausschließlich Verpackung: 1.225,00 €
(Der Käufer trägt die Kosten der Transportverpackung.)

(Lösungsweg auf S. 242)

7 Touren planen

7.1 Grundwissen zur Verkehrsgeografie, zu Wirtschaftszentren und Verkehrswegen

1. Zählen Sie gegen den Uhrzeigersinn alle Länder auf, die an Deutschland grenzen. Beginnen Sie mit „Belgien".

Belgien, Luxemburg, Frankreich, Schweiz, Österreich, Tschechische Republik, Polen, Dänemark, Niederlande

2. Nennen Sie alle Bundesländer und ihre Landeshauptstädte von Norden nach Süden.

- Schleswig-Holstein: Kiel
- Mecklenburg-Vorpommern: Schwerin
- Hamburg: Hamburg
- Niedersachsen: Hannover
- Bremen: Bremen
- Brandenburg: Potsdam
- Berlin: Berlin
- Sachsen-Anhalt: Magdeburg
- Nordrhein-Westfalen: Düsseldorf
- Hessen: Wiesbaden
- Thüringen: Erfurt
- Sachsen: Dresden
- Rheinland-Pfalz: Mainz
- Saarland: Saarbrücken
- Baden-Württemberg: Stuttgart
- Bayern: München

3. In der Binnenschifffahrt wird zwischen Kanälen und Flüssen unterschieden. Erklären Sie den jeweiligen Begriff.

Kanal: Ein Kanal ist eine künstlich angelegte Wasserstraße (Gewässerbett), um beispielsweise zwei Flüsse zu verbinden.
Fluss: Ein Fluss ist ein natürlich fließendes Gewässer.

4. Nennen Sie die vier größten Flüsse in Deutschland und ihre ungefähre Lage bzw. ihren ungefähren Start- sowie Endpunkt.

1. **Rhein:** Im Westen Deutschlands vom Bodensee bis Kleve.
2. **Weser:** In der Mitte Deutschlands vom Thüringer Wald bis Bremerhaven.
3. **Elbe:** Im Osten Deutschlands von Dresden bis Hamburg.
4. **Donau:** Im Süden Deutschlands vom Schwarzwald bei Donaueschingen bis Passau

7

5. Ein Binnenschiff befährt nachfolgende Routen:

a) Von Saarbrücken nach Bonn. Benennen Sie anhand des Kartenausschnitts die jeweiligen befahrenen Flüsse in der richtigen Reihenfolge.

b) Von Celle nach Meppen. Benennen Sie die befahrenen Kanäle in richtiger Reihenfolge.

a) Saar, Mosel, Rhein
b) Mittellandkanal, Dortmund-Ems-Kanal

6. Ordnen Sie den Häfen 1–8
a) den Kontinent und
b) das Land in dem er sich befindet zu.

1. **Shanghai**
2. **Singapur**
3. **Hongkong**
4. **Busan**
5. **Los Angeles**
6. **Dubai**
7. **Rotterdam**
8. **Hamburg**

1. a) Asien
   b) China
2. a) Asien
   b) Republik Singapur
3. a) Asien
   b) China
4. a) Asien
   b) Südkorea
5. a) Amerika (Nordamerika)
   b) USA
6. a) Asien (Vorderasien)
   b) Vereinigte Arabische Emirate

→

7. a) Europa
   b) Niederlande
8. a) Europa
   b) Deutschland

7. Es gibt auch künstlich angelegte Seewege, sogenannte Passagen. Welche Ozeane bzw. Meere werden durch
a) den Suezkanal und
b) den Panamakanal
miteinander verbunden?

a) Mittelmeer ⇆ Rotes Meer
b) Pazifischer Ozean ⇆ Atlantischer Ozean

8. Welche Einflüsse oder Faktoren verzögern den Transport mit Seeschiffen? Nennen Sie drei Faktoren.

- Schäden am Schiff
- Havarie
- Unwetter, z. B. Orkane
- Warten auf einen Liegeplatz im Hafen
- Gezeiten, da bei Ebbe einige Häfen nicht genügend Wasser führen
- Piraten, die versuchen das Schiff zu kapern

9. Ermitteln Sie die kürzeste Strecke von Stuttgart nach Gießen mit der folgenden Streckenkarte (Ausschnitt).

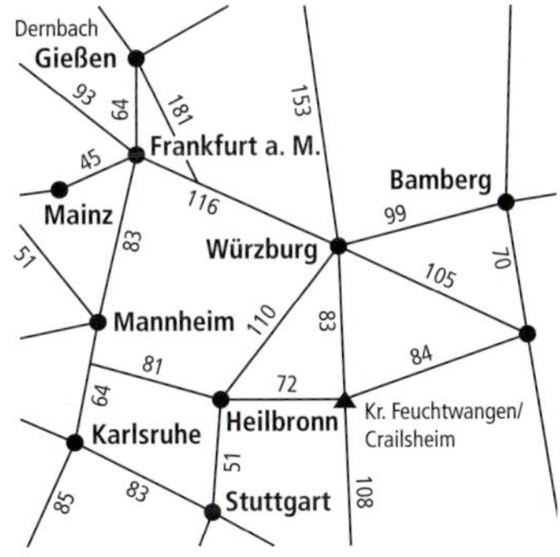

Stuttgart → Heilbronn = 51 km
\+ Heilbronn → Mannheim = 81 km
\+ Mannheim → Frankfurt am Main = 83 km
\+ Frankfurt am Main → Gießen = 64 km
= 51 + 81 + 83 + 64 = 279 km

10. Nennen Sie zwei wichtige Pässe, um die Alpen zu überqueren (Alpenübergänge). Geben Sie Anfangs- und Endpunkt an und zu welchem Land sie gehören.

Pass	Land	Strecke
Mont Blanc	Frankreich	Genf–Turin
Lötschberg/ Simplon	Schweiz	Bern–Mailand
Gotthard	Schweiz	Basel– Mailand
San Bernardino	Schweiz	Bodensee– Mailand
Reschenpass	Österreich	München– Mailand
Brenner	Österreich	München– Verona/Rom

(Hinweis: Keine vollständige Auflistung.)

11. Ordnen Sie den Pässen/Tunneln der Alpen mit Zielpunkt Italien die Länder (1) Schweiz, (2) Österreich und (3) Frankreich als Ausgangspunkt zu.

Pass/Tunnel	Land
Brenner-Pass	
San-Bernandino-Tunnel	
Felbertauern-Tunnel	
Tauern-Tunnel	
Großer-St.-Bernhard-Tunnel	
Montblanc-Tunnel	
St.-Gotthard-Tunnel	

Pass/Tunnel	Land
Brenner-Pass	2
San-Bernandino-Tunnel	1
Felbertauern-Tunnel	2
Tauern-Tunnel	2
Großer-St.-Bernhard-Tunnel	1
Montblanc-Tunnel	3
St.-Gotthard-Tunnel	1

12. Für den internationalen Transport auf der Straße benötigen Sie einen CMR-Frachtbrief. Nennen Sie
a) drei Aufgaben und
b) drei Informationen
dieses Frachtpapieres.

(Hinweis: CMR = Internationale Vereinbarung über Beförderungsverträge auf Straßen)

a) *Beweisaufgabe,* z. B. Vorhandensein eines ordnungsgemäßen Frachtvertrages oder guter äußerlicher Zustand der Ware bei Übergabe
Informationsaufgabe, z. B. Absender informiert Beförderer über Menge und Art des Frachtgutes
Erfüllungs- bzw. Quittungsaufgabe, z. B. für den Übernahmevorgang, für bestimmte Angaben über das Frachtgut (Zustand, Menge)

→

b)
- Name und Ort des Absenders
- Name und Ort des Empfängers
- Auslieferungsort des Gutes
- Anzahl der Packstücke
- Art der Verpackung
- Volumen der Ware
- Gewicht der Ware

13. Zählen Sie drei Kennzeichen von Wirtschaftszentren auf.

- hohe Bevölkerungsdichte
- geringere Arbeitslosigkeit als auf dem Land
- vorhandene Infrastruktur in allen Bereichen, z. B. Verkehr, Bildung, Gesundheit
- gute Anbindung an nationale und internationale Verkehrswege
- meist Spezialisierung auf eine Branche, z. B. Ruhrgebiet – Schwerindustrie mit Kohle, Eisen, Stahl

14. Welche fünf Kriterien beeinflussen die Wahl des Verkehrsmittels (z. B. Lkw, Eisenbahn, Flugzeug, Pipelines, Binnen- und Seeschiff)?

- Kosten des Transportes
- Kosten der Transportverpackung
- Sicherheit des Transportes
- Art des Transportgutes, z. B. Schüttgut, Gefahrgut, Sperrgut
- Schnelligkeit des Transportes
- Umweltbelastungen des Transportes, z. B. CO_2-Bilanz des Verkehrsmittels pro Ladeeinheit

15. Nennen Sie drei Faktoren, die bei einer Tourenplanung zu berücksichtigen sind.

- Kundenwünsche, z. B. Anlieferungszeit
- nationale und internationale Gesetze, z. B. Lenkzeiten bei Lkw-Fahrern
- Standzeiten des eigenen Fuhrparkes
- Reihenfolge der Anlieferungen
- Verkehrssituationen
- politische Situationen der Länder, z. B. Krieg
- Witterungsbedingungen
- Transportgut, z. B. Gefahrgüter und Zusammenladeverbote

7.2 Tourenplanung: Binnenschifffahrt

1. Sie sind verantwortlich für den Transport von 3.100 t Steinkohle. Der Versand erfolgt vom Binnenhafen in Duisburg zum Binnenhafen in Mannheim. Die Verschiffung erfolgt im Schubverband. Der Frachtführer meldet Ihnen folgende Angaben: Die Lade- und die Löschzeit betragen je 2 Tage, die Ladefahrt ist flussaufwärts 50 h, die Leerfahrt ist flussabwärts 46 h und der Tageskostensatz beträgt 1.360,00 €.

1.1 Wie viele Tage benötigt das Binnenschiff für den Transport, wenn es ein Ladevolumen von 1.700 t hat?
(Hinweis: Die Fahrtzeit einer Tour beinhaltet Lade- und Leerfahrt.)

16 Tage dauert der Transport.
(Lösungsweg auf S. 242)

1.2 Der Versender muss dem Frachtführer ein sogenanntes Liegegeld zahlen, wenn das Schiff auf das Laden und Löschen der Ware warten muss. Hierbei gilt laut § 4 der BinSchLV[1]: „[…] Bei einem Schiff mit einer Tragfähigkeit über 1.500 Tonnen beträgt das für jede angefangene Stunde anzusetzende Liegegeld 75 Euro zuzüglich 0,02 Euro für jede über 1.500 Tonnen liegende Tonne." Berechnen Sie das Liegegeld, wenn der Frachtführer eine Liegezeit von 570 Minuten meldet.

Das Liegegeld beträgt 754,00 €.
(Lösungsweg auf S. 242)

1.3 Wie viel kostet der Gesamttransport, wenn der Versender zusätzlich noch pro Tonne 0,03 Euro Schiffsabgabe an die Wasser- und Schifffahrtsdirektion West zahlen muss?
(Hinweis: Beachten Sie die Angaben aus den Aufgaben 1.1 und 1.2)

Die Gesamttransportkosten betragen 22.607,00 Euro.
(Lösungsweg auf S. 243)

[1] Verordnung über die Lade- und Löschzeiten sowie das Liegegeld in der Binnenschifffahrt (Lade- und Löschzeitenverordnung – BinSchLV).

1.4 Zukünftig soll nur noch die Hälfte der Steinkohle verschifft werden. Unterscheiden Sie in diesem Zusammenhang zwischen Vollcharterung und Teilcharterung.

Die Charterung (engl. „charter") bezeichnet eine zeitweilige Überlassung des Schiffes gegen die Entrichtung einer Nutzungsgebühr.
Bei der **Vollcharterung** wird das gesamte Schiff überlassen und bei der **Teilcharterung** nur der benötigte Stau- bzw. Laderaum, also ein Teil des Schiffes.

2. Nennen Sie die Gefahrgutvorschrift für den Binnenschifffahrtsverkehr.

GGVSEB – Gefahrgutverordnung Straße, Eisenbahnen und Binnengewässern

3. Welcher Fluss ist die Hauptschifffahrtsroute zwischen den beiden Städten Duisburg und Mannheim?

Der Rhein

7.3 Tourenplanung: Seeschifffahrt

1. In Hamburg treffen Lkw-Getriebe mit einem Bruttogewicht von 225 Tonnen aus Dresden ein. Sie sollen per Seeschiff mit einem 40'-Container nach Bangkok verschifft werden. Ein Lkw-Getriebe hat ein Bruttogewicht von 450 kg.

1.1 Ermitteln Sie die Entfernung in Seemeilen zwischen Start- und Zielhafen. Verwenden Sie die nachfolgende Entfernungstabelle in km. Beachten Sie die Umrechnung von Kilometer in Seemeilen (sm): 1 km = 0,54 sm.

9.377,1 sm
(Lösungsweg auf S. 243)

	New York	Hamburg	Dubai	Bangkok
New York	X	6.409	14.898	20.285
Hamburg	6.409	X	11.979	17.365
Dubai	14.898	11.979	X	7.910
Bangkok	20.285	17.365	7.910	X

1.2 Wie viele Tage und Stunden dauert die Fahrt von Hamburg nach Bangkok, wenn das Containerschiff im „slow steaming" nur 16 Knoten im Durchschnitt fährt? Dabei entspricht die Umrechnung: 1 kn = 1 sm/h = 1,852 km/h.

Das Schiff ist 24 Tage und 10 Stunden unterwegs.
(Lösungsweg auf S. 243)

1.3 Wie viele 40'-Container müssen geordert werden, wenn in einen 40'-Container 58 Lkw-Getriebe passen?
(Hinweis: Lesen Sie sich die Aufgabe 1 nochmals durch, da dort weitere Angaben zu finden sind.)

9 Container müssen geordert werden.
(Lösungsweg auf S. 243)

2. Nennen Sie den Fluss der von Dresden nach Hamburg fließt.

Elbe

3. Unterscheiden Sie zwischen Binnencontainer und ISO-Container (Überseecontainer).
(Hinweis: Siehe Kapitel 6 auf S. 101.)

Binnencontainer:
- Europäische standardisierte Maße, die an die Europalette angepasst sind
- Optimale Ausnutzung der Ladefläche für die Europalette → geringere Schutzfüllung
- Einsatz überwiegend auf dem Landweg in Europa (insbesondere im Eisenbahnverkehr)
- Stapelbar, da normierte und klassifizierte Stahlkonstruktion (garantiert Zuverlässigkeit in der Stabilität)
- verschiedene Varianten für unterschiedliche Ware möglich

ISO-Container oder Überseecontainer:
- International standardisierte Maße, die nicht an die Europaletten-Maße angepasst sind
- Einsatz im internationalen Schiffsverkehr
- Stapelbar, da normierte und klassifizierte Stahlkonstruktion (garantiert Zuverlässigkeit in der Stabilität)
- verschiedene Varianten für unterschiedliche Waren möglich

7.4 Tourenplanung: Schienenverkehr

1. Die Versendung von 250 t Kies mit der Bahn von Kiel ins 780 km entfernte Stuttgart ist zu organisieren. Sie erhalten vom Frachtführer folgende Angaben:
Wagen: offener Schüttgutwagen
Innenmaße (L x B x H): 800 cm x 196 cm x 255 cm
Ladevolumen: 40 m³
Lastgrenze: 28 t
Frachtrate:
4,80 Euro: 0 bis 50,000 t pro km
4,60 Euro: 50,001 bis 100 t pro km
4,50 Euro: 100,001 bis 200 t pro km
4,40 Euro: über 200 t pro km

a) Welche Frachtrate müssen Sie für die Strecke Kiel-Stuttgart zahlen?
b) Ermitteln Sie, ob die Lastgrenze des Wagens eingehalten wird, wenn das Volumen voll ausgenutzt werden soll. Beachten Sie, dass 1 m³ Kies einem Gewicht von 625 kg entspricht.
c) Berechnen Sie, wie viele offene Schüttgutwagen bestellt werden müssen.

a) Die Frachtrate beträgt 3.432,00 €.
b) Die Lastgrenze wird mit 25 t eingehalten.
c) Es müssen 10 Schüttgutwagen bestellt werden.

(Lösungswege auf S. 244)

2. Nennen Sie drei Gründe für die Entscheidung die Tour mit der Bahn durchzuführen.
(Hinweis: Siehe Kapitel 9 ab S. 144.)

- Hohe Transportkapazität, ein Wagon kann leicht über 40 t Ware aufnehmen
- Geringes Schadensrisiko
- Hohe Transportzuverlässigkeit, da im Nachtsprung der Güterverkehr Vorrang hat
- Geringe Transportkosten pro Tonne gegenüber anderen Verkehrsträgern
- keine Fahrverbote, z. B. Lenkzeiten beim Lkw

3. Unterscheiden Sie zwischen unbegleitetem und begleitetem kombiniertem Schienenverkehr.

unbegleiteter kombinierter Verkehr: Transport der Ladeeinheit, z. B. Wechselbehälter, Container, Sattelanhänger auf Eisenbahnwaggons ohne Fahrer und Zugmaschine.
begleiteter kombinierter Verkehr (Huckepackverkehr): Transport des vollständigen Lkws oder Sattelzuges (Zugmaschine + Sattelanhänger) auf Eisenbahnwaggons. Der Fahrer „begleitet" den Lkw, d. h. er fährt im angefügten Personenwagen mit.

7.5 Tourenplanung: Straßengüterverkehr

1. Für einen Lkw soll eine Tour geplant werden. Der Start und das Ziel ist Stuttgart. Es sind zwei Fahrer nötig. Dabei sind folgende Angaben zu beachten:

Zielort	Ladeeinheit	Bruttogew. pro Ladeeinheit	Liefertermin
Aalen	2 Paletten	0,855 Tonnen	vor 9 Uhr
Rain	4 Paletten	0,795 Tonnen	vor 15 Uhr
Roth	1 Palette	0,063 Tonnen	vor 18 Uhr
Ulm	3 Paletten	0,525 Tonnen	vor 12 Uhr

a) Berechnen Sie das Bruttogewicht der Tour in Kilogramm (kg).

→

a) Das Bruttogewicht beträgt 6.528 kg. (Lösungsweg auf S. 244)

→

b) Ermitteln Sie die Entfernung, die der Lkw zurücklegen muss unter Beachtung der Liefertermine und der nachfolgenden Entfernungstabelle.

Angaben in km von/nach	Aalen	Rain	Roth	Stuttgart	Ulm
Aalen		81	128	77	75
Rain	81		85	160	103
Roth	128	85		194	186
Stuttgart	77	160	194		91
Ulm	75	103	186	91	

b)

von	nach	km
Stuttgart	Aalen	77
Aalen	Ulm	75
Ulm	Rain	103
Rain	Roth	85
Roth	Stuttgart	194
Summe:		**534 km**

c) Errechnen Sie die Gesamtzeit der Tour in Stunden und Minuten, wenn der Lkw durchschnittlich 40 km/h fährt, die Beladung der gesamten Sendung 0,75 h dauert, die Fahrer an jedem Lieferort für das Entladen 25 Minuten benötigen und am Fahrtende für Säubern und Betanken nochmals 35 Minuten benötigt werden.
(Hinweis: Verwenden Sie die Angaben aus den vorhergehenden Aufgaben. Die rechtlichen Vorschriften für Lenkzeiten, Pausen und Arbeitszeiten werden hier vernachlässigt.)

→

c) Die Gesamtzeit der Tour beträgt 16 Stunden und 21 Minuten. (Lösungsweg auf S. 244)

→

7

d) Ermitteln Sie den gesamten Flächenbedarf der Ladung in m² unter Verwendung der nachfolgenden Übersicht:

Zielort	Ladeeinheit	Maße je Ladeeinheit in mm (L x B x H)
Aalen	2 Paletten	1.200 x 800 x 1.600
Rain	4 Paletten	1.200 x 1.000 x 1.500
Roth	1 Palette	600 x 800 x 1.100
Ulm	3 Paletten	600 x 400 x 500

d)

Lieferort	Ladeeinheit	Maße	Fläche in m²
Aalen	2	x 1,2 m x 0,8 m =	1,92
Rain	4	x 1,2 m x 1,0 m =	4,80
Roth	1	x 0,6 m x 0,8 m =	0,48
Ulm	3	x 0,6 m x 0,4 m =	0,72
Summe:			**7,92 m²**

e) Berechnen Sie die Gesamtkosten für diese Tour unter Beachtung der nachfolgenden Angaben:

- **Pauschale für Spesen/Hotel: 40,00 €**
- **Bruttolohn (je Stunde): 53,80 €**
- **Lkw-Nutzungsgebühr (je Stunde): 35,68 €**
- **Benzinkosten (je Kilometer): 1,39 €**

(Hinweis: Jede angefangene Stunde wird zur vollen Stunde aufgerundet.)

→

e)

Kostenart	Betrag je Einheit	Menge je Einheit	Resultat
1. Fahrer	53,80 €	17 h	914,60 €
2. Fahrer	53,80 €	17 h	914,60 €
Pauschale	40,00 €	2 (Fahrer)	80,00 €
Nutzungsgebühr	35,68 €	17 h	606,56 €
Benzinkosten	1,39 €/km	534 km	742,26 €
Gesamtkosten:			**3.258,02 €**

→

Verwenden Sie die folgende Übersicht für die Kostenabrechnung:

Kostenart	Betrag je Einheit	Menge je Einheit	Resultat
1. Fahrer			
2. Fahrer			
Pauschale			
Nutzungsgebühr			
Benzinkosten			
Gesamtkosten:			

f) In welchen beiden Bundesländern ist der Lkw unterwegs?

- Baden-Württemberg
- Bayern

2. Eine Tourenplanung durchzuführen ist zu kostenintensiv. Deshalb wird in Ihrem Unternehmen über „Outsourcing" nachgedacht.
a) Erklären Sie in diesem Zusammenhang den Begriff „Outsourcing".
b) Welche beiden Möglichkeiten (Vertragsarten) haben Sie, den Versand durch einen externen Partner durchführen zu lassen?

a) Es ist die Verlagerung der Logistikdienstleistung an einen externen Partner bzw. ein spezialisiertes Unternehmen. Dieser qualifizierte Spezialist ermöglicht es, Kosten für das eigene Unternehmen zu sparen. Das eigene Unternehmen kann sich mehr auf das Kerngeschäft konzentrieren.
b) Speditionsvertrag, Frachtvertrag

7

8 Güter verladen

8.1 Verladeeinrichtungen

1. Laderampen werden nach Art und Weise der Be- und Entladung unterschieden. Nennen Sie die Bezeichnungen der folgenden Rampenformen:

a) Seitenrampe
b) Dockrampe
c) Kopframpe
d) Rampe in Sägezahnform

a)

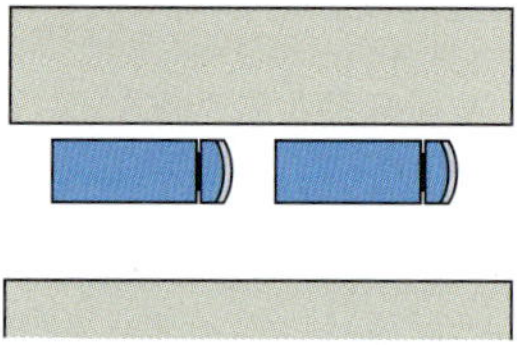

b)

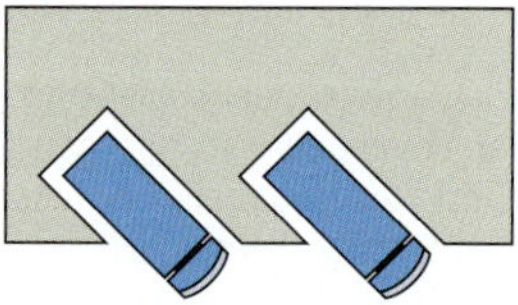

c)

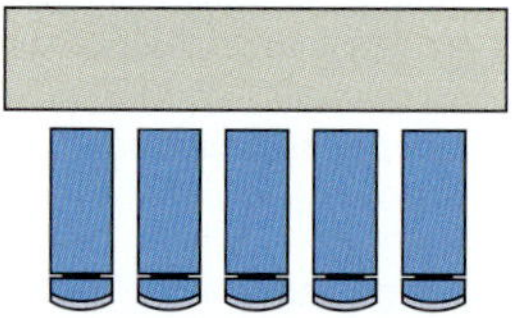

d)

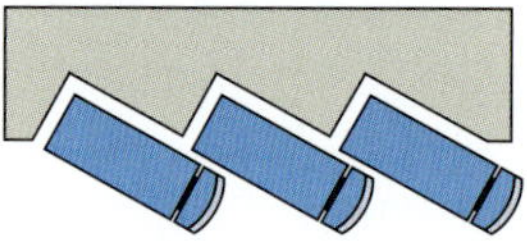

2. Beschreiben Sie den Unterschied zwischen stationären und mobilen Laderampen.

- Stationäre Rampen sind fest installiert und haben eine fest vorgegebene Ladehöhe.
- Mobile Rampen sind kipp- und ausziehbar und haben eine flexibel einstellbare Ladehöhe.

8.2 Verantwortlichkeiten bei der Ladungssicherung

1. Beschreiben Sie den Unterschied zwischen beförderungssicherer Verladung und betriebssicherer Verladung.

Beförderungssicher bedeutet, dass das Ladungsgut so gesichert ist, dass es auch bei extremen Belastungen, beispielsweise bei schnellen Kurvenfahrten und einer Vollbremsung, nicht verrutschen kann.
Zur *betriebssicheren* Verladung gehört:

- der Einsatz eines für den Transport geeigneten Fahrzeugs,
- die Einhaltung vorgeschriebener Achslasten, Gewichte und Abmessungen sowie
- die Feststellung der Lastverteilung.

2. Nennen Sie zwei Rechtsverordnungen, die bei der Ladungssicherung zu beachten sind.

- Handelsgesetzbuch (HGB)
- Straßenverkehrsordnung (StVO)

3. Geben Sie an, wer jeweils grundsätzlich zuständig ist:
a) für die beförderungssichere Verladung,
b) für die betriebssichere Verladung.

a) Für die beförderungssichere Verladung ist der Absender zuständig.
b) Für die betriebssichere Verladung ist der Frachtführer (Fahrer) zuständig.

4. Stellen Sie fest, wer für die folgenden Erfordernisse zuständig ist, sofern vertraglich nichts anderes vereinbart wurde:

- **Absender**
- **oder Frachtführer**
- **oder Absender und Frachtführer.**

→

→

a) Abstimmung des Fahrverhaltens auf die Ladung
b) Auswahl eines geeigneten Fahrzeugs
c) Ausreichende Ausrüstung mit Ladungssicherungsmitteln
d) Dafür sorgen, dass Verpackung und Ladungssicherung allen straßen- und verkehrsbedingten Situationen standhält
e) Ablehnung des Transportes, wenn Mängel an der Beförderungssicherheit nicht behoben werden
f) Einhalten vorgeschriebener Achslasten und Gewichte
g) Grundsätzliche Verpflichtung zum Beladen des Fahrzeugs
h) Ausreichende Kennzeichnung der verpackten Güter
i) Feststellung der Lastverteilung
j) Nutzen der zur Verfügung gestellten Gurte, Bänder und Keile zur Ladungssicherung
k) Einhaltung der Straßenverkehrsordnung § 22 und § 23 (Verkehrssicheres Verstauen von Ladung und Ladungseinrichtungen)

a) Frachtführer
b) Frachtführer
c) Frachtführer
d) Absender
e) Frachtführer
f) Frachtführer
g) Absender
h) Absender
i) Frachtführer
j) Absender
k) Absender und Frachtführer

5. Da es sich um eine eilige Lieferung handelt, hilft der Fahrer auf Bitte des Absenders bei der Verladung. Dabei verursacht er einen Schaden. Beschreiben Sie die rechtliche Situation.

Der Fahrer gilt in dieser Situation als Erfüllungsgehilfe des Absenders und haftet daher nicht für den entstandenen Schaden.

6. Beschreiben Sie vier Folgen, die eine fehlende oder mangelhafte Ladungssicherung bei einem Lkw-Transport haben kann.

- Verantwortliche wie Absender und Frachtführer können bestraft werden.
- Die Ladung kann beschädigt werden.
- Der Lkw kann beschädigt werden.
- Es kann zu einem Unfall und als Folge zu Personenschäden, Luftverschmutzungen, Boden- und Gewässerverunreinigungen kommen.

8.3 Physikalische Grundlagen der Ladungssicherung

1. Nennen Sie die Bezeichnung von vier Kräften, die bei der Ladungssicherung von Bedeutung sind.

- Die Gewichtskraft
- Die Massenkraft
- Die Trägheitskraft
- Die Fliehkraft
- Die Reibungskraft
- Die Sicherungskraft

2. Nennen Sie drei Situationen bei einem Lkw-Transport, bei denen Kräfte auf die Ladung wirksam werden.

- Beim Anfahren und Beschleunigen
- Beim Bremsen
- In Kurven
- Beim Ausweichen

3. Was ist unter der Gewichtskraft zu verstehen und in welcher Einheit wird sie angegeben?

Unter der Gewichtskraft wird die Kraft verstanden, mit der eine Masse senkrecht auf eine Fläche drückt. Sie wird in N = Newton angegeben.

4. Beschreiben Sie, was Ursache der Trägheitskraft ist.

Ursache der Trägheitskraft ist die Eigenschaft von Masse, sich gegen Bewegungsänderung (Beschleunigung, Verzögerung, Richtungsänderung) zu wehren und ihr entgegen zu wirken. Diese Eigenschaft wird Trägheit genannt und tritt bei jeder Masse auf.

5. Ein beladener Lkw fährt durch eine Rechtskurve. Nennen Sie die auftretende Kraft, beschreiben Sie ihre Wirkung und die Bedeutung von Masse der Ladung, Geschwindigkeit des Lkw und Radius der Kurve auf die Größe dieser Wirkung.

Bei Kurvenfahrt tritt Fliehkraft auf. Bei einer Rechtskurve wird die Ladung nach links außen gedrückt. Die Fliehkraft ist um so größer, je größer die Masse der Ladung und die Geschwindigkeit des Lkw und je kleiner der Radius der Kurve ist.

6. In einem Informationsblatt zum Thema Ladungssicherung finden Sie die folgende Abbildung:

→

8

→

Erläutern Sie die Abbildung im Hinblick auf die auftretenden Kräfte bei einem Lkw-Transport.

Bei Beschleunigung wird die Ladung mit 50 % der Gewichtskraft nach hinten, bei Kurvenfahrten mit 50 % der Gewichtskraft nach links oder rechts und beim Bremsen mit 80 % der Gewichtskraft nach vorn gedrückt.

7. Beschreiben Sie, welche Ursache die Reibungskraft hat.

Ursache der Reibungskraft ist die Mikroverzahnung zwischen Ladegut und Ladefläche. Je größer die Mikroverzahnung, um so größer die Reibungskraft.

8. Beschreiben Sie die Auswirkung von rauen und glatten Oberflächen auf die Größe der Reibungskraft.

Je rauer die Oberflächen sind, desto größer ist die Mikroverzahnung und damit die Reibungskraft.
Je glatter die Oberflächen sind, desto geringer ist die Mikroverzahnung und damit die Reibungskraft.

9. Erläutern Sie, warum die Reibungskraft zwischen zwei öligen Metallblöcken weitaus geringer ist als zwischen zwei porösen Betonblöcken.

Das Öl füllt die ohnehin geringen Zwischenräume der Mikroverzahnung der Metalloberflächen aus, während sich die unebenen Oberflächen der Betonblöcke gut verzahnen können.

10. Die folgende Tabelle gibt den Gleitreibbeiwert μ bei verschiedenen Materialpaarungen (Ladegut und Ladefläche) im trockenen Zustand an:

Materialpaarung	Gleitreibbeiwert μ
Holz auf Holz	0,2
Holz auf Metall	0,2
Metall auf Metall	0,1
Beton auf Holz	0,3

Ermitteln Sie die Reibungskraft, wenn eine Holzkiste mit einem Bruttogewicht von 2000 kg auf einer Ladefläche aus Metall aufliegt. 1 kg Masse wird mit 1 daN Gewichtskraft gleichgesetzt.

Reibungskraft =
Gleitreibbeiwert μ · Gewichtskraft

Reibungskraft = 0,2 · 2000 daN = 400 daN

11. Beschreiben Sie, was unter der Sicherungskraft verstanden wird und wie sie zu berechnen ist.

Die Sicherungskraft ist die Kraft, die zusätzlich zur Reibungskraft durch Ladungssicherung aufgebracht werden muss, um ein Verrutschen der Ladung zu verhindern.

Sicherungskraft = Massenkraft – Reibungskraft

12. Bei einem Lkw-Transport liegt ein Betonklotz auf einer Ladefläche aus Holz auf. Der Betonklotz wiegt 3.000 kg. Ermitteln Sie die Sicherungskraft, die aufgewendet werden muss, um ein Verrutschen des Betonklotzes nach vorn zu verhindern. 1 kg Masse wird mit 1 daN Gewichtskraft gleichgesetzt.

Sicherungskraft = 1.500 daN
(Lösungsweg siehe S. 245)

13. Erläutern Sie die Bedeutung von Schwerpunkthöhe (*Hs*) und Abstand des Schwerpunktes von der Kippkante (*Bs*) im Hinblick auf die Kippgefahr eines Ladungsgutes.

Ein Ladegut gilt grundsätzlich als standsicher, wenn der Abstand des Schwerpunktes zur Kippkante (*Bs*) geteilt durch die Schwerpunkthöhe (*Hs*) größer ist als der Sicherungsfaktor (*f*).

14. Überprüfen Sie, ob bei einer Kiste mit einer Länge (in Fahrtrichtung) von 140 cm, einer Breite von 120 cm und einer Höhe von 180 cm Kippgefahr besteht.
a) nach vorn
b) zur Seite
c) nach hinten

a) $Bs : Hs = 70 \text{ cm} : 90 \text{ cm} = 0{,}78$
$0{,}78 < 0{,}8$
Folge: Es besteht Kippgefahr.
b) $Bs : Hs = 60 \text{ cm} : 90 \text{ cm} = 0{,}67$
$0{,}67 < 0{,}7$
Folge: Es besteht Kippgefahr.
c) $Bs : Hs = 70 \text{ cm} : 90 \text{ cm} = 0{,}78$
$0{,}78 > 0{,}5$
Folge: Es besteht keine Kippgefahr.

8.4 Arten der Ladungssicherung

1. Eine Lieferung mit Maschinenteilen soll auf EUR-Paletten gestapelt mit einem Lkw transportiert werden. Beschreiben Sie die zwei Schritte, in denen die Sicherung der Ladung in diesem Fall erfolgt.

Schritt 1: Die Maschinenteile müssen auf der Palette gesichert werden, z. B. durch Umstretchen oder Umreifen.
Schritt 2: Die Paletten müssen auf dem Lkw gesichert werden durch kraft- oder formschlüssige Ladungssicherung.

2. Erläutern Sie die Wirkungsweise kraftschlüssiger Ladungssicherung durch Niederzurren.

Beim Niederzurren wird permanent Kraft ausgeübt und die Ladung auf die Ladefläche gedrückt. Dadurch wird die Mikroverzahnung zwischen Ladegut und Ladefläche verstärkt und damit die Reibungskraft erhöht.

3. Beschreiben Sie ein typisches Problem, das sich bei einer Ladungssicherung durch Niederzurren ergeben kann und nennen Sie ein Mittel zur Vermeidung dieses Problems.

Durch das Niederzurren kann das Ladungsgut eingedrückt werden. Kantengleiter können dies vermeiden.

4. Was ist unter der Vorspannkraft zu verstehen?

Die Vorspannkraft ist die Kraft, mit der eine Ladung kraftschlüssig auf die Ladefläche gedrückt wird.

5. Eine mit Maschinenteilen beladene EUR-Palette hat ein Gesamtgewicht von 800 kg. Sie soll auf einer Ladefläche aus Holz durch Niederzurren vor dem Verrutschen nach vorn gesichert werden. Dafür stehen Ihnen Zurrmittel mit einer Vorspannkraft von 500 daN zur Verfügung. Ermitteln Sie, wie viele Zurrmittel Sie benötigen. Nutzen Sie die folgende (vereinfachte) Formel:

$$F_V = \frac{f - \mu}{\mu} \cdot \frac{F_G}{1{,}5}$$

Dabei gilt:

F_V = Vorspannkraft zur Sicherung der gesamten Ladung
f = Sicherungsfaktor, nach vorn 0,8, nach hinten und zur Seite je 0,5
μ = Gleit-Reibbeiwert
F_G = Ladungsgewicht in daN

Es werden vier Zurrmittel benötigt. (Lösungsweg siehe S. 245)

6. Wie stark die Vorspannkraft beim Niederzurren tatsächlich wirkt, hängt wesentlich vom Zurrwinkel α ab (s. Abbildung).

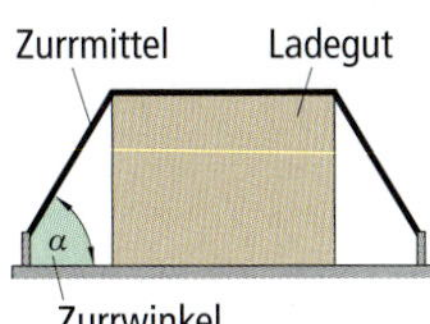

Geben Sie an, bei welchem Zurrwinkel α die optimale Vorspannkraft erreicht wird und welche Folge ein kleinerer Zurrwinkel α auf die Vorspannkraft hat.

Die optimale Vorspannkraft wird bei einem Zurrwinkel α von 90° erreicht. Bei einem kleineren Zurrwinkel α nimmt die Vorspannkraft ab.

7. Beschreiben Sie eine Möglichkeit formschlüssiger Ladungssicherung ohne die Verwendung von Ladungssicherungsmitteln.

Bei der lückenlosen Verstauung liegt die Ladung an der Stirnwand, den Seitenwänden und an der Rückwand an; so wird ein Verrutschen der Ladung verhindert.

8. Erläutern Sie, warum das Direktzurren zur formschlüssigen und nicht wie das Niederzurren zur kraftschlüssigen Ladungssicherung gehört.

Beim Direktzurren wird die Ladung durch die Zurrmittel nicht auf die Ladefläche gepresst, sondern nur in Position gehalten. Es wird also nicht permanent Druck ausgeübt, sondern die Zurrmittel werden nur belastet, wenn Massenkraft auftritt.

9. Beschreiben Sie, wie mit Holzkeilen oder Kanthölzern eine formschlüssige Ladungssicherung erreicht wird.

Die Holzkeile oder Kanthölzer müssen bündig an dem Ladegut anliegen und fest mit der Ladefläche verbunden sein; so verhindern sie ein Verrutschen der Ladung.

10. Nennen Sie jeweils die Bezeichnung für die abgebildete Form des Direktzurrens:

a)

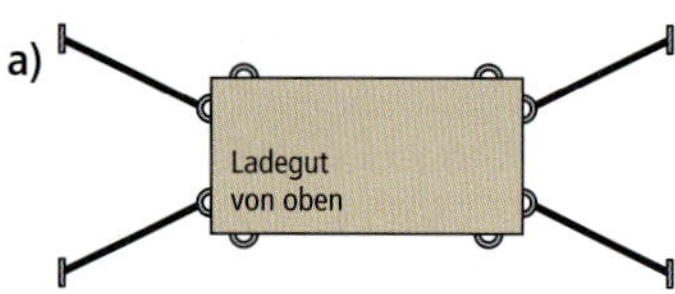

b)

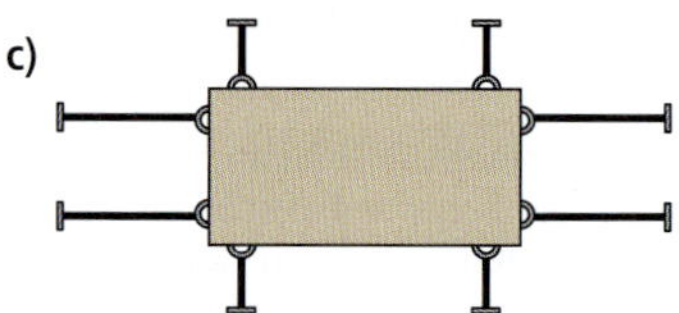

c)

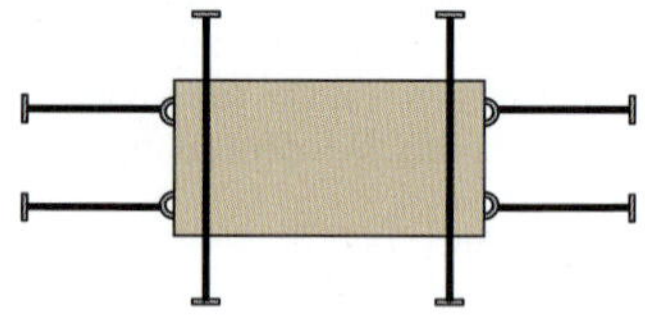

a) Diagonalzurren
b) Schlingenzurren
c) Schrägzurren

11. Nennen Sie einen Vorteil des Diagonalzurrens gegenüber dem Schrägzurren.

Beim Diagonalzurren benötigt man nur vier Zurrmittel gegenüber acht Zurrmitteln beim Schrägzurren, da beim Diagonalzurren jedes Zurrmittel in zwei Richtungen sichert.

12. Nennen Sie die Bezeichnung für die abgebildete Ladungssicherung und beschreiben Sie deren Funktion.

Kombinierte Ladungssicherung: Die über die Längsseite gespannten Zurrmittel erhöhen durch Niederzurren die Reibungskraft; die vorn und hinten angebrachten Zurrmittel verhindern durch Direktzurren ein Verrutschen nach hinten und nach vorn.

8.5 Anforderungen an das Transportfahrzeug

1. Nennen und beschreiben Sie drei Einrichtungen zur Ladungssicherung, die an einem Fahrzeug angebracht sein können.

- *Zurrpunkte* sind Verankerungspunkte, an denen Zurrmittel befestigt werden können.
- *Zurrschienen* stellen variable Zurrpunkte dar; der Verlader kann jedes Loch als Zurrpunkt verwenden.
- *Loch- und Ankerschienen* sind in den Fahrzeugaufbau eingelassene Metallprofile, in die Hilfsmittel wie Keile, Sperrstangen und Trennwände eingelassen werden können.
- *Coilmulden* sind wannenförmige Vertiefungen in der Ladefläche, in denen rollenförmige Ladegüter transportiert werden können.

2. Ein Lkw mit einem Eigengewicht von 4,85 t wird mit 5 Paletten à 360 kg, 3 Collicos à 170 kg und 24 Einzelkisten à 95 kg beladen. Das Gewicht des Fahrers wird mit 80 kg angenommen. Ermitteln Sie das Gesamtgewicht des Lkw in t.

Das Gesamtgewicht des LkW beträgt 9,52 t.
(Lösungsweg siehe S. 245)

3. Das Gewicht eines unbeladenen Lkw beträgt inklusive Fahrer 14,1 t. Der Lkw hat ein zulässiges Gesamtgewicht von 26,5 t. Mit dem Lkw sollen 32 gleich schwere Paletten transportiert werden. Stellen Sie fest, wie viel kg die einzelne Palette maximal wiegen darf, wenn der Lkw nicht überlastet werden soll.

Die einzelne Palette darf maximal 387,5 kg schwer sein.
(Lösungsweg siehe S. 245)

4. Ein Lkw mit einer Ladefläche von 6,3 m x 2,42 m wird mit 8 EUR-Paletten und 9 Kisten (80 cm x 90 cm) ungestapelt beladen. Berechnen Sie die prozentuale Auslastung der Ladefläche.

Die Auslastung der Ladeflächen beträgt 92,88 %.
(Lösungsweg siehe S. 245)

8

5. Auf einem Lkw mit einer Ladefläche von 8,0 m x 2,4 m sollen Fässer mit einem Durchmesser von 78 cm transportiert werden. Stellen Sie fest, wie viele Fässer maximal transportiert werden können.

Es können maximal 30 Fässer transportiert werden.
(Lösungsweg siehe S. 245)

6. Ein Lkw hat eine Ladefläche von 7,2 m x 2,3 m, die maximal mit 480 kg/m² belastet werden darf. Auf dem Lkw sollen 50 cm x 50 cm große und 54 kg schwere Kisten transportiert werden, die dreifach gestapelt werden dürfen.

a) Wie viele Kisten lassen sich mit dem Lkw transportieren, wenn der Boden nicht überlastet werden soll?

b) Wie viele Kisten würden sich transportieren lassen, wenn sie nur 46 kg schwer wären?

a) Es können 147 Kisten transportiert werden.

b) Es könnten 168 Kisten transportiert werden.

(Lösungsweg siehe S. 245)

7. Welcher Belastung muss die Stirnwand eines Transportfahrzeugs nach DIN standhalten?

Die Stirnwand eines Transportfahrzeugs muss 40 % der Nutzlast, aber maximal 5.000 daN standhalten.

8. Für den Transport einer schweren Ladung liegen die folgenden Werte vor:

- **Nutzlast des Fahrzeugs: 15.000 kg**
- **Ladungsgewicht: 8.000 kg**
- **Gleit-Reibbeiwert μ: 0,1**

Die Ladung liegt direkt vorn an der Stirnwand an. Ermitteln Sie, wie viel Sicherungskraft noch benötigt wird, damit die Stirnwand auch bei einer Vollbremsung nicht überlastet wird.

Die benötigte Sicherungskraft beträgt 600 daN.
(Lösungsweg siehe S. 245)

9. Geben Sie anhand des abgebildeten Lastverteilungsplans an, wie groß bei einer 5 t schweren Ladung der Abstand des Gesamtschwerpunktes von der Stirnwand mindestens sein muss und wie weit der Abstand höchstens sein darf.

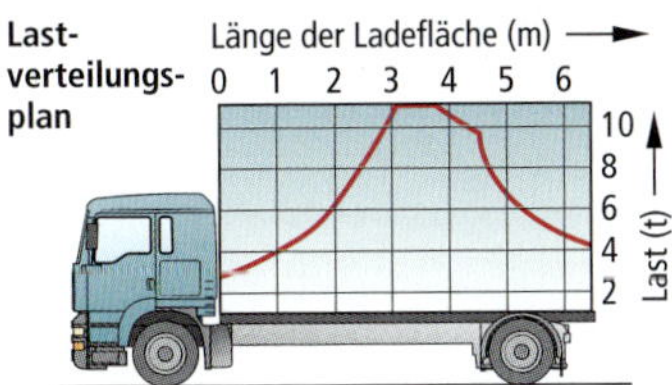

Der Abstand des Gesamtschwerpunktes von der Stirnwand muss mindestens 1,5 m und darf höchsten 5,5 m betragen.

10. Auf einem Lkw sollen drei hintereinander gestellte Güter transportiert werden. Die Güter haben die folgenden Werte:

Ladungsgut	Gewicht	Länge
1 (vorn, Stirnseite)	2 t	1,50 m
2 (Mitte)	3 t	2,40 m
3 (hinten)	5 t	1,80 m

a) Ermitteln Sie den Abstand des Gesamtschwerpunktes von der Stirnwand des Fahrzeugs (*Sg*) nach folgender Formel:

$$Sg = \frac{m_1 \cdot S_1 + m_2 \cdot S_2 + m_3 \cdot S_3}{m_1 + m_2 + m_3}$$

Dabei bedeutet:
m = Gewicht der Einzelladungen
***S* = Schwerpunktabstand des jeweiligen Ladungsgutes zur Stirnwand**

b) Prüfen Sie anhand des Lastverteilungsplans in 9, ob die Ladung so transportiert werden darf.

c) Prüfen Sie, ob die Ladung transportiert werden darf, wenn Ladungsgut 2 und 3 miteinander getauscht werden.

a) *Sg* = 3,36 m
b) Die Ladung darf so transportiert werden.
c) Die Ladung darf so nicht transportiert werden.

(Lösungswege auf S. 246)

8

8.6 Mittel zur Ladungssicherung

1. Nennen Sie zwei Zurrmittel.

- Zurrgurt
- Zurrkette
- Zurrdrahtseil

2. Nennen Sie zwei das Ladegut fixierende Hilfsmittel außer Zurrmittel.

- Holzkeile
- Festlegehölzer
- Holzkonstruktionen
- Klemmstangen
- Zwischenwände

3. Nennen Sie zwei Leerraum ausfüllende Hilfsmittel.

- Stausäcke
- Leerpaletten
- Schaumstoffpolster

4. Auf einem Zurrgurtetikett finden Sie u. a. folgende Angaben:
a) SHF = 50 daN
b) STF = 300 daN
c) LC = 2.500 daN
Erklären Sie die Bedeutung dieser drei Angaben und geben Sie an, ob die Angaben für das Niederzurren oder für das Direktzurren von Bedeutung sind.

a) SHF (Standing Hand Force) bezeichnet die Kraft, die von Hand auf die Ratsche beim Spannen aufgebracht werden muss, um die angegebene Vorspannkraft zu erreichen (standardmäßig 50 daN). Von Bedeutung für das Niederzurren.
b) STF (Standard Tension Force) bezeichnet die Vorspannkraft, die der Gurt nach Spannen der Ratsche erreicht. Von Bedeutung für das Niederzurren.
c) LC (Lashing Capacity) bezeichnet die Kraft, die im geraden Zug maximal auf den Gurt ausgeübt werden darf. Von Bedeutung für das Direktzurren.

5. Nennen Sie drei weitere Angaben, die auf einem Zurrgurtetikett angegeben sein müssen.

- Hersteller
- Fertigungsdatum
- Rückverfolgungscode
- Vermerk „Nicht heben, nur zurren"
- DIN
- Werkstoff
- Prüfzeichen
- Dehnung

6. Beschreiben Sie die Wirkungsweise einer Antirutschmatte (RH-Matte).

Eine Antirutschmatte erhöht die Reibung zwischen Ladegut und Ladefläche, indem sie Vertiefungen der Mikroverzahnung beim Ladegut und bei der Ladefläche ausfüllt.

8.7 Container-Beladung

1. Nennen Sie vier Kontrollen, die vor einer Beladung eines Containers von außen durchgeführt werden sollten (Container-Check außen).

- Sind die Wände, der Boden und das Dach in einem guten Zustand (keine Risse, Löcher, Verformungen)?
- Sind keine Mängel an Trägern, Pfosten, Beschlägen, Schweißnähten erkennbar?
- Sind die Türen gangbar?
- Funktionieren alle Verschlussvorrichtungen?
- Ist das CSC-Zulassungsschild in einwandfreiem Zustand?
- Sind alle Markierungen der letzten Ladung entfernt worden?

2. Was sollte vor einer Beladung eines Containers von innen kontrolliert werden (Container-Check innen)? Nennen Sie vier Kontrollen.

- Ist der Container geruchsneutral?
- Ist der Container sauber und frei von Ladungsrückständen?
- Sind keine Verformungen im Boden, an den Innenwänden oder der Decke erkennbar?
- Sind die Befestigungselemente in gutem Zustand?
- Sind keine Nägel oder herausstehende Gegenstände zu sehen?
- Ist der Container wasserdicht (kein Lichteinfall bei geschlossenen Türen)?

3. Nennen Sie vier Prüfungen, die nach dem Beladen vorgenommen werden sollten.

- Ist der Container nicht überladen?
- Ist das Ladungsgewicht möglichst gleichmäßig verteilt?
- Ist die Ladung ausreichend gesichert?
- Ist für den Zoll eine Kopie der Packliste gut sichtbar innen angebracht?
- Sind alle alten Aufkleber entfernt?
- Sind Türen und Dachabdeckungen sorgfältig verschlossen?
- Ist bei Kühlcontainern die richtige Temperatur eingestellt?

4. Nennen Sie zwei Gründe, die für das Erstellen eines Stauplans sprechen.

- Die Auslastung des Containers kann optimiert werden.
- Stauhilfsmittel können besser disponiert werden.
- Das Be- und Entladen kann vereinfacht und beschleunigt werden.

5. Geben Sie vier Grundregeln an, die beim Stauen einer Ladung im Container beachtet werden müssen.

- Die Nutzlast des Containers darf nicht überschritten werden.
- Das Gewicht sollte möglichst gleichmäßig auf der Bodenfläche verteilt werden.
- Der Schwerpunkt des beladenen Containers muss unterhalb seiner halben Innenhöhe liegen.
- Schwere Güter unten, leichtere Güter oben stauen.
- Schwere Güter möglichst im vorderen Ladebereich verstauen.
- Feste Packstücke unten, weniger feste (z. B. Säcke) oben verstauen.
- Packstücke mit Flüssigkeiten sollten möglichst unten verstaut werden.
- Packstücke, die zuerst entladen werden müssen, als letzte verstauen.
- Packstücke sollten so verstaut werden, dass beim Öffnen des Containers nichts herausfällt.

6. Geben Sie das zulässige Bruttogewicht des mit der abgebildeten CSC-Plakette versehenen Containers an.

Das zulässige Bruttogewicht (Maximum Gross Weight) beträgt 28.800 kg.

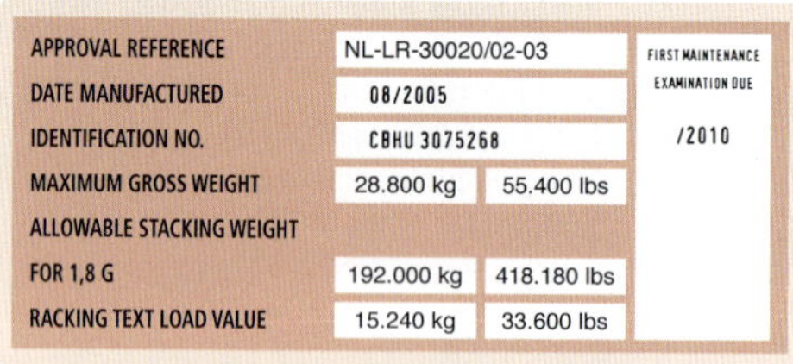

APPROVAL REFERENCE	NL-LR-30020/02-03		FIRST MAINTENANCE EXAMINATION DUE /2010
DATE MANUFACTURED	08/2005		
IDENTIFICATION NO.	CBHU 3075268		
MAXIMUM GROSS WEIGHT	28.800 kg	55.400 lbs	
ALLOWABLE STACKING WEIGHT			
FOR 1,8 G	192.000 kg	418.180 lbs	
RACKING TEXT LOAD VALUE	15.240 kg	33.600 lbs	

7. **Ein 40-Fuß-ISO-Container hat folgende Innenmaße:**
Länge 39 Fuß 5 Zoll
Breite 7 Fuß 8 Zoll
Höhe 7 Fuß 9 Zoll
Ein Fuß = 30,48 cm
12 Zoll = 1 Fuß
Berechnen Sie das Volumen des Containers in m³.

Das Volumen beträgt 66,32 m³.
(Lösungsweg auf S. 246)

8. **Ein 20-Fuß-Binnencontainer hat die Maße (Länge x Breite x Höhe) 5,71 m x 2,44 m x 2,69 m. In dem Container sollen EUR-Paletten verstaut werden, die eine Gesamthöhe von 125 cm haben. Ermitteln Sie die Anzahl der Paletten, die in dem Container verstaut werden können.**

Es können 28 Paletten verstaut werden.
(Lösungsweg auf S. 246)

8.8 Verladung von Gefahrgut

1. **Nennen Sie drei Aufgaben, die ein Gefahrgutbeauftragter eines Unternehmens hat.**

Der Gefahrgutbeauftragte
- überwacht die Einhaltung der Gefahrgutvorschriften,
- zeigt dem Unternehmer Mängel der Gefahrgutbeförderung an,
- berät den Unternehmer in Bezug auf Gefahrgutbeförderung,
- schult Mitarbeiter für die Gefahrgutbeförderung,
- erstellt einen Unfallbericht nach einem Unfall mit Gefahrgut,
- erstellt einen Gefahrgutjahresbericht.

2. **Nennen Sie zwei Gründe, die ein Unternehmen, das an der Beförderung gefährlicher Güter beteiligt ist, von der Pflicht zur Bestellung eines Gefahrgutbeauftragten befreien.**

- Es werden nur freigestellte Beförderungen gefährlicher Güter durchgeführt.
- Gefährliche Güter werden nur in begrenzter Zahl befördert.
- Es werden in einem Kalenderjahr nicht mehr als 50 Tonnen netto gefährliche Güter transportiert.
- Gefährliche Güter werden lediglich empfangen.

3. Geben Sie an, welche Beförderungsart durch die folgenden Gefahrgutverordnungen geregelt ist und ob sie national oder international gelten:
a) GGVSEB
b) ADN
c) ADR
d) IATA-DGR
e) RID
f) IMDG-Code

a) Straße, Eisenbahn und Binnenschiff, national
b) Binnenschiff, international
c) Straße, international
d) Flugzeug, international
e) Eisenbahn, international
f) Seeschiff, international

4. Nennen Sie drei Prüfungen, die der Verpacker vor Übergabe eines Packstücks mit Gefahrgütern an die Verladung durchführen muss.

- Ist die Verpackung unbeschädigt?
- Sind die Gewichtsgrenzen eingehalten?
- Sind auf der Verpackung die erforderlichen Gefahrgutaufkleber angebracht?
- Dürfen die Gefahrgüter in einem Versandstück zusammengepackt werden?
- Ist die Verpackung sicher verschlossen?

5. Nennen Sie vier Angaben, die auf einem Begleitpapier bei einem Gefahrguttransport nach ADR enthalten sein müssen.
(ADR: Europäisches Übereinkommen über die internationale Beförderung gefährlicher Güter auf der Straße)

- UN-Nummer
- Offizielle Benennung des Stoffes
- Nummern der Gefahrzettel
- Zugeordnete Verpackungsgruppe
- Anzahl und Beschreibung der Versandstücke
- Gesamtmenge der gefährlichen Güter
- Name und Anschrift des Absenders
- Name und Anschrift des Empfängers

6. Welche zwei der folgenden Zusammenladungen von Gefahrgütern sind nach ADR nicht erlaubt?
Gefahrgutklassen
a) 7C und 3
b) 1.5 und 5.1
c) 6.1 und 2.3
d) 8 und 5.2+1
e) 9 und 2.1
f) 4.1 und 5.1
g) 2.1 und 5.1

Nicht erlaubt sind alle Zusammenladungen mit Stoffen der Gefahrgutklasse 1 (explosive Stoffe) also
b) 1.5 und 5.1 und
d) 8 und 5.2+1.

7. Worüber informiert die schriftliche Weisung, die die Fahrzeugbesatzung bei einem Gefahrguttransport mitzuführen hat?

- Über die Maßnahmen bei einem Unfall oder Notfall während der Beförderung
- Über Gefahrzettel und Eigenschaften der Gefahrstoffe sowie zusätzliche Hinweise
- Über die Ausrüstung, die sich stets an Bord zu befindend hat und die persönliche Schutzausrüstung der Fahrzeugbesatzung

8. An einem Lkw befindet sich folgende Warntafel:
X886
1831

a) Nennen Sie die Bedeutung der oberen und der unteren Nummer und bezeichnen Sie möglichst genau die Gefahren, die von dem Transportgut ausgehen. Beachten Sie dabei folgende Hinweise nach ADR:
- **2 = Entweichen von Gas durch Druck oder chemische Umsetzung**
- **3 = Entzündbarkeit von Flüssigkeiten (Dämpfen und Gasen)**
- **4 = Entzündbarkeit fester Stoffe**
- **5 = oxidierende (brandfördernde) Wirkung**
- **6 = Giftigkeit oder Ansteckungsgefahr**
- **7 = Radioaktivität**
- **8 = Ätzwirkung**
- **9 = Gefahr einer spontanen heftigen Reaktion**

b) Womit muss der Lkw außerdem gekennzeichnet sein?

c) Erläutern Sie, warum die Kennzeichnung von Gefahrguttransporten wichtig ist.

a) Die obere Nummer dient der Kennzeichnung der Gefahr. Die untere Nummer kennzeichnet den Stoff entsprechend einer von den Vereinten Nationen erstellten Stoffliste (UN-Nummer).
Das X vor der Nummer bedeutet, dass der Stoff nicht mit Wasser in Verbindung gebracht werden darf.
Die Verdoppelung der 8 bedeutet, dass es sich um einen besonders ätzenden Stoff handelt.
Die 6 bedeutet, dass der Stoff außerdem giftig oder ansteckungsgefährlich ist.

b) Der Lkw muss außerdem mit Gefahrenzetteln (Placards) gekennzeichnet sein, die auf die Ätzwirkung und die Giftigkeit bzw. die Ansteckungsgefahr des Stoffes hinweisen.

c) Bei Unfällen dient die Kennzeichnung der Polizei und der Feuerwehr, die Ladung als Gefahrgut zu erkennen und geeignete Maßnahmen zu treffen.

8

9. Beschreiben Sie zwei Fälle, in denen – abgesehen von der Befreiung bei begrenzten Mengen – die Vorschriften des ADR nicht gelten, obwohl Gefahrgut transportiert wird.

- Die Beförderung wird zu privaten Zwecken durchgeführt.
- Die Beförderung wird von Unternehmen in Verbindung mit ihrer Haupttätigkeit durchgeführt, z. B. Lieferung für Baustellen.
- Es werden Fahrzeuge mit gefährlichen Gütern befördert, die in einem Unfall verwickelt waren oder eine Panne hatten.
- Es handelt sich um eine Notfallbeförderung zur Rettung von Menschenleben oder zum Schutz der Umwelt.

10. Ermitteln Sie anhand der abgebildeten Tabelle, ob in den folgenden Fällen eine Freistellung nach ADR möglich ist, obwohl Gefahrgut transportiert wird:

Beförderungskategorie	Stoffe oder Gegenstände, Verpackungsgruppe, Klassifizierungscode, UN-Nummer	Höchstzulässige Gesamtmenge je Beförderungseinheit	Faktor
0	Klasse 1, 1.1A Klasse 3: UN 3343 Klasse 7 UN 2912 bis 2919	0	—
1	Klasse 1, 1.1B bis 1.1J Klasse 4.1, UN 3221 bis 3224 Klasse 5.2, UN 3101 bis 3104	20	50
2	Klasse 1.4B bis G und 1.6N Klasse 5.2, UN 3105 bis 3110 Klasse 9, UN 3245	333	3
3	Klasse 2 Gruppen A und O Klasse 8 UN 2794, 2795, 2800, 3028 Klasse 9, UN 2990, 3072	1000	1
4	Klasse 1, 1.4S Klasse 4.2, UN 1361 und 1362 Klasse 9 UN 3268	unbegrenzt	0

→ →

a) Beförderung von 50 kg des Stoffes mit der UN-Nummer 3107, Klasse 5.2

b) Beförderung von 100 kg des Stoffes mit der UN-Nummer 2914, Klasse 7

c) Beförderung von 1500 kg des Stoffes mit der UN-Nummer 1362, Klasse 4.2

d) Beförderung von 10 kg des Stoffes mit der UN-Nummer 3223, Klasse 4.1 gemeinsam mit 500 kg des Stoffes 3072, Klasse 9

e) Beförderung von 400 kg des Stoffes mit der UN-Nummer 2795, Klasse 8 gemeinsam mit 250 kg eines Stoffes der Klasse 1.4 B

Eine Freistellung ist dann möglich, wenn die Menge der transportierten Gefahrgüter in kg multipliziert mit dem jeweiligen Faktor nicht größer ist als 1.000.

a) Beförderungskategorie 2:
   $50 \cdot 3 = 150$:
   Freistellung möglich
b) Beförderungskategorie 0:
   nie Freistellung möglich
c) Beförderungskategorie 4:
   Freistellung unbegrenzt möglich
d) Beförderungskategorie 1 + 3:
   $10 \cdot 50 + 500 \cdot 1 = 1.000$:
   Freistellung möglich
e) Beförderungskategorie 3 + 2:
   $400 \cdot 1 + 250 \cdot 3 = 1.150$:
   keine Freistellung

8

9 Güter versenden

9.1 Grundbegriffe

1. Ordnen Sie die folgenden Kategorien den unten stehenden Fachbegriffen zum Thema Verkehr zu: ***Verkehrsträger, Verkehrsmittel, Verkehrsweg, Verkehrsart***
a) Flugzeug
b) Güterkraftverkehr
c) Parkplatz
d) Seeschiff
e) Eisenbahnverkehr
f) Bahnhof
g) LKW
h) Kanal
i) Güterverkehr
j) Autobahn
k) Personenverkehr
l) Flughafen

a) Verkehrsmittel
b) Verkehrsträger
c) Verkehrsweg
d) Verkehrsmittel
e) Verkehrsträger
f) Verkehrsweg
g) Verkehrsmittel
h) Verkehrsweg
i) Verkehrsart
j) Verkehrsweg
k) Verkehrsart
l) Verkehrsweg

2. Ein Container mit Ersatzteilen für eine Getränkeabfüllanlage soll zunächst von Dresden nach Hamburg und dann von Hamburg nach New York transportiert werden. Nennen Sie für jede der beiden Teilstrecken einen geeigneten Verkehrsträger.

- Teilstrecke Dresden–Hamburg: Güterkraftverkehr, Eisenbahnverkehr, Binnenschifffahrt
- Teilstrecke Hamburg–New York: Seeschifffahrt, Luftverkehr

3. Nennen Sie einen der Fachbegriffe für einen Transport, bei dem mehrere Verkehrsträger zum Einsatz kommen.

- multimodaler Verkehr
- intermodaler Verkehr
- kombinierter Verkehr

4. Sie bekommen von Ihrem Logistikleiter den Auftrag, eine Schautafel zum Thema Versandarten anzufertigen. Fertigen Sie eine Tabelle an mit fünf Verkehrsträgern und nennen Sie jeweils zwei Vorteile und zwei Nachteile der genannten Verkehrsträger.

(Lösung auf S. 246)

5. Die folgenden Waren sollen transportiert werden. Entscheiden Sie jeweils unter Angabe einer kurzen Begründung, welcher Verkehrsträger hierfür besonders geeignet ist.
a) 10.000 geschnittene Rosen von Kairo nach München.
b) Eine in Containern verpackte Druckmaschine von Hamburg nach New York. Lieferzeit maximal drei Wochen.
c) 3.000 t Kohle von Düsseldorf nach Mainz.
d) 1.000 Pakete mit Scheinwerfern von Bremen nach Kassel.
e) 5.000 t Stahlbleche von München nach Wolfsburg.

a) Luftverkehr: Es handelt sich um verderbliche Ware und eine relativ große Entfernung.
b) Seeschifffahrt: Die Strecke erfordert einen Transport mit dem Seeschiff oder dem Flugzeug. Aufgrund des Volumens und der Lieferzeit sollte das Seeschiff gewählt werden.
c) Binnenschifffahrt oder Eisenbahnverkehr: Die Ladung hat ein hohes Volumen und es besteht kein Zeitdruck.
d) Güterkraftverkehr: relativ kurze Strecke und das Volumen der Ladung ermöglicht einen Transport mit dem LKW.
e) Eisenbahnverkehr: Die Ladung hat ein hohes Volumen. Ein Transport mit dem Binnenschiff ist mangels Verbindung nicht möglich.

6. Berechnen Sie für die folgenden Transporte jeweils die Transportleistung in tkm.
a) 1.000 t Betonsteine werden 190 km von Hannover nach Münster transportiert.
b) Ein 520 kg schweres Zuchtpferd wird 1.070 km von Flensburg nach Rosenheim transportiert.
c) Eine 500 g schwere Briefsendung wird 680 km von Dresden nach Freiburg transportiert.
d) Zwei Paletten Dachziegel (jeweils 1 t schwer) werden von einem Baumarkt ins nahegelegene, ca. 4 km entfernte Neubaugebiet transportiert.

a) Transportleistung in tkm = Gewicht in t · Strecke in km = 1.000 t · 190 km = 190.000 tkm
b) Transportleistung in tkm = Gewicht in t · Strecke in km = 0,52 t · 1.070 km = 556,4 tkm
c) Transportleistung in tkm = Gewicht in t · Strecke in km = 0,0005 · 680 km = 0,34 tkm
d) Transportleistung in tkm = Gewicht in t · Strecke in km = 2 · 1 t · 4 km = 8 tkm

9

7. Ein Großhändler lässt sechs Paletten mit Laptops im Gesamtwert von 60.000 € von Bremen nach Nürnberg transportieren. Die Paletten haben jeweils ein Bruttogewicht von 500 kg. →

Die Haftungsgrenze beträgt 8,33 SZR je kg Brutto-Rohgewicht.
(Lösungsweg auf S. 247)
(Hinweis: Das SZR ist eine künstliche Währung. Sie ermöglicht einheitliche Haftungsgrenzen trotz schwankender Wechselkurse.)

Für den Transport wird vom Frachtführer ein CMR-Frachtbrief ausgestellt.
Auf dem Weg zum Zielort wird die Ware durch einen Verkehrsunfall vollkommen zerstört.
Der Wert eines SZR liegt zu diesem Zeitpunkt bei 1,13 €. Ermitteln Sie unter Angabe des Rechenweges die Haftungsgrenze des Frachtführers in €.

8. Nennen Sie vier Angaben, die nach dem HGB auf dem Frachtbrief enthalten sein müssen.

z. B.:
- Ausstellungsdatum
- Name des Absenders
- Name des Frachtführers
- Rohgewicht der Sendung

9. Entscheiden Sie bei den folgenden Aussagen jeweils, ob sie richtig (r) oder falsch (f) sind.
a) Durch den Frachtvertrag wird der Absender verpflichtet, das Gut beim Empfänger abzuliefern.
b) Der Absender ist verpflichtet, dem Frachtführer die vereinbarte Fracht zu zahlen.
c) Zwischen Frachtführer und Empfänger wird ein Kaufvertrag geschlossen.
d) Zwischen Frachtführer und Empfänger wird ein Frachtvertrag geschlossen.
e) Zwischen Frachtführer und Absender wird ein Frachtvertrag geschlossen.
f) Der Frachtbrief wird in drei Originalausfertigungen ausgestellt.
g) Für das Ver- und Entladen ist der Absender verantwortlich.
h) Bei der Beförderung gefährlicher Güter muss der Empfänger den Frachtführer rechtzeitig informieren.

a) f
b) r
c) f
d) f
e) r
f) r
g) r
h) f

9.2 Güterkraftverkehr und KEP-Dienste

1. Der Begriff KEP-Dienste ist eine Abkürzung für drei unterschiedliche Serviceleistungen. Beschreiben Sie die drei Elemente dieser Abkürzung und machen Sie jeweils deutlich, wodurch sich diese unterscheiden.

K Kurierdienst – Ein Kurierdienst transportiert eine Lieferung direkt vom Absender zum Empfänger und begleitet die Lieferung dabei persönlich.

E Expressdienst – Bei einem Expressdienst werden die Sendungen für die gleiche Zielregion als Sammeltransport befördert. Als Besonderheit wird beim Expressdienst eine feste Zustellzeit garantiert.

P Paketdienst – Bei einem Paketdienst werden die Sendungen für die gleiche Zielregion als Sammeltransport befördert. Die Zustellzeit ist nicht garantiert. Der Transport ist im Vergleich zum Kurier- u. Expressdienst aber sehr preisgünstig.

2. Beschreiben Sie die Bedeutung der Abkürzung B2B.

Die Abkürzung steht für Business to Business und beschreibt den Handel zwischen zwei Unternehmen.

3. Beschreiben Sie die Bedeutung der Abkürzung B2C.

Die Abkürzung steht für Business to Consumer und beschreibt den Handel zwischen einem Unternehmen und einem Endverbraucher.

4. Im Rahmen des E-Commerce bieten viele KEP-Dienste ihren Unternehmenskunden sogenannte Zusatzleistungen an. Nennen Sie zwei solcher Zusatzleistungen.

- Lagerung und Kommissionierung von Gütern
- Abwicklung der Bezahlung beim Endkunden per Nachnahme (Inkasso)
- Bearbeitung von Retouren

5. Beschreiben Sie den typischen Ablauf einer Sendung bei einem Paketdienst unter Verwendung der folgenden Begriffe:
Vorlauf, Nachlauf, Hauptlauf, Versender, Empfänger, HUB
(Hinweis: HUB = Hauptumschlagsbasis: eine Sammelstelle, in der Pakete aus- bzw. für eine Region zusammen getragen werden.)

Im **Vorlauf** wird das Paket vom **Versender** zum nächstgelegenen **HUB** transportiert. Dort wird es mit anderen Paketen für die gleiche Zielregion zusammengestellt.
Dann werden alle Pakete für die gleiche Zielregion im **Hauptlauf** vom Abgangs-HUB zum Ziel-HUB befördert.
Im **Nachlauf** wird das Paket vom Ziel-HUB zum **Empfänger** transportiert.

9

6. **Der Transport von Waren nimmt weltweit ständig zu. Beschreiben Sie zwei ökologische Nachteile dieser Entwicklung.**

- Ein zunehmendes Transportaufkommen steigert die CO_2-Belastung in der Atmosphäre.
- Ein zunehmendes Transportaufkommen erfordert mehr Straßen, was mit einer steigenden Bodenversiegelung verbunden ist.
- Ein zunehmendes Transportaufkommen führt zu mehr Verkehrslärm.

7. **Ihr Unternehmen betreibt für die Belieferung der in der Region ansässigen Kunden einen eigenen Fuhrpark. Die Geschäftsführung überlegt für diesen Bereich ein „Outsourcing".**
a) Beschreiben Sie, was in diesem Zusammenhang mit dem Begriff „Outsourcing" gemeint ist.
b) Nennen Sie jeweils zwei Vorteile und zwei Nachteile, die diese Maßnahme mit sich bringen würde.

a) Der Begriff „Outsourcing" steht für die Auslagerung von Unternehmensteilen. In diesem Zusammenhang würde es bedeuten, dass der Bereich Fuhrpark an einen externen Dienstleister vergeben wird.
b) Vorteile
- geringere Kapitalbindung
- mehr Flexibilität

Nachteile
- kein direkter Kontakt zu den Kunden
- Qualität der Auslieferung ist nur schwer zu beeinflussen

8. **Im Rahmen des geplanten „Outsourcings" des Bereiches Fuhrpark werden Sie beauftragt, die Situation im Hinblick auf die Kosten zu untersuchen. Nach ausgiebiger Planung stellt sich die folgende Kostensituation dar:**
Eigener Fuhrpark:
Abschreibungen auf die Fahrzeuge im Jahr: 90.000 €
Lohn- und Gehaltskosten im Jahr: 450.000 €
Betriebskosten für die Fahrzeuge im Jahr: 13.500 €
variable Kosten pro km: 0,70 €/km
Outsourcing an externen Dienstleister:
Bereitschaftspauschale: 50.000 €
variable Kosten pro km: 3,20 €/km

→

Die Kosten für den eigenen Fuhrpark sind um 59.000 € geringer.
Entscheidung: Eigener Fuhrpark
(Lösungsweg auf S. 247)

Aktuell verfügt Ihr Fuhrpark über neun LKW, die jährlich ca. 25.000 km Fahrleistung erbringen. Berechnen Sie die Gesamtkosten für beide Varianten und entscheiden Sie sich für Eigen- oder Fremdtransport.

9. Bei der BASTBU GmbH werden immer mehr Waren im Internet bestellt und im gesamten Bundesgebiet verschickt. Die Geschäftsführung plant, den Paketdienst SBB zu beauftragen. Bevor die Verträge endgültig abgeschlossen werden, sollen nochmals für einige typische Paketgrößen der Preis und die Versandfähigkeit geprüft werden.

Preisübersicht für das SBB-Paket		
Maximalgewicht	**Maximalmaße L x B x H**	**Preis**
bis 2 kg	50 x 25 x 15 cm	5,00 €
bis 10 kg	130 x 70 x 60 cm	7,00 €
bis 20 kg	140 x 70 x 60 cm	12,00 €
bis 32 kg	140 x 80 x 70 cm	14,00 €

Pakete mit einem Gewicht über 32 kg können nicht versandt werden. Das maximale Gurtmaß = L + 2 · B + 2 · H ist 340 cm.

9.1 Berechnen Sie für die unten beschriebenen Pakete jeweils das Gurtmaß, prüfen Sie die Versandfähigkeit und ermitteln Sie den Preis für den Versand.

Paket	kg	L	B	H
1	5	100 cm	40 cm	20 cm
2	25	220 cm	50 cm	25 cm
3	20	140 cm	80 cm	20 cm
4	35	80 cm	30 cm	15 cm
5	18	50 cm	140 cm	30 cm
6	12	140 cm	80 cm	30 cm

Paket	Gurtmaß	Versandfähig	Preis
1	220 cm	ja	7,00 €
2	370 cm	nein max. Länge 140 cm	
3	340 cm	ja	14,00 €
4	170 cm	nein, Paket zu schwer	
5	300 cm	ja	12,00 €
6	360 cm	nein, Gurtmaß zu lang	

9.2 Ein Packstück beinhaltet drei Positionen. Berechnen Sie das Bruttogesamtgewicht.

Position 1	3 ¼ kg
Position 2	4,25 kg
Position 3	0,008 t

3,25 kg + 4,25 kg + 8 kg +1,2 kg = 16,7 kg
Das Bruttogesamtgewicht beträgt 16,7 kg.

10. Beschreiben Sie eine Aufgabe des Bundesamtes für Güterverkehr (BAG).

Das BAG kontrolliert LKW, Busse und deren Fahrer auf Einhaltung der Güterverkehrsgesetze, z. B. auf technische Sicherheit oder Einhaltung der Lenkzeiten.

11. Nennen Sie ein Frachtpapier, das einen Transport aus einem andern EU-Land typischerweise begleitet.

CMR-Frachtbrief

9.3 Eisenbahnverkehr

1. Die Hansen Baustoff Logistik GmbH möchte 4.000 t Schüttgut von Hamburg nach Augsburg transportieren. Für den Transport sind Waggons mit einem Laderaumvolumen von 40 m³ und einer maximalen Zuladung von 25 t eingeplant. Das Gewicht pro m³ Schüttgut beträgt 0,55 t.

1.1 Berechnen Sie die Anzahl der benötigten Waggons.

Es werden 182 Waggons benötigt.
(Lösungsweg auf S. 247)

1.2 Berechnen Sie die prozentuale Ausnutzung der Ladekapazität in Bezug auf die maximale Zuladung in t.

Die prozentuale Ausnutzung der Ladekapazität in Bezug auf die maximale Zuladung in t beträgt 87,91 %.
(Lösungsweg auf S. 247)

1.3 Nennen und beschreiben Sie kurz drei Ganzzugprodukte der DB Schenker Rail Deutschland AG.

Flextrain: Der Flextrain wird kurzfristig gebucht. Er steht dem Kunden der DB innerhalb von 24 Stunden zur Verfügung.
Variotrain: Beim Variotrain wird über eine vertraglich festgelegte Laufzeit eine feste Anzahl von Zügen gebucht. Diese können relativ kurzfristig genau terminiert werden.

→

Plaintrain: Der Plaintrain wird für eine vertraglich festgelegte Laufzeit gebucht. Die Verbindung, Fahrtzeiten und Häufigkeit werden dabei verbindlich zwei Monate im Voraus festgelegt.

2. Ihr Ausbildungsbetrieb plant, zukünftig bei der Auslieferung an die Kunden auch den kombinierten Verkehr zu nutzen.

2.1 Unterscheiden Sie kurz die drei Typen des kombinierten Verkehrs in Verbindung mit dem Schienengüterverkehr der DB.

Kombi-Technik A: Bei dieser Variante kann ein Lastzug oder Sattelzug bis 44 t Gesamtgewicht durch Auffahren auf einen Spezialwaggon vollständig verladen werden. Der Fahrer fährt im Liegewagen mit.
Kombi-Technik B: Bei dieser Variante wird ein Sattelanhänger bis 33 t Gesamtgewicht durch einen Kran verladen.
Kombi-Technik C: Bei dieser Variante werden 1–2 Wechselbehälter bis 33 t Gesamtgewicht durch einen Kran verladen.

2.2 Beschreiben Sie einen Vorteil des kombinierten Verkehrs.

Schnellerer Transport der Waren, da dieser nicht so sehr von den Lenk- und Ruhezeiten des Fahrers abhängig ist.

2.3 Nennen Sie einen Nachteil des kombinierten Verkehrs.

Der Transport ist abhängig vom Fahrplan der Deutschen Bundesbahn.

3. Sie planen den Transport von Waren von Berlin nach Karlsruhe mit einem Güterzug der Deutschen Bahn. Nach Aussage der Deutschen Bahn können die 663 km zwischen beiden Städten mit einer Durchschnittgeschwindigkeit von 65 km/h gefahren werden. Berechnen Sie die voraussichtliche Fahrzeit in Stunden und Minuten.

Die Fahrzeit beträgt 10 Stunden und 12 Minuten.
(Lösungsweg auf S. 247)

9

4. Nennen Sie ein Begleitpapier, das bei internationalen Eisenbahntransporten zwingend notwendig ist.

CIM-Frachtbrief

5. Beschreiben Sie den Begriff „Trasse".

Eine Trasse ist die durch ein bestimmtes Schienenfahrzeug zeitlich festgelegte Nutzung eines Schienenweges zwischen zwei Orten.

9.4 Binnenschifffahrt

1. Nennen Sie zwei Gewässerarten, auf denen in Deutschland Binnenschifffahrt betrieben wird.

Flüsse, Kanäle

2. Nennen Sie zwei Typen von Binnenschiffen.

- Motorschiffe
- Schubschiffe
- Schleppkähne

3. Die drei folgenden Transporte sollen mit einem Binnenschiff erfolgen. Nennen Sie jeweils den Fluss, der die beiden Orte miteinander verbindet:
a) 2.000 t Kohle von Duisburg nach Köln.
b) 4 Binnencontainer von Hamburg nach Dresden.
c) 3 Standard-Container von Mannheim nach Stuttgart.

a) Rhein
b) Elbe
c) Neckar

4. Nennen Sie drei Container-Bauweisen.

Flat-Container, Tank-Container, Bulk-Container

5. Beschreiben Sie zwei Unterschiede zwischen Binnencontainer und Überseecontainer.

- Der Binnencontainer ist breiter als der Überseecontainer.
- Der Überseecontainer hat eine deutlich stabilere Bauweise als der Binnencontainer.

6. Nennen Sie eine Vorschrift, die beim Transport gefährlicher Güter mit dem Binnenschiff zu beachten ist.

GGVSEB – Gefahrgutverordnung Straße, Eisenbahn, Binnenschiff

7. Erklären Sie die folgende Aussage: Der Transport von Waren mit einem Binnenschiff ist ökologisch sinnvoll.

Ein Binnenschiff verbraucht im Verhältnis zu seiner Ladekapazität wenig Treibstoff. Der CO^2-Ausstoß für den Transport von Waren mit dem Binnenschiff ist daher geringer als bei anderen Verkehrsträgern und somit ökologisch sinnvoll.

9.5 Seeschifffahrt

1. Die Solarflex GmbH in Stuttgart hat einen Auftrag über die Lieferung von 1.400 Solarmodulen vom Typ Sunprotect erhalten. Der Kunde hat seinen Firmensitz in Sydney.

Technische Daten Solarmodul Sunprotect:

- **Maße 1.675 mm x 1.000 mm x 31 mm**
- **Gewicht 12,66 kg/m²**

Informationen zum Transportweg:
Die Module sollen den Firmensitz am 25.3. gut verpackt verlassen. Bereits in Stuttgart sollen die Module in zwei Container verladen werden, die auch für den späteren Seetransport nach Sydney geeignet sind.
Der Termin für die Verladung auf das Seeschiff nach Sydney ist der 28.3. Die geplante Abfahrt in Hamburg ist der 28.3., 18:00 Uhr. Die Seeroute nach Sydney hat eine Länge von 12.400 sm. Es erfolgt ein Zwischenstopp in Tokio mit einer Dauer von 36 Stunden. Das Schiff fährt mit einer Durchschnittsgeschwindigkeit von 20 Knoten (1 Knoten (kn) = 1 sm/h),
Von Hamburg nach Stuttgart sind es 534 km.
Jedes Modul ist einzeln in einer besonders festen Schachtel aus Wellpappe verpackt. Die Schachteln haben ein Gewicht von 800 g.
Für eine Schutzfolie und eine Packung Trockenmittel müssen Sie pro Modul weitere 0,5 kg berechnen.
Die Solarmodule werden gleichmäßig auf die zwei Container verteilt. Jeder Container hat ein Leergewicht von 2.300 kg und eine Länge von 12,19 m.

1.1 Beim Ausfüllen der Frachtpapiere müssen Sie das Bruttogewicht pro Container angeben.

Das Bruttogewicht pro Container beträgt 18.053,85 kg.
(Lösungsweg auf S. 248)

1.2 Welcher Containertyp ist für den beschriebenen Transport besonders geeignet?

Besonders geeignet ist ein ISO-Standardcontainer. Dieser kann sowohl auf dem Weg von Stuttgart nach Hamburg als auch für die Strecke Hamburg–Sydney eingesetzt werden.

1.3 Berechnen Sie die Transportzeit von Stuttgart nach Hamburg in Stunden und Minuten. Kalkulieren Sie mit einer Durchschnittsgeschwindigkeit von 60 km/h.

Transportzeit =
Strecke in km : Durchschnittsgeschwindigkeit in km/h = 534 km : 60 km/h = 8,9 Stunden = 8 Stunden und 54 Minuten.

1.4 Welcher Verkehrsträger ist für den Transport von Stuttgart nach Hamburg geeignet? Nennen Sie zwei Gründe für Ihre Entscheidung.

Besonders geeignet ist der Güterkraftverkehr.

- Die Ware kann direkt bei der Solarflex GmbH abgeholt werden.
- Die Container werden rechtzeitig in Hamburg eintreffen.

1.5 Wann werden die Solarmodule in Sydney eintreffen? Unterstellen Sie bei Ihrer Berechnung einen planmäßigen Verlauf des Transports. Die Zeitverschiebung zwischen Hamburg und Sydney beträgt + 10 Stunden.

Ankunft Sydney am 25.4., 12:00 Uhr.
(Lösungsweg auf S. 248)

1.6 Das Containerschiff hat einen Kraftstoffverbrauch von 14.380 l pro Stunde und es befinden sich während der gesamten Fahrt 6.500 Container auf dem Schiff.
a) Berechnen Sie den Kraftstoffverbrauch für die Strecke Hamburg–Sydney.
b) Berechnen Sie den Kraftstoffverbrauch pro Container.
c) Berechnen Sie den Kraftstoffverbrauch für einen Container pro 100 km (1 sm = 1,85 km).

a) Kraftstoffverbrauch Hamburg–Sydney: 8.915.600 l
b) Kraftstoffverbrauch pro Container: 1.371,63 l
c) Kraftstoffverbrauch für einen Container pro 100 km: 5,98 l
(Lösungswege auf S. 248)

1.7 Die Fracht pro Container beträgt inklusive aller Nebenkosten 8.960 €. Davon entfallen 12 % auf die Strecke Stuttgart–Hamburg. Berechnen Sie die Kosten pro km auf der Strecke
a) Stuttgart–Hamburg.
b) Hamburg–Sydney.

a) Frachtkosten Stuttgart–Hamburg: 2,01 €/km
b) Frachtkosten Hamburg–Sydney: 0,34 €/km
(Lösungswege auf S. 248)

2. Nennen Sie vier verschiedene Typen von Seeschiffen.

- Containerschiff
- Stückgutfrachter
- Tanker
- RoRo-Schiff

3. Nennen Sie drei deutsche Seehäfen.

- Hamburg
- Bremen
- Wilhelmshaven
- Emden

9.6 Luftfrachtverkehr

1. Ein namhafter Technologiekonzern möchte zum Marktstart seines neuen Smartphones eine ausreichende Anzahl von Geräten in seinen Geschäften zur Verfügung haben. Zu diesem Zweck sollen die Geräte rechtzeitig vom Herstellungsort in der Nähe von Schanghai in das Zentrallager für Europa in Hamburg geschickt werden.

Die Logistikabteilung ist aufgrund der hohen Kosten für einen Transport per Luftfracht unsicher und überlegt einen Transport per Seefracht.

Die folgenden Informationen stehen zur Verfügung:
Warenwert auf Basis der Herstellungskosten: 25.000.000 €
Transportdauer Luftfracht: 1 Tag (inklusive Abfertigung an den Flughäfen)
Transportdauer Seefracht: 18 Tage
Frachtkosten Luftfracht: 20.000 €
Frachtkosten Seefracht: 4.000 €
Kalkulatorischer Zinssatz: 5 %

1.1 Berechnen Sie die Kosten der Kapitalbindung, die durch die erhöhte Transportdauer mit dem Seeschiff anfallen würden.

Die Berechnung der Kosten für die Kapitalbindung entspricht der Berechnung der Lagerzinsen.
Die Kosten der Kapitalbindung durch die längere Transportdauer betragen 59.027,78 €.
(Lösungsweg auf S. 249)

1.2 Entscheiden Sie auf der Grundlage aller zur Verfügung stehenden Informationen, ob der Transport mit dem Flugzeug oder per Seefracht durchgeführt werden soll.

Beim Transport mit dem Flugzeug entstehen zusätzliche Transportkosten von 20.000 € – 4.000 € = 16.000 €.
Dagegen stehen 59.027,78 € Mehrkosten für Kapitalbindung beim Transport mit dem Schiff.

→

9

Der Transport mit dem Flugzeug ist bei Berücksichtigung der Kapitalkosten die günstigere Variante.

2. Nennen Sie den internationalen Verband, in dem die Luftfahrtgesellschaften zusammengeschlossen sind.

IATA = International Air Transport Association

**3. Die Berechnung der Fracht erfolgt bei einer Fluggesellschaft in Volumen-Kilogramm. Dabei gilt: 6 dm³ = 1 kg.
Berechnen Sie die Volumen-Kilogramm für die folgenden Sperrgüter:**
a) 200 cm x 150 cm x 50 cm,
b) 10 dm x 40 dm x 30 dm,
c) 1,4 m x 0,8 m x 0,25m.

a) 200 cm · 150 cm · 50 cm =
20 dm · 15 dm · 5 dm = 1.500 dm³
1.500 dm³ : 6 = 250 Volumen-Kilogramm
b) 10 dm · 40 dm · 3 dm = 240 dm³
240 dm³ : 6 = 40 Volumen-Kilogramm
c) 1,4 m · 0,8 m · 0,25 m =
14 dm · 8 dm · 2,5 dm = 280 dm³
280 dm³ : 6 = 46,67 Volumen-Kilogramm

4. Nennen Sie die drei wichtigsten Flughäfen in Deutschland.

Frankfurt, München, Berlin

5. Nennen Sie drei Eigenschaften eines Gutes, die für einen Transport per Luftfracht sprechen.

- empfindliche Güter
- diebstahlgefährdete Güter
- eilige Güter
- wertvolle Güter
- leicht verderbliche Güter

10 Logistische Prozesse optimieren

10.1 Ziele und Aufgaben der Logistik

1. Welche der folgenden Bereiche umfasst der Begriff der Logistik nach heutiger Definition:
a) Beschaffung von Waren,
b) Lagerhaltung,
c) Lieferung von Waren?

Nach heutiger Definition umfasst der Begriff der Logistik alle drei Bereiche a), b) und c), also sowohl die Beschaffung von Waren als auch die Lagerhaltung und die Lieferung von Waren.

2. Erfolgreich wird ein Unternehmen nur arbeiten können, wenn die Kunden zufrieden sind. Nennen Sie in diesem Zusammenhang Aufgaben der Logistik im Hinblick auf die Ware, die Menge, die Qualität, die Lieferzeit, die Lieferkosten und den Lieferort.

Aufgabe der Logistik ist es,
- die richtige Ware
- in der gewünschten Menge,
- in der vereinbarten Qualität,
- innerhalb der vereinbarten Lieferzeit,
- zu minimalen Lieferkosten
- an den richtigen Ort

zu liefern.

3. Nennen Sie 4 Problemfelder, die vermieden werden sollten, damit keine unnötigen Kosten im betrieblichen Ablauf entstehen.

- überhöhte Bestände
- unnötige Leerfahrten im Betrieb
- unnötige Wartezeiten
- unnötige Bewegungen
- Unkenntnis der Mitarbeiter

4. Die folgende Rangfolge beschreibt den Informationsfluss von der Bedarfsmeldung bis zum Wareneingang:
1. Bedarfsmeldung; 2. Anfrage; 3. Angebot; 4. Angebotsvergleich; 5. Bestellung; 6. Auftragsbestätigung; 7. Lieferung; 8. Wareneingang

Zu welchem der folgenden logistischen Prozesse gehört diese Rangfolge:
a) zur Auftragannahme,
b) zur Beschaffung,
c) zur Versandabwicklung,
d) zur Lagerwirtschaft,
e) zur Lagerbestandsprüfung.

Richtig ist b) „Zur Beschaffung".

5. Bringen Sie die folgenden Arbeitsschritte in einem Großhandelsunternehmen in die richtige Reihenfolge:
a) Kommissionierung nach Kundenauftrag
b) Warenprüfung im Lager
c) Versand der Ware
d) Abgleich einer Lieferung mit dem Lieferschein
e) Verpackung der Ware
f) Pflege der gelagerten Ware
g) Einlagerung der Ware

Richtige Reihenfolge: d), b), g), f), a), e), c).
1. Abgleich einer Lieferung mit dem Lieferschein
2. Warenprüfung im Lager
3. Einlagerung der Ware
4. Pflege der gelagerten Ware
5. Kommissionierung nach Kundenauftrag
6. Verpackung der Ware
7. Versand der Ware

6. Geben Sie an, welchem Teilbereich die folgenden Tätigkeiten zuzuordnen sind: Produktion, Logistik oder Controlling.
a) Überprüfung anfallender Kosten
b) Endmontage
c) Qualitätscheck des Fertigproduktes
d) Auslagern fehlerhafter Ware
e) Reparatur fehlerhafter Ware
f) Annahme einer Warenlieferung
g) Zusammenstellen von Ware für die Produktion
h) Befragung der Kunden nach ihrer Zufriedenheit
i) Pflege der gelagerten Ware
j) Verbuchung der Materialeingänge und -ausgänge
k) Arbeitsabläufe auf Wirksamkeit überprüfen

a) Controlling
b) Produktion
c) Controlling
d) Logistik
e) Produktion
f) Logistik
g) Logistik
h) Controlling
i) Logistik
j) Logistik
k) Controlling

7. Logistische Prozesse können in
- **Beschaffungslogistik**
- **oder Produktionslogistik**
- **oder Distributionslogistik**
- **oder Entsorgungslogistik**

unterschieden werden.

Entscheiden Sie, welchem Logistikbereich die folgenden Beschreibungen jeweils zuzuordnen sind:

a) Umweltfreundliche und kostengünstige Abfallverarbeitung zur Wiederverwendung, Verwertung und Entsorgung
b) Sicherung der Bereitstellung von Rohstoffen und Halbfertigwaren für die Fertigung
c) Übernahme von Gütern aus der Fertigung oder aus dem Lager zur Weiterleitung an den Kunden
d) Einkauf und Disposition von Gütern bei Herstellern und Lieferanten

a) Entsorgungslogistik
b) Produktionslogistik
c) Distributionslogistik
d) Beschaffungslogistik

8. Welche der folgenden Vorgaben dient am ehesten einer termingerechten Auftragsabwicklung?

a) Organisatorische Abstimmung zwischen Personalleitung und Einsatz der Kollegen vor Ort
b) Information der Kunden über Sonderangebote und Sonderkonditionen
c) Möglichst schnelle Erstellung von Versandanzeigen
d) Organisatorische Abstimmung zwischen Beschaffung, Lagerung und Absatz
e) Marktforschung zur Erkennung neuer Absatztrends

Richtig ist d) Organisatorische Abstimmung zwischen Beschaffung, Lager und Absatz.

10

10.2 Optimierungsstrategien logistischer Prozesse

1. Beschreiben Sie die allgemeine Zielsetzung des „Total Quality Management" (TQM).

Ziel ist die Erreichung und Sicherung höchster Qualität in allen Funktionsbereichen eines Unternehmens.

2. Beschreiben Sie, was TQM für die folgenden Funktionsbereiche eines Unternehmens bedeutet:
a) Einkauf
b) Produktion
c) Lagerhaltung
d) Verkauf

a) Nur Einkauf von Produkten höchster Qualität, Vergleich möglicher Lieferanten
b) Fehlerfreie Fertigung, umfassende und ständige Kontrolle der hergestellten Produkte
c) Sicherung der Qualität der Produkte durch optimale Lagerbedingungen und regelmäßige Kontrolle
d) Regelmäßige Kundenabfragen über die Qualität der Produkte

3. Was bedeutet TQM für den einzelnen Mitarbeiter?

Jeder Mitarbeiter muss für seinen Arbeitsbereich Mitverantwortung für die Qualität der Produkte übernehmen.

4. Wofür steht das Kürzel „KVP"?

KVP steht für „Kontinuierlicher Verbesserungsprozess".

5. Welche der folgenden Aussagen beschreibt am ehesten einen KVP?
a) Jeden Tag ein bisschen besser.
b) Am Erreichten festhalten.
c) Kontrolle in allen Unternehmensbereichen.
d) Keine Rückschritte in Kauf nehmen.
e) Immer das Ziel im Blick behalten.

a) Jeden Tag ein bisschen besser

6. Setzen Sie die folgenden Schritte bei Einführung eines KVP in die richtige Reihenfolge:
- **Information und Einbindung der Mitarbeiter**
- **Umsetzung von Maßnahmen**
- **Festlegung der Ziele und Rahmenbedingungen**
- **Information und Einbindung der Führungskräfte**
- **Controlling, Feedback der Maßnahmen**
- **Analyse der Ist-Situation**

Schritte bei Einführung eines KVP:
1. Festlegung der Ziele und Rahmenbedingungen
2. Information und Einbindung der Führungskräfte
3. Information und Einbindung der Mitarbeiter
4. Analyse der Ist-Situation
5. Umsetzung von Maßnahmen
6. Controlling, Feedback der Maßnahmen

7. Welcher der folgenden Prozesse wird in Grafik 1, welcher in Grafik 2 beschrieben?

a) Der Prozess des Aufgabenmanagements
b) Der Prozess der Zeitplanung
c) Der Prozess der kontinuierlichen Verbesserung
d) Der Prozess der Ressourcenplanung
e) Der Prozess des Qualitätsmanagements
f) Der Prozess des Wissensmanagements

Grafik 1

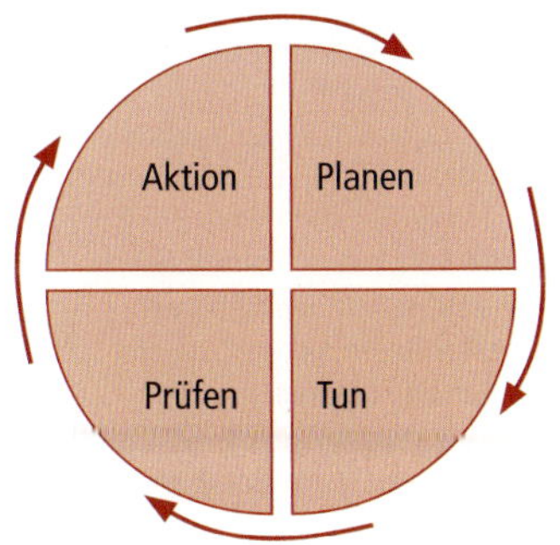

Grafik 2

In Grafik 1 wird e) der Prozess des Qualitätsmanagements (TQM) beschrieben.
In Grafik 2 wird c) der Prozess der kontinuierlichen Verbesserung (KVP) beschrieben.

10.3 ABC-Analyse

1. Auf Grundlage welcher Daten kann eine ABC-Analyse erfolgen?

- Warenwert
- Zugriffshäufigkeit
- Umsatz pro Kunde
- Kosten/Nutzen

2. Beschreiben Sie, was eine ABC-Analyse nach Warenwert bedeutet.

Die ABC-Analyse ist ein betriebswirtschaftliches Mittel zur Planung und Entscheidungsfindung. Sie unterteilt Güter in drei Klassen nach A-, B- und C-Gütern. A-Güter sind Güter mit hohem, B-Güter mit mittlerem und C-Güter mit geringem Warenwert.

3. Erläutern Sie, warum eine ABC-Analyse nach Warenwert für ein Unternehmen wichtig sein kann.

Die ABC-Analyse verschafft dem Unternehmen einen Überblick über die wertmäßige Zusammensetzung des Warenlagers. Daraus ist zu erkennen, bei welchen Gütern es sich lohnt, weitere Maßnahmen durchzuführen und für welche Güter kein großer Aufwand in der Bestandsführung notwendig ist.

4. Nennen Sie vier kostensparende Maßnahmen, die bei Beschaffung und Lagerung von A-Gütern angewendet werden sollten.

- Sorgfältige Auswahl geeigneter und günstiger Lieferanten
- Optimale Planung der Bestell- und Liefermengen
- Maßnahmen zum Diebstahlschutz
- Regelmäßige Kontrolle der Lagerbestände
- Genaue Überwachung des Materialverbrauchs

5. Warum kann eine ABC-Analyse nach Zugriffshäufigkeit sinnvoll sein?

Sie kann für die Lagerorganisation genutzt werden:

- Waren mit hoher Zugriffshäufigkeit (A-Güter) sollten in der Nähe der Verpackungsstelle gelagert werden, um Wegezeiten zu reduzieren;
- Waren mit geringer Zugriffshäufigkeit (C-Güter) können in größerer Entfernung zur Verpackungsstelle gelagert werden.

6. Die folgende Grafik zeigt das Ergebnis einer ABC-Analyse.

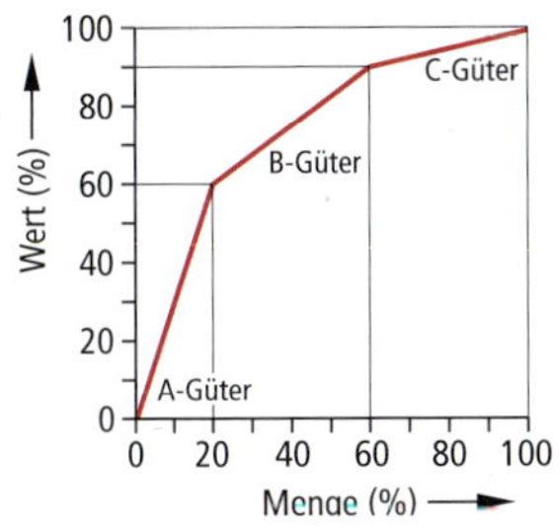

Stellen Sie fest, was diese Grafik über Menge und Wert der A-Güter, der B-Güter und der C-Güter aussagt.

Die A-Güter machen 20 % der Warenmenge, aber 60 % des Warenwertes aus.
Die B-Güter machen 40 % der Warenmenge, aber 30 % des Warenwertes aus.
Die C-Güter machen 40 % der Warenmenge, aber 10 % des Warenwertes aus.

7. Ein Unternehmen hat den folgenden durchschnittlichen Warenbestand:

Güter	Menge	Wert pro Stück in €	Wert pro Gut in €	Anteil an der Gesamtmenge in %	Anteil am Gesamtwert in %	Kategorie
G1	9.000	0,60				
G2	5.000	1,90				
G3	3.000	3,80				
G4	8.000	0,50				
G5	3.000	5,20				
G6	7.000	0,20				
Gesamt						

Führen Sie eine ABC-Analyse nach Warenwert durch, indem Sie die Werte für die leeren Felder ermitteln. Für die Kategorisierung gelten die folgenden betrieblichen Vorgaben:

- **A-Güter dürfen maximal 10 % der Gesamtmenge, müssen aber mindestens 20 % des Gesamtwarenwertes entsprechen.**
- **C-Güter müssen mindestens 20 % der Gesamtmenge, dürfen aber nur maximal 10 % des Gesamtwarenwertes entsprechen.**
- **B-Güter lassen sich weder A- noch C-Gütern zuordnen.**

(Lösungsweg auf S. 249)

8. **Die folgende ABC-Analyse ist noch unvollständig. Ermitteln Sie die fehlenden Werte.**

Kategorie	Anzahl der Artikel	Anteil an der Gesamtmenge in %	Wert der Artikel in €	Anteil am Gesamtwert in %
A	186		49.280	
B				22,50
C	1.410			
Gesamt	2.120	100	84.355	100

(Lösungsweg auf S. 250)

9. **Die ABC-Analyse kann durch eine XYZ-Analyse ergänzt werden, bei der Güter nach ihren Verbrauchsschwankungen eingeteilt werden. Geben Sie an, wofür**

- **X-Güter**
- **Y-Güter**
- **Z-Güter**

jeweils stehen.

X-Güter: gleichmäßiger Verbrauch
Y-Güter: (saisonal) schwankender Verbrauch
Z-Güter: durchgehend unregelmäßiger Verbrauch

10. **Tragen Sie in die folgende Tabelle, bei der ABC-Analyse und XYZ-Analyse miteinander kombiniert sind, die fehlenden Güterbeschreibungen ein.**

	A	B	C
X			
Y			
Z			

	A	B	C
X	hoher Wert und gleichmäßiger Verbrauch	mittlerer Wert und gleichmäßiger Verbrauch	geringer Wert und gleichmäßiger Verbrauch
Y	hoher Wert und schwankender Verbrauch	mittlerer Wert und schwankender Verbrauch	geringer Wert und schwankender Verbrauch
Z	hoher Wert und unregelmäßiger Verbrauch	mittlerer Wert und unregelmäßiger Verbrauch	geringer Wert und unregelmäßiger Verbrauch

11. **Geben Sie 2 Bereiche an, für die eine Kombination aus ABC-Analyse und XYZ-Analyse wichtig sein könnten.**

- Für die Lagerorganisation (Einlagerung in vordere oder hintere Lagerzonen)
- für eine kostenoptimale Bestellpolitik (besonders für AX-Güter)

11 Güter beschaffen

11.1 Eigenherstellung oder Fremdbezug?

1. In Industriebetrieben kann man sich die Frage stellen, ob für bestimmte Teile eine Eigenherstellung oder ein Fremdbezug sinnvoller ist. Von welchen Kriterien ist die Entscheidung abhängig?

2. Ein Maschinenhersteller benötigt für eine Neuproduktion ein zusätzliches Kleinteil. Dieses Kleinteil könnte er für 22,00 € pro Stück beziehen (Fremdbezug). Würde er es selbst herstellen, würde ihn das Kleinteil nur 14,00 € pro Stück kosten. Allerdings würden pro Jahr zusätzlich 25.000,00 € an Fixkosten entstehen.

a) Ermitteln Sie die Kosten für Fremdbezug und Eigenherstellung für die folgenden jährlichen Stückzahlen und legen Sie fest, ab welcher Stückzahl sich eine Eigenherstellung lohnt.

Stückzahl	Kosten bei Fremdbezug	Kosten bei Eigenherstellung
1.000		
2.000		
3.000		
4.000		
5.000		

b) Bei welcher jährlichen Stückzahl sind Fremdbezug und Eigenherstellung gleich teuer (Break-Even Point)?

- von den entstehenden Kosten
- von der erzielbaren Qualität
- von den vorhandenen technischen Möglichkeiten
- vom vorhandenen Personal
- von der Zuverlässigkeit des Lieferers

a) Die Eigenherstellung lohnt sich ab 4.000 Stück.

b) Bei einer jährlichen Stückzahl von 3.125 Stück sind Fremdbezug und Eigenherstellung gleich teuer.

(Lösungswege auf S. 250)

3. **Die abgebildete Grafik zeigt das Verhältnis Kosten zu Menge bei Fremdbezug und Eigenherstellung.**

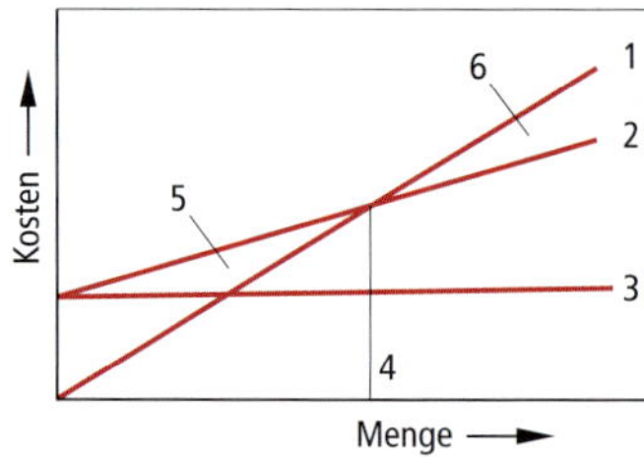

Geben Sie an, welche Zahl für welche der folgenden Bezeichnungen steht:

Bezeichnung	Zahl
Fremdbezug günstiger	
Eigenherstellung günstiger	
Gesamtkosten Fremdbezug	
Gesamtkosten Eigenherstellung	
Kosten für Fremdbezug und Eigenherstellung gleich	
Fixkosten	

Bezeichnung	Zahl
Fremdbezug günstiger	5
Eigenherstellung günstiger	6
Gesamtkosten Fremdbezug	1
Gesamtkosten Eigenherstellung	2
Kosten für Fremdbezug und Eigenherstellung gleich	4
Fixkosten	3

11.2 Optimale Bestellmenge

1. **Nennen Sie vier Fragen, die bei der Kalkulation der einzukaufenden Menge grundsätzlich geklärt werden müssen.**

- Wie viel Lagerplatz steht zur Verfügung?
- Wie hoch ist der aktuell noch im Lager befindliche Bestand?
- Welches Kapital steht für die Beschaffung zur Verfügung?
- Von welchem Absatz kann man ausgehen?
- Wie wird sich voraussichtlich der Preis für das Produkt entwickeln?
- Können Sonderangebote genutzt werden?
- Wie lang ist die Haltbarkeit des Produktes?

2. Welche Folgen kann ein hoher Lagerbestand durch zu große Bestellmengen haben?

- Hohe Lagerkosten
- Ware verdirbt oder veraltet.
- Die Diebstahlgefahr steigt.
- Hohe Ein- und Umlagerungskosten
- Hohe Kapitalbindung
- Preissenkungen können nicht genutzt werden.

3. Nennen Sie vier Folgen, die ein kleiner Lagerbestand durch zu kleine Bestellmengen haben kann.

- Kundenverlust durch nicht vorrätige Ware
- Produktionsverzögerungen
- Kein Ausnutzen von Mengenrabatten
- Höherer Bestellaufwand durch häufigere Bestellungen
- Höhere Transportkosten durch häufigere Lieferungen
- Gefahr zukünftiger Preissteigerungen

4. Was ist unter der optimalen Bestellmenge zu verstehen?

Die optimale Bestellmenge ist die Menge, bei der die Summe der Bestell- und Lagerkosten am geringsten ist.

5. Für die folgende Berechnung wird von einem Jahresbedarf von 2.400 Stück für ein bestimmtes Produkt ausgegangen. Die Bestellkosten betragen 200,00 EUR pro Bestellung; die Lagerkosten werden mit 2,50 EUR pro Stück veranschlagt. Es wird von der halben Bestellmenge als durchschnittlichem Lagerbestand ausgegangen. Vervollständigen Sie die folgende Tabelle und ermitteln Sie die optimale Bestellmenge.

Anzahl Bestellungen	Bestellmenge/Stück	Bestellkosten/EUR	durchschn. Lagerbestand	Lagerkosten/EUR	Gesamtkosten/EUR
1					
2					
3					
4					
5					

Die optimale Bestellmenge beträgt 600 Stück, da bei dieser Menge die Gesamtkosten am geringsten sind. (Lösungsweg auf S. 251)

11

6. Die folgende Grafik stellt schematisch den Kurvenverlauf von Lagerkosten, Bestellkosten und Gesamtkosten sowie die optimale Bestellmenge dar. Nennen Sie die Bezeichnungen zu den Punkten 1 bis 4.

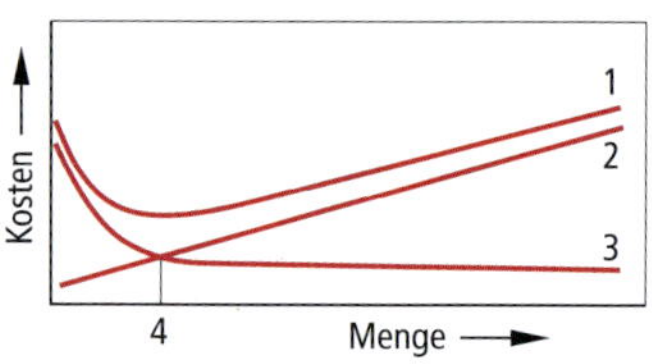

1 = Gesamtkosten
2 = Lagerkosten
3 = Bestellkosten
4 = Optimale Bestellmenge

7. Die Ermittlung der optimalen Bestellmenge ist eine vereinfachte Modellrechnung. Beschreiben Sie Einflussfaktoren, die hierbei unberücksichtigt bleiben.

- Größere Mengen können durch Mengenrabatte häufig günstiger eingekauft werden.
- Die anteiligen Transportkosten sind bei größeren Bezugsmengen oft niedriger oder fallen ganz weg.
- Die Verbrauchsmengen sind nicht immer gleichmäßig.

11.3 Bestellzeitpunkt

1. Geben Sie die beiden Faktoren an, von denen der Zeitpunkt der Bestellung grundsätzlich abhängt.

Der Zeitpunkt der Bestellung hängt grundsätzlich vom täglichen Verbrauch und der Lieferzeit ab.

2. Warum wird bei der Ermittlung des Meldebestandes ein Mindestbestand (eiserner Bestand) zugerechnet?

Der Mindestbestand soll dafür sorgen, dass auch bei Lieferverzögerungen oder einem unerwarteten Mehrverbrauch ausreichend Ware auf Lager ist.

3. Ermitteln Sie den Meldebestand unter Angabe der Lösungsformel, wenn der Tagesumsatz bei 25 Stück liegt und die Lieferzeit 6 Tage beträgt. Der eiserne Bestand wird mit 3 Tagesumsätzen kalkuliert.

Meldebestand = Tagesumsatz x Lieferzeit + Mindestbestand
hier: 25 Stück · 6 + 75 Stück = 225 Stück

4. Beschreiben Sie, wie sich die maximale Bestellmenge ermitteln lässt.

Maximale Bestellmenge = Höchstbestand – Mindestbestand

5. Die Grafik stellt den erwarteten Bestandsverlauf für ein bestimmtes Produkt dar.

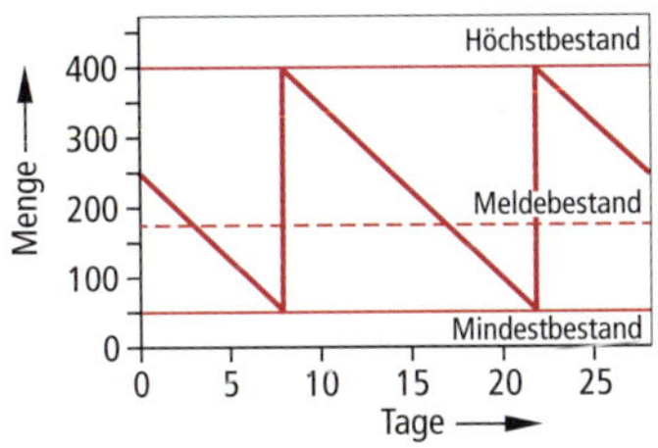

Beantworten Sie folgende Fragen anhand der Grafik:

a) Wie viel Stück beträgt der tägliche Verbrauch?

b) Von welcher Lieferzeit wird ausgegangen?

c) Wie viel Stück beträgt die maximale Bestellmenge?

d) Wie viele Tage Lieferverzögerung sind abgesichert?

a) Der tägliche Verbrauch beträgt 25 Stück.

b) Es wird von einer Lieferzeit von 5 Tagen ausgegangen.

c) Die maximale Bestellmenge beträgt 350 Stück.

d) Es sind 2 Tage Lieferverzögerung einkalkuliert.

6. Ist in der abgebildeten Grafik ein Bestellpunktverfahren oder ein Bestellrhythmusverfahren abgebildet („t" steht für den Zeitraum zwischen zwei Bestellungen)?

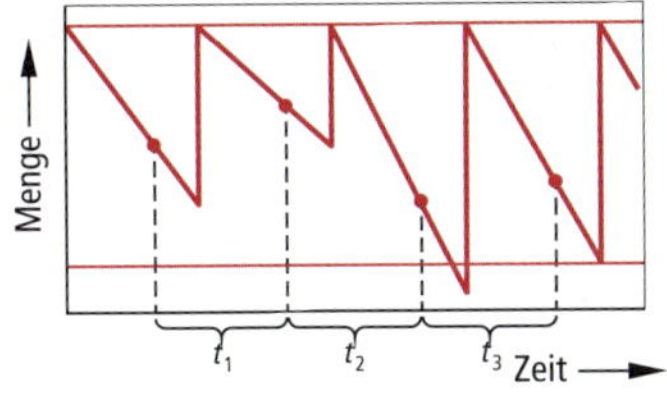

In der Grafik ist ein Bestellrhythmusverfahren abgebildet.

7. Beschreiben Sie den Unterschied zwischen dem Bestellpunktverfahren und dem Bestellrhythmusverfahren.

Beim Bestellpunktverfahren wird Ware nachbestellt, wenn ein bestimmter Meldebestand erreicht ist, während beim Bestellrhythmusverfahren regelmäßig nach einer festgelegten Zeiteinheit nachbestellt wird, unabhängig vom jeweiligen Bestand.

8. In welchen Fällen empfiehlt sich ein Bestellrhythmusverfahren?

Das Bestellrhythmusverfahren empfiehlt sich immer, wenn Kunden regelmäßig frische Ware zur Verfügung stehen soll. Ein Einzelhändler kann z. B. nicht warten, bis von der angebotenen Frischmilch nur noch eine bestimmte Menge vorhanden ist, bevor er nachbestellt.

9. Die Abbildung zeigt in schematischer Form den Ablauf eines Kanban-Systems nach dem „Zwei-Behälter-Prinzip". Erläutern Sie den Ablauf nach diesem Prinzip.

Am Arbeitsplatz befinden sich zwei Behälter, die in der Regel Kleinteile enthalten. Ist ein Behälter leer, wird er zur Seite gestellt und die Kanban-Karte entnommen. Die Karte wird abgescannt und löst dadurch automatisch eine Bestellung beim Zulieferer aus, der einen vollen Behälter liefert, bevor der nächste Behälter leer ist.

10. Eine besondere Form der bedarfsgemäßen Bestellung ist das „Just-in-time"-Verfahren (JIT). Beschreiben Sie dieses Verfahren.

Beim JIT-Verfahren handelt es sich um eine fertigungssynchrone Beschaffung: Die Waren werden in der benötigten Menge zum benötigten Zeitpunkt direkt an die Produktionsstätte geliefert.

11. Nennen Sie vier Voraussetzungen, um einen reibungslosen Ablauf nach dem JIT-Verfahren zu gewährleisten.

- Vertrauensvolle, enge Zusammenarbeit zwischen Lieferant und Kunde
- Abstimmung der Informationssysteme, möglichst gemeinsame Bestandsführung
- Höchste Qualitätssicherheit und Lieferbereitschaft
- Gute, möglichst kurze Verkehrswege zwischen Lieferant und Kunde

12. Welche Vorteile sind für den Kunden mit dem JIT-Verfahren verbunden?

- Fast keine Lagerung nötig, dadurch große Kosteneinsparungen
- Verkürzung der Durchlaufzeit
- Planungssicherheit durch langfristige Verträge mit dem Lieferanten
- Einsparung von Prüfkosten, da der Lieferant hohe Qualität garantieren muss

13. Nennen Sie die Nachteile des JIT-Verfahrens.

- Hohe Abhängigkeit vom Lieferanten
- Hoher Planungsaufwand
- Produktionsausfall bei Lieferverzögerungen
- Erhöhung der Transportkosten und der Umweltbelastungen durch häufigere Lieferungen

11.4 Rechtliche Wirkung von Anfrage, Angebot und Bestellung

1. Erläutern Sie den Unterschied zwischen einer Anfrage und einer Bestellung.

Eine **Anfrage** ist rechtlich unverbindlich und dient dem Ziel, ein Angebot vom Verkäufer zu erhalten.
Eine **Bestellung** ist eine rechtlich verbindliche Willenserklärung des Käufers, eine bestimmte Ware kaufen zu wollen.

2. Was versteht man rechtlich unter einem Angebot?

Ein Angebot ist die Willenserklärung gegenüber einer natürlichen oder juristischen Person, unter den angegebenen Bedingungen Waren zu liefern oder Leistungen zu erbringen.

3. Warum sind Zeitungsanzeigen oder Schaufensterauslagen im rechtlichen Sinne keine Angebote?

Sie richten sich an die Öffentlichkeit und nicht an eine bestimmte Person.

4. Beschreiben Sie die rechtliche Wirkung einer Freizeichnungsklausel.

Eine Freizeichnungsklausel entbindet den Verkäufer von seiner Lieferpflicht: „Solange Vorrat reicht", „Unverbindlich" etc.

5. Ein Kunde bestellt bei einem Händler eine bestimmte von diesem angebotene Ware. Auf welche zwei Arten kann der Händler reagieren, damit ein Kaufvertrag zustande kommt?

Der Händler kann sofort liefern oder eine Auftragsbestätigung schicken.

11.5 Inhalt eines Angebots

1. Über welche Bedingungen sollten schriftliche Angebote eines Verkäufers Angaben enthalten?

- Art, Güte und Beschaffenheit der Ware
- Menge der Ware
- Preis der Ware
- Verpackungskosten
- Versandart und Beförderungskosten
- Zahlungsbedingungen
- Erfüllungsort und Gerichtsstand
- Gewährleistungsbedingungen

2. Was sind die sogenannten „Incoterms"?

Dabei handelt es ich um Klauseln für weltweit anerkannte, einheitliche Vertrags- und Lieferbedingungen, um sprachlich bedingte Missverständnisse im Außenhandelsverkehr zu vermeiden.

3. Nennen Sie die vier Vertragsbestandteile, die durch die Incoterms geregelt werden.

- Aufteilung der Kosten für Verpackung, Fracht und Versicherung
- Beschaffung der notwendigen Ein- und Ausfuhrdokumente
- Bezahlung von Zöllen und Steuern
- Übergang der Gefahr vom Verkäufer auf den Käufer

4. Beschreiben Sie die Bedeutung des Gefahrenübergangs.

Wenn die Gefahr auf den Käufer übergegangen ist, bleibt der Käufer zur Zahlung des Kaufpreises verpflichtet, selbst wenn die Ware untergegangen oder im Wert gemindert ist.

5. Welche Bedeutung hat die Klausel „EXW“?

EXW = ex works, dtsch. ab Werk. Sämtliche Kosten und die Gefahr gehen auf den Käufer über, nachdem der Verkäufer die Ware auf seinem Grundstück zur Verladung bereitstellt hat.

6. Für was steht das englische Kürzel „FAS“?

FAS = free alongside ship, dtsch. frei längsseits des Schiffs.

7. Für was steht das englische Kürzel „FOB“?

FOB = free on board, dtsch. frei an Bord.

8. Beschreiben Sie die unterschiedlichen Verpflichtungen des Verkäufers bei den Klauseln FAS und FOB.

Bei der Klausel FAS muss der Verkäufer die Ware nur bis an die Verladeeinrichtungen im Verschiffungshafen liefern; bei der Klausel FOB muss er die Ware an Bord des vom Käufer benannten Schiffs liefern.

9. Ein Fleischgroßhändler in Hannover kauft eine Containerladung argentinisches Steak von einem Lieferer in Rosario/Argentinien. Es fallen folgende Kosten an:

Kosten für Ausfuhr- und Zolldokumente in Argentinien	1.200 €
Lkw-Transport von Rosario nach Buenos Aires	800 €
Entladen des Lkw im Hafen von Buenos Aires	220 €
Ladegebühren im Hafen von Buenos Aires	320 €
Schiffstransport von Buenos Aires nach Hamburg	3.800 €
Einfuhrabgaben in Deutschland (Zoll und Steuern)	2.600 €
Entladegebühr im Hamburger Hafen	240 €
Verladung auf einen Lkw im Hamburger Hafen	130 €
Lkw-Transport von Hamburg nach Hannover	560 €

Vereinbart ist die Klausel FOB.

a) Berechnen Sie die Kosten für den Käufer.

b) Berechnen Sie die Kosten für den Verkäufer.

a) Kosten für den Käufer: 7.330 €

b) Kosten für den Verkäufer: 2.540 €

(Lösungsweg auf S. 251)

10. Welche Klausel muss vereinbart werden, damit dem Käufer die Ware am Bestimmungsort entladen und verzollt zur Verfügung steht?

DDP = delivered duty paid … named place of destination (geliefert verzollt … benannter Bestimmungsort)

11.6 Bezugskalkulation und Angebotsvergleich

1. Bei der Bezugskalkulation wird mit verschiedenen Preisen gerechnet. Geben Sie an, wie die folgenden Preise ermittelt werden:
a) Listeneinkaufspreis
b) Zieleinkaufspreis
c) Bareinkaufspreis
d) Bezugspreis

a) Der Listeneinkaufspreis ist der Preis, der vom Lieferer angegeben wird.
b) Der Zieleinkaufspreis ergibt sich, wenn vom Listeneinkaufspreis ein Rabatt abgezogen wird.
c) Der Bareinkaufspreis ergibt sich, wenn vom Zieleinkaufspreis ein Skonto abgezogen wird.
d) Der Bezugspreis ergibt sich, wenn vom Bareinkaufspreis die Bezugskosten zugerechnet werden.

2. Vor einer Bestellung holen sich Käufer in der Regel von mehreren Anbietern Angebote ein, die miteinander verglichen werden müssen. Ein wesentliches Kriterium ist der Bezugspreis (quantitativer Angebotsvergleich).
Nennen Sie weitere Kriterien für einen Angebotsvergleich (qualitativer Angebotsvergleich).

- Qualität der Ware
- Lieferzeit
- Mögliche Liefermengen (z. B. nur große Mengen möglich)
- Zahlungs- und Transportbedingungen
- Zuverlässigkeit (pünktliche und mängelfreie Lieferung)
- Serviceleistungen (Garantie, Verhalten in Reklamationsfällen, Schnelligkeit von Nachlieferungen)
- Räumliche Nähe zum eigenen Standort

3. Welche Quellen bieten sich für einen Angebotsvergleich an?

- Bisherige eigene Erfahrungen (Liefererkartei)
- Angaben des Anbieters
- Befragung von Geschäftsfreunden
- Testberichte von unabhängigen Instituten
- Kundenbewertungen (im Internet)

4. Ein Unternehmen benötigt von einem bestimmten Produkt 600 Stück. Die Zahlung erfolgt in der Regel innerhalb von 6 Tagen; die Bezugskosten werden mit 0,40 € pro Stück kalkuliert. Ihm liegen dazu zwei Angebote vor: Der Lieferer A verlangt einen Listeneinkaufspreis von 22,50 € pro Stück, bietet ab 400 Stück einen Rabatt von 15 % und bei Zahlung innerhalb von 8 Tagen einen Skonto von 3 %. Der Versand erfolgt ab Werk. Der Lieferer B verlangt einen Listeneinkaufspreis von 24,90 € pro Stück, bietet ab 500 Stück einen Rabatt von 20 % und bei Zahlung innerhalb von 10 Tagen einen Skonto von 2 %. Der Versand erfolgt frei Haus. Führen Sie einen quantitativen Angebotsvergleich der beiden Lieferer durch.

Lieferer A ist um 342,21 € günstiger als Lieferer B.
(Lösungsweg auf S. 251)

5. Warum kann es sinnvoll sein, sich nicht für das günstigere Angebot zu entscheiden?

Wenn der günstigere Anbieter weniger zuverlässig ist, kann dies zu Produktionsstörungen oder Problemen mit den eigenen Kunden führen, die den Preisvorteil aufwiegen.

11.7 Bedarfsermittlung

1. Bei der Bedarfsermittlung werden drei Bedarfsarten unterschieden. Beschreiben Sie, was jeweils mit den folgenden Bedarfsarten gemeint ist:
a) Primärbedarf
b) Sekundärbedarf
c) Tertiärbedarf

a) Der Primärbedarf ist der Bedarf an fertigen Endprodukten, den das Unternehmen kalkuliert.
b) Der Sekundärbedarf ist der Bedarf an Rohstoffen, Einzelteilen und Baugruppen, die zur Erstellung des Endproduktes benötigt werden.
c) Der Tertiärbedarf ist der Bedarf an Hilfsstoffen, Betriebsstoffen und Verschleißwerkzeugen, die zur Herstellung des Endproduktes notwendig sind.

11

2. Erläutern Sie den Unterschied zwischen dem Bruttobedarf und dem Nettobedarf.

Der **Bruttobedarf** ist der Gesamtbedarf an Endprodukten und dem daraus resultierenden Sekundär- und Tertiärbedarf.
Der **Nettobedarf** wird errechnet, indem man vom Bruttobedarf den Lagerstand und offene Bestellungen abzieht und die Reservierungen und den Mindestbestand addiert.

3. Die zu beschaffenden oder fertigzustellenden Güter lassen sich in folgende Stoffe oder Erzeugnisse unterteilen:
a) Rohstoffe,
b) Hilfsstoffe,
c) Betriebsstoffe,
d) Ersatzteile/Werkzeuge,
e) unfertige Erzeugnisse,
f) Fertigerzeugnisse.
Beschreiben Sie, was jeweils damit gemeint ist.

a) Grundmaterialien wie Holz, Bleche, Kunststoffplatten
b) Ergänzungsmaterialien wie Nägel, Schrauben, Muttern, Nieten
c) Stoffe, die den Betrieb von Maschinen ermöglichen (Schmierstoffe, Energiestoffe), ohne direkt in die Produktion einzugehen
d) Verschleißteile im Produktionsprozess und benötigte Verschleißwerkzeuge
e) Hergestellte Zwischenprodukte, die in das Endprodukt eingebaut werden
f) Fertige Produkte von Zulieferern, die Bestandteil des eigenen Produktes werden

4. Für eine Werbemaßnahme sollen einmalig 5.000 Flaschenöffner hergestellt werden. Der Flaschenöffner besteht aus einem Holzgriff und einem Metallteil zum Öffnen. Das Metallteil wird mit dem Holzgriff durch zwei Schrauben verbunden und zusätzlich mit 4 ml Spezialleim verleimt. Ermitteln Sie den Bruttobedarf und den Nettobedarf anhand folgender Angaben:

(Lösungsweg auf S. 252)

	Flaschenöffner	Holzgriffe	Metallteile	Schrauben	Spezialleim
Bruttobedarf					
Lagerbestand	—	480	—	6.000	2.000 ml
Reservierungen	—	500	—	—	—
Offene Bestellungen	—	—	1.000	—	1.500 ml
Mindestbestand	—	100	—	200	500 ml
Nettobedarf					

12 Kennzahlen ermitteln und auswerten

12.1 Grundlagen der Buchführung

1. Nennen Sie drei Aufgaben der Geschäftsbuchhaltung.

- Feststellen des Bestandes an Vermögen und Schulden
- Lückenlose Aufzeichnung aller Wertveränderungen des Vermögens und der Schulden durch die laufende Geschäftstätigkeit
- Ermitteln des Unternehmenserfolges, sowohl des Gewinns als auch des Verlustes
- Verwendung der ermittelten Zahlen für die Kosten- und Leistungsrechnung, Statistik sowie Planungsrechnung
- Realistische Darstellung der Vermögenslage als Schutz der Gläubiger
- Dient als Beweismittel bei Rechtsstreitigkeiten gegenüber Lieferanten, Kunden, Behörden und Banken

2. Welche gesetzlichen Vorschriften verpflichten jeden Kaufmann Bücher zu führen?

- Handelsgesetzbuch (HGB § 238 (1))
- Abgabenordnung (AO § 141 (1))

3. Erklären Sie die Prinzipien einer ordnungsgemäßen Buchführung.

- **Vorsichtsprinzip:** Der Kaufmann soll seine Vermögens- und Ertragslage eher pessimistisch einschätzen (Niederstwertprinzip).
- **Realisierungsprinzip:** Ein Gewinn ist erst auszuweisen, wenn dieser durch den entsprechenden Umsatz verwirklicht wurde.
- **Stetigkeitsprinzip:** Das Vermögen und die Schulden sind nach derselben Methode zu bewerten wie die vergangenen Jahresabschlüsse, um sie vergleichen zu können.

12

4. Beschreiben Sie vier wichtige Grundsätze ordnungsgemäßer Buchführung (GoB).

- **Grundsatz der Klarheit und Übersichtlichkeit:**
  - Aufzeichnungen erfolgen in einer lebenden Sprache
  - Dritte müssen zu jeder Zeit den Überblick haben können
  - Vermögen darf nicht mit den Schulden oder die Aufwendungen mit den Erträgen verrechnet werden
  - Entstehung und Abwicklung der Geschäftsfälle müssen deutlich getrennt werden
- **Grundsatz der Richtigkeit und Wahrheit:**
  - Keine Buchung ohne Beleg
  - Alle Belege sind fortlaufend zu nummerieren
  - Keine Eintragungen mit Bleistift
- **Grundsatz der Zeitgerechtigkeit und Ordnung:**
  - Geschäftsfälle erst aufzeichnen, wenn sie auch durchgeführt werden
  - Alle Belege sind geordnet aufzubewahren
  - Aufbewahrungsfristen beachten
- **Grundsatz der Vollständigkeit:**
  - Geschäftsfälle dürfen nicht weggelassen werden
  - Geschäftsfälle müssen lückenlos erfasst werden

5. Welche gesetzlichen Aufbewahrungsfristen müssen Sie in der Buchhaltung beachten?

- 10 Jahre: Belege, Inventurlisten, Inventare, Bilanzen usw.
- 6 Jahre: Geschäftsbriefe, Kopien versandter Briefe etc.

6. Zählen Sie auf, welche Maßnahmen die Finanzbehörden haben, wenn gegen die GoB oder die doppelte Buchführung verstoßen wird.

- Schätzen der Besteuerungsgrundlage (Umsatz, Gewinn)
- Geldstrafen
- Freiheitsstrafen

12.2 Inventur, Inventar, Bilanz

1. Nennen Sie drei Gründe für eine Inventur.

- Gründung eines Unternehmens
- Am Ende eines Geschäftsjahres
- Auflösung des Unternehmens
- Verkauf des Unternehmens
- Umwandlung einer Personengesellschaft in eine Kapitalgesellschaft

2. Beschreiben Sie, was unter „Inventur" verstanden wird.

Die Inventur ist eine mengen- und wertmäßige Bestandsaufnahme des gesamten Vermögens und der Schulden eines Unternehmens zu einem bestimmten Stichtag.

3. Unterscheiden Sie zwischen der körperlichen Inventur und der Buchinventur.

- **Körperliche Inventur:**
  Die vorhandenen Vermögensteile im Unternehmen werden mittels Messen, Zählen oder Wiegen ermittelt und anschließend in Euro bewertet.
- **Buchinventur:**
  Das nicht durch die körperliche Inventur erfasste Vermögen (z. B. Forderungen, Bankbestände) sowie die Schulden werden mit Hilfe von Unterlagen (Buchungsbelege, Kontoauszüge) ermittelt.

4. Bevor eine Inventur durchgeführt werden kann, muss sie vorbereitet werden. Nennen Sie fünf vorbereitende Maßnahmen.
(Zu dieser und den folgenden Aufgaben sehen Sie auch Kapitel 3, ab S. 43)

- Festlegen des Inventurtages
- Festlegen der Reihenfolge der Inventurdurchführung
- Sperren einzelner Lagerzonen oder des Lagers für die Inventurarbeiten
- Planung des personellen Bedarfes
- Einweisen der Mitarbeiter für die Inventur
- Erstellen von Listen/Formularen für die Inventuraufnahme
- Bereitstellen aller notwendigen Materialien (Listen) und Hilfsmittel für die Inventurdurchführung
- Festlegen der Vorgehensweise bei Unstimmigkeiten oder Fehlern

12

5. Geben Sie fünf Inventurarten an.

- Stichtagsinventur
- Zeitnahe Inventur
- Permanente Inventur
- Verlegte Inventur
- Stichprobeninventur

6. Erklären Sie die Stichtagsinventur.

Die Bestandsaufnahme ist am Bilanzstichtag durchzuführen.

7. Erklären Sie die zeitnahe Inventur.

Die Bestandsaufnahme ist zeitnah zum Bilanzstichtag, d.h. zehn Tage davor oder danach durchzuführen.

8. Erklären Sie die permanente Inventur.

Die Bestandsaufnahme ist während des laufenden Geschäftsjahrs durchzuführen. Alle Bestände müssen im Jahr einmal tatsächlich überprüft werden. Danach ist eine Fortschreibung (Zu- und Abgänge) in den Unterlagen (z.B. in der Lagersoftware) möglich. Am Bilanzstichtag können so die Buchwerte als tatsächliche Bestände angesetzt werden.

9. Erklären Sie die verlegte Inventur.

Die Bestandsaufnahme ist entweder innerhalb von

- drei Monaten vor oder
- zwei Monaten nach

dem Bilanzstichtag durchzuführen.

10. Erklären Sie die Stichprobeninventur.

Die Bestandsaufnahme wird nicht für alle Artikel durchgeführt und darf nur mit Genehmigung des Finanzamtes erfolgen, wenn bestimmte Voraussetzungen erfüllt sind:

- Beachtung der Grundsätze ordnungsgemäßer Buchführung (GoB)
- Modernes Lagerverwaltungsprogramm mit Bestandserfassungssystem
- Mindestens 2000 Artikel im Lager
- Anwendung mathematisch-statistisch anerkannter Methoden

→

- Jedoch müssen folgende Waren komplett gezählt werden:
  - A-Güter, d.h. Güter die nur 5 % der Lagermenge ausmachen, aber mindestens 40 % des gelagerten Warenwertes haben
  - leicht verderbliche Waren
  - Waren, die unkontrollierbarem Schwund unterliegen, z.B. Flüssigkeiten, die verdunsten können
  - diebstahlgefährdete Ware

11. Nennen Sie drei Prinzipien der Bewertung des Vermögens und der Schulden.

- Niederstwertprinzip
- Höchstwertprinzip
- Durchschnittsbewertung
- Verbrauchsfolgeprinzip (FiFo, LiFo, HiFo)

12. Unterscheiden Sie zwischen Niederstwertprinzip und Höchstwertprinzip.

Niederstwertprinzip: Die *Vermögensgegenstände* (Waren) sind mit dem Einkaufs- oder Herstellungspreis verringert um Abschreibungen (Wertminderung) anzusetzen. Hierbei wird der jeweils **niedrigere** Preis genommen. Sie werden niemals zum Verkaufspreis bewertet, wenn die Gegenstände noch nicht verkauft wurden (Vorsichtsprinzip).
Höchstwertprinzip: Im Gegensatz dazu werden die *Verbindlichkeiten* mit ihrem Rückzahlungswert bewertet, d.h. mit ihrem höchsten Wert.

13. Erklären Sie die Durchschnittsbewertung.

Gleichwertige Vermögensgegenstände (Waren) und Schulden können zusammengefasst werden. Bei dieser Methode wird aus dem Anfangsbestand und den Zugängen der Periode ein Durchschnittswert gebildet (gewogener Durchschnitt). Mit diesem errechneten Wert werden der Verbrauch sowie der Endbestand berechnet.

14. Erklären Sie die Verbrauchsfolgebewertung anhand des FiFo-Prinzips[1].

FiFo = First in – First out: Die zuerst gekauften oder hergestellten Vermögensgegenstände (Waren) werden auch als erstes verbraucht oder verkauft.

[1] Näheres zum FiFo, LiFo oder HiFo finden Sie in Kap. 2.

15. Bewerten Sie nach dem FiFo-Verfahren den Bestand an Dieselkraftstoff zum 31. Dezember.

Anfangsbestand:	500 l zu 1,30 €/l
Zugang 10.04.:	1.000 l zu 1,20 €/l
Abgang 25.06.:	900 l
Zugang 05.08.:	500 l zu 1,25 €/l
Abgang 30.10.:	500 l

Endbestand am 31.12.: 745,00 €
(Lösungsweg auf S. 252)

16. Beschreiben Sie, was unter Inventar verstanden wird.

Ein staffelförmiges und lückenloses Verzeichnis aller Vermögens- und Schuldenwerte nach Art, Menge, Einzelpreisen sowie Gesamtpreisen.

17. Erklären Sie den Begriff „Bilanz".

Eine kurzgefasste Gegenüberstellung von Vermögen und Kapital in Kontenform.

18. Nennen Sie einen wesentlichen Unterschied zwischen dem Inventar und der Bilanz.

- Das Inventar ist eine ausführliche, aber unübersichtliche Auflistung, dem gegenüber ist die Bilanz kurz und übersichtlich.
- Das Inventar enthält Mengen, Einzel- sowie Gesamtpreise der Vermögens- und Schuldenwerte. In der Bilanz sind Gesamtpreise angegeben.
- Das Inventar wird in Staffelform und die Bilanz in Kontenform abgebildet.

19. Erklären Sie den Zusammenhang zwischen Inventur, Inventar und Bilanz.

Die Inventur ist eine mengen- und wertmäßige Bestandsaufnahme des gesamten Vermögens und der Schulden eines Unternehmens zu einem bestimmten Stichtag. Auf Grundlage dieser Bestandsaufnahme wird das Inventar gebildet. Dieses staffelförmige Verzeichnis bildet wiederum die Basis für die Erstellung der Bilanz. Sie dient zur schnellen Information über die finanzielle Situation eines Unternehmens, denn sie ist gegenüber dem Inventar stark verkürzt und in Kontenform.

20. Erläutern Sie die Begriffe „Aktiva" und „Passiva".

„Aktiva" bezeichnet die linke Seite der Bilanz. Hier sind alle Vermögenswerte wie Anlagen- und Umlaufvermögen enthalten. Sie wird auch als *Mittelverwendung* bezeichnet. Diese Bilanzseite gibt Auskunft darüber, wie die Mittel benutzt wurden.
„Passiva" bezeichnet die rechte Seite der Bilanz. Hier sind alle Kapitalwerte wie Eigen- und Fremdkapital enthalten. Sie wird auch als *Mittelherkunft* bezeichnet. Diese Bilanzseite gibt Auskunft darüber, ob es sich um eigenes oder fremdes Kapital handelt, d.h. woher diese Mittel kommen.

21. Nennen Sie das Gliederungsprinzip der Aktiv- und der Passivseite.

Aktivseite: Prinzip der zunehmenden Liquidität
Passivseite: Prinzip der abnehmenden Fristigkeit

22. Ordnen Sie die folgenden Begriffe in eine Bilanz ein: Passiva; Anlagevermögen; Grundstücke und Gebäude 680.000,00; Waren 36.800,00; Hypothek 560.000,00; Forderungen 11.400,00; Umlaufvermögen; Darlehen 110.000,00; Kasse 40.000,00; Fuhrpark 76.600,00; Verbindlichkeiten 164.000,00; Büro- und Geschäftsausstattung (BGA) 111.400,00; Fremdkapital; Bank 43.800,00; Aktiva. Ermitteln Sie das Eigenkapital und ordnen Sie es ebenfalls ein.

Das Eigenkapital beträgt 166.000,00 €. (Lösungsweg auf S. 253)

12

12.3 Buchführung

1. Was verstehen Sie unter einem Geschäftsfall?

Jeder Geschäftsfall ist ein Vorgang, der die Bilanz in mindestens zwei Positionen verändert.

2. Beschreiben Sie die vier Wertveränderungen, die Geschäftsfälle auf die Bilanz haben können.

- Aktivtausch: Veränderung auf der Aktivseite
- Passivtausch: Veränderung auf der Passivseite
- Aktiv-Passiv-Mehrung: Vermehrung beider Bilanzseiten
- Aktiv-Passiv-Minderung: Verminderung beider Bilanzseiten

3. Ordnen Sie den vier Geschäftsfällen die entsprechende Wertveränderung der Bilanz zu:
a) Kauf eines Grundstückes mittels Hypothek
b) Kauf eines LKWs durch Banküberweisung
c) Barzahlung der Liefererrechnung
d) Umwandlung einer Verbindlichkeit in ein Darlehen

a) Aktiv-Passiv-Mehrung
b) Aktivtausch
c) Aktiv-Passiv-Minderung
d) Passivtausch

4. Bilden Sie die Buchungssätze zu den folgenden Geschäftsfällen:
a) Wareneinkauf auf Ziel mit 12.800,00 Euro
b) Verkauf eines LKWs gegen Barzahlung 500,00 Euro und gegen Ziel 9.500,00 Euro
c) Kauf eines gebrauchten Gabelstaplers bar 5.000,00 Euro und Bankscheck 25.000,00 Euro
d) Aufnahme eines Darlehens, um Lieferer-Rechnung zu begleichen 7.400,00 Euro
e) Warenverkauf auf Ziel 6.000,00 Euro
f) Kunde begleicht seine Rechnung bar 3.850,00 Euro

(Lösungsweg auf S. 253)

5. Erstellen Sie aus den folgenden Buchungssätzen die Geschäftsfälle.

Soll	Haben	Soll	Haben
a) Waren		35.000,00	
an	Bank		5.000,00
	Verbindl.		30.000,00
b) Bank		45.500,00	
Kasse		500,00	
an	Fuhrpark		46.000,00
c) Verbindl.		18.000,00	
an	Bank		16.000,00
	Kasse		2.000,00
d) Bank		5.000,00	
an	Kasse		5.000,00
e) Hypothek		4.000,00	
an	Bank		4.000,00
f) Bank		8.250,00	
an	Forderungen		8.250,00

a) Wareneinkauf (35.000,00 Euro) auf Ziel mit 30.000,00 Euro und per Banküberweisung mit 5.000,00 Euro
b) Verkauf eines LKWs (oder Gabelstaplers) mit 46.000,00 Euro gegen Banküberweisung mit 45.500,00 Euro und Barzahlung mit 500,00 Euro
c) Begleichung einer Lieferer-Rechnung über 18.000,00 Euro durch Banküberweisung von 16.000,00 Euro und Barzahlung von 2.000,00 Euro
d) Bareinzahlung auf Bankkonto 5.000,00 Euro
e) Tilgung der Hypothekenschuld durch Banküberweisung 4.000,00 Euro
f) Kunde begleicht seine Rechnung durch Banküberweisung 8.250,00 Euro

6. Unterscheiden Sie zwischen dem Grundbuch und dem Hauptbuch.

Im **Grundbuch** werden die Geschäftsfälle in *zeitlicher Reihenfolge* eingetragen.
Im **Hauptbuch** sind die Bilanzpositionen in Bestandskonten aufgelöst und die Buchungen erfolgen in einer *sachlichen Ordnung*.

12

7. Unterscheiden Sie zwischen Bestands- und Erfolgskonten.

Die **Bestandskonten** werden aus den Bilanzpositionen erstellt. Die Positionen der Aktivseite der Bilanz bilden die Aktivkonten und die der Passivseite werden in Passivkonten aufgelöst. Alle Buchungen auf diesen Konten *verändern nicht* das *Eigenkapital*.
Die **Erfolgskonten** teilen sich in *Aufwands- und Ertragskonten.* Sie *verändern das Eigenkapital,* da sie zu Gewinn (positiver Erfolg) oder Verlust (negativer Erfolg) des Unternehmens führen.

8. Nennen Sie die Konten über die jeweils die Bestands- und Erfolgskonten abgeschlossen werden.

- Bestandskonten über das Schlussbilanzkonto.
- Erfolgskonten über das Gewinn- und Verlust-Konto (GuV) und das GuV über das Eigenkapital.

9. Folgende Daten zu Ihrem Unternehmen liegen vor:
Wareneinsatz 250.000,00 Euro (Einkaufspreis); Umsatz 300.000,00 Euro (Verkaufspreis); Zinserträge 25.000,00 Euro; Gehälter 60.000,00 Euro; Miete 40.000,00 Euro und Verkauf des Gabelstaplers 15.000,00 Euro.
a) Ermitteln Sie den Rohgewinn Ihres Unternehmens.
b) Ermitteln Sie den Reingewinn Ihres Unternehmens.

a) Rohgewinn = 50.000,00 Euro
b) Reinverlust = – 10.000,00 Euro
(Lösungswege auf S. 253 f.)

10. Erklären Sie die Besonderheit der Buchung beim Warenkonto.

Die Handelsunternehmen möchten Gewinne erzielen, indem sie billig Ware einkaufen und diese teuer verkaufen. Der entstandene Gewinn kann durch Buchung in den Bestandskonten nicht abgebildet werden.
Der Wareneinkauf unterschiedet nach:

→

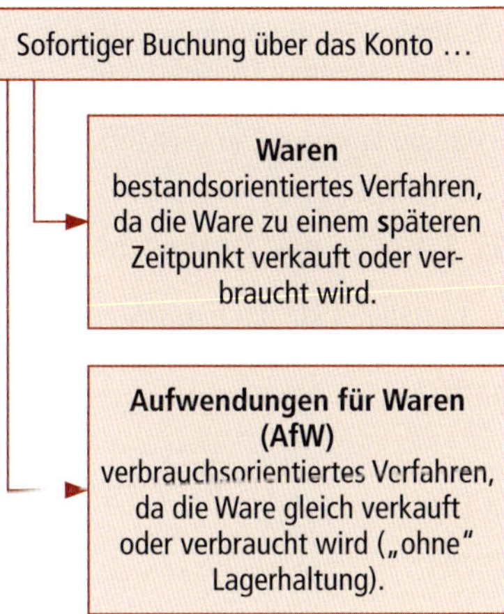

Der Warenverkauf wird über das Erfolgskonto „Umsatzerlöse" verbucht.

11. Bilden Sie die Buchungssätze für das bestandsorientierte Verfahren mit folgenden Geschäftsfällen:
- **Der Anfangsbestand des Kontos „Waren" ist 1.000,00 Euro.**
- **Es werden Waren im Wert von 3.000,00 Euro auf Ziel gekauft.**

Die Inventur ermittelt einen tatsächlichen Warenwert von 2.500,00 Euro.

(Lösung auf S. 254)

12. Bilden Sie die Buchungssätze für das verbrauchsorientierte Verfahren mit folgenden Geschäftsfällen:
- **Der Anfangsbestand des Kontos „Waren" ist 1.000,00 Euro.**
- **Es werden Waren im Wert von 3.000,00 Euro auf Ziel gekauft.**

Die Inventur ermittelt einen tatsächlichen Warenwert von 2.500,00 Euro.

(Lösung auf S. 255)

13. Bilden Sie die Buchungssätze für den folgenden Geschäftsfall: „Es werden Waren im Wert von 6.000,00 Euro auf Ziel verkauft."

(Lösung auf S. 255)

12.4 Daten und Datenschutz

1. Definieren Sie die Begriffe „Stammdaten" und „Bewegungsdaten".

„Stammdaten" sind in der Informationstechnologie gespeicherte Daten, die über einen langen Zeitraum nicht verändert werden. Es sind sogenannte statische Daten, die zur Identifizierung oder Weiterverarbeitung in einem Lagerverwaltungssystem genutzt werden (Artikel-Nr., Lieferanten-Name u. a.).
„Bewegungsdaten" sind in der Informationstechnologie gespeicherte Daten, die sich verändern oder auch nur zwischengespeichert werden. Es sind sogenannte dynamische Daten, die Änderungen im Lagerverwaltungssystem zeigen (Lagerbestände, Lagerzugänge u. a.).

2. Ordnen Sie den folgenden Beispielen die Begriffe „Stammdaten" oder „Bewegungsdaten" zu:
a) Teilenummer
b) Artikelnummer
c) Bestellmenge
d) Kundennummer
e) Versanddatum
f) Lieferantenadresse
g) Haltbarkeitsdatum
h) Lieferantennummer

a) Stammdaten
b) Stammdaten
c) Bewegungsdaten
d) Stammdaten
e) Bewegungsdaten
f) Stammdaten
g) Bewegungsdaten
h) Stammdaten

3. Erklären Sie die folgenden Datenarten: Alphabetische, numerische, alphanumerische Zeichen und Sonderzeichen und nennen Sie Beispiele.

- **Alphabetische Zeichen** sind die Buchstaben unseres Alphabetes von A–Z, z. B. Wohnort: „Hamburg".
- **Numerische Zeichen** sind alle Zahlen von 0 bis 9, z. B. Postleitzahl: „20359".
- **Alphanumerische Zeichen** sind alle Buchstaben und Zahlen zusammen, z. B. Straße mit Nummer: „Wohlwillstraße 46".

→

- **Sonderzeichen** sind alle restlichen Zeichen, z. B. Punkt: „.“; Komma: „,“; Klammern: „<“.

4. Ordnen Sie den folgenden Beispielen die Begriffe „alphabetische, numerische, alphanumerische Daten“ und „Sonderzeichen“ zu.

a) Martin Meier
b) Hamburger Straße 33
c) ☺
d) 7″-Tablet
e) 200
f) ?
g) Laptop 35x FullHD

a) alphabetische Daten
b) alphanumerische Daten
c) Sonderzeichen
d) alphanumerische Daten + Sonderzeichen
e) numerische Daten
f) Sonderzeichen
g) alphanumerische Daten

5. In einem Betrieb werden Statistiken bildlich mit Diagrammen dargestellt:

a) Erklären Sie die Funktionen der folgenden vier Diagramm-Typen.

Liniendiagramm:

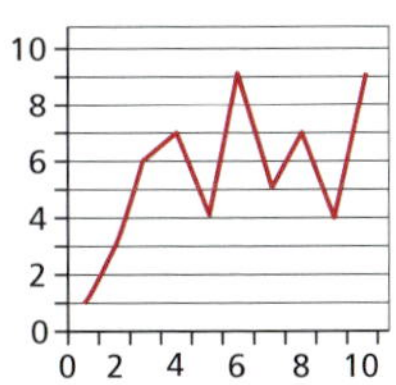

Säulendiagramm:

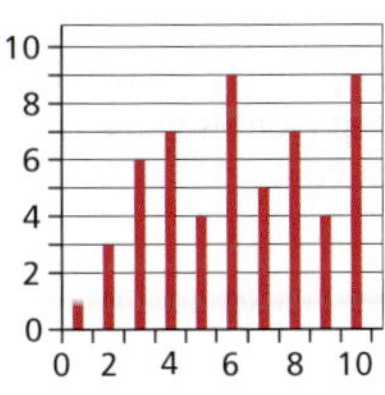

a) Ein **Liniendiagramm** bildet den Verlauf ab, indem die Werte (Daten) mit Linien verbunden werden.
Ein **Säulendiagramm** stellt die Werte (Daten) in einer Säule dar, wobei die Werte auf der x-Achse keine Zahlen sein müssen.
Ein **Balkendiagramm** ist ein um 90° gedrehtes Säulendiagramm.
Im **Kreisdiagramm** sind die einzelnen Werte (Daten) ein Teil des Ganzen, sodass die Kreissektoren den Anteil am Ganzen abbilden.

Balkendiagramm:

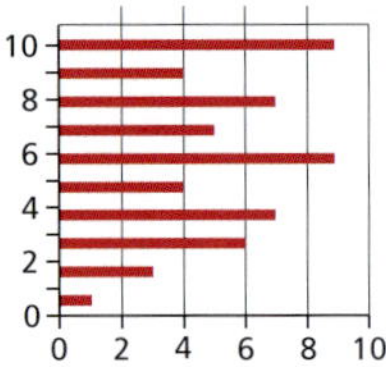

Kreisdiagramm:

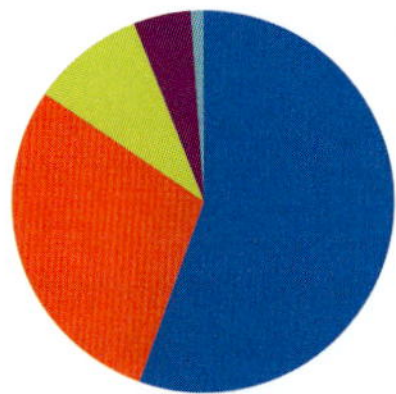

b) Entscheiden Sie, welchen der Diagramm-Typen Sie am besten verwenden, um
- **ein Bestellpunktverfahren,**
- **eine Kundenbefragung,**
- **die Umsatzzahlen von 2009–2014,**
- **die Altersstruktur der männlichen und weiblichen Mitarbeiter sowie**
- **einen Kostenvergleich der Einlagerung zur Fremdlagerung**

abzubilden.

b) **Liniendiagramm:** *Bestellpunktverfahren; Kostenvergleich der Einlagerung zur Fremdlagerung,* da hier ein Verlauf dargestellt werden kann.
Säulendiagramm: *Umsatzzahlen von 2009–2014,* da die Säulen die Umsätze der Jahre darstellen und somit die Entwicklung sehr gut verdeutlicht wird.
Balkendiagramm: *Altersstruktur der Mitarbeiter,* da hier eine Gegenüberstellung der Frauen und Männer in bestimmten Altersgruppen ermöglicht wird (schneller Überblick).
Kreisdiagramm: *Kundenbefragung,* da alle Personen zusammen 100 % (ein Ganzes) und die Anteile den Kategorien der Kundenbefragung entsprechen.

6. Nennen und erläutern Sie kurz drei Medien (Datenspeicher), auf denen Sie Ihre Lagerdaten zur Sicherheit speichern können.

- **Festplatte** oder HD-Speicher: Hard-Disk ist ein magnetisches Speichermedium.
- **SSD-Speicher:** Solid-State-Disk ist ein elektronisches Speichermedium mit Flash-basierten Speicherchips.
- **USB-Sticks:** Universal Serial Bus bezeichnet nur die Art der Datenübertragung und dahinter steht ein elektronisches Speichermedium (Flash-Speicher).
- **USB-Festplatte:** Universal Serial Bus bezeichnet die Art der Datenübertragung. Es handelt sich meistens um eine Festplatte (magnetisches Speichermedium), die extern über USB angeschlossen werden kann.
- **DVD:** Digital Versatile Disk (engl. für digitale vielseitige Scheibe) ist ein optisches Speichermedium. Der Typ DVD±RW bietet die Möglichkeit, sie wieder zu beschreiben (engl. Rewritable).
- Weitere optische Speichermedien sind Blu-ray, HD DVD, UDO u.a.

7. Ordnen Sie den nachfolgenden Situationen die Begriffe „Online-Verfahren" oder „Offline-Verfahren" zu.

a) Sie erfassen die ausgedruckten Belege am PC.

b) Ein Lagerverwaltungssystem speichert die erfassten Daten im Zwischenspeicher und verarbeitet sie am Abend mit einem neuen Programmlauf.

c) Ihre Kunden senden die Bestelldaten über das Internet an Ihr Lagerverwaltungssystem.

d) Nachdem die Bestelldaten in Ihrem Lagerverwaltungssystem verarbeitet sind, erfolgt die Kommissionierung durch Picklisten.

a) Offline-Verfahren
b) Online-Verfahren
c) Online-Verfahren
d) Offline-Verfahren

12

8. In Deutschland ist der Einzelne durch das Bundesdatenschutzgesetz (BDSG) vor Datenmissbrauch geschützt. Was soll genau geschützt werden?

Der Einzelne (Bürger) soll vor Missbrauch seiner personenbezogenen Daten geschützt werden, z. B. Veröffentlichung oder Datenweitergabe an Dritte ohne seine Einwilligung. Alle öffentlichen und nicht-öffentlichen Unternehmen, die personenbezogene Daten aufnehmen, verarbeiten und nutzen, müssen sich an das BDSG halten.

9. Bestimmen Sie, in welchen Fällen gegen das BDSG verstoßen wird:

a) Ihr Chef löscht alle personenbezogen Daten eines Mitarbeiters, der entlassen wurde.

b) Ihre Personalabteilung speichert personenbezogene Daten zur Lohnabrechnung.

c) Sie übermitteln Lieferanten-Daten an die IHK für eine einmalige statistische Auswertung.

d) Ihr Lagermeister erfragt bei der Personalabteilung Ihre Telefonnummer, da Sie heute nicht zur Arbeit erschienen sind.

e) Sie übermitteln die Lagerdaten in die Abteilung Buchhaltung ohne den Datenschutzbeauftragten vorher um Genehmigung zu fragen.

f) Ihr Ausbilder gibt Ihre personenbezogenen Daten dem Weiterbildungsinstitut „Lernen für die Zukunft".

g) Sie entdecken, dass Sie in dem Auszubildenden-Netzwerk „Logistik Tomorrow" gelistet sind. Sie haben jedoch keine Daten zur Verfügung gestellt. Sie rufen dort an, aber niemand gibt Ihnen Auskunft.

a) Kein Verstoß, weil das BDSG befolgt wird.

b) Kein Verstoß, weil ein berechtigtes Interesse besteht (Lohnabrechnung).

c) Verstoß, da nicht nur sachbezogene Daten sondern auch personenbezogene Daten übermittelt werden. (Hinweis: Außerdem würden Sie unternehmensbezogene Daten Fremden zur Verfügung stellen.)

d) Kein Verstoß, weil ein internes berechtigtes Interesse besteht.

e) Kein Verstoß, weil es sich um sachbezogene Daten handelt, die nicht unter das BDSG fallen.

f) Verstoß, da es sich um Ihre personenbezogenen Daten handelt. (Hinweis: Zwar könnte die Datenweitergabe in Ihrem Interesse sein, aber ihr Ausbilder muss Sie um Erlaubnis fragen.)

g) Verstoß, denn Sie haben laut § 34 BDSG das Recht Auskunft über die Herkunft und den Zweck der Speicherung Ihrer Daten zu erhalten.

10. Sie erhalten einen Brief von der Akademie „Think BIG“ mit Informationen zur Ausbildung als Logistikmeister. Sie haben sich dort nicht beworben. Nennen Sie vier Rechte, die Sie laut BDSG haben.

Das Recht auf:

- **Auskunft** über die gespeicherten Daten, den Zweck und darüber, wer Empfänger dieser Daten ist.
- **Löschung** aller über Sie gespeicherten personenbezogenen Daten.
- **Anzeige und Information** an den Beauftragten für Datenschutz und Informationsfreiheit oder die Aufsichtsbehörde. Je nach Schwere kann es zu Geld- und Freiheitsstrafen kommen.
- **Berichtigung** der gespeicherten Daten.
- **Schadensersatz** falls eine unzulässige oder unrichtige Erhebung, Verarbeitung oder Nutzung Ihrer personenbezogenen Daten Ihnen einen Schaden verursacht hat.

11. Nennen Sie drei Pflichten, die ein Unternehmen laut BDSG erfüllen muss.

- **Prüfen** der Zuverlässigkeit, Erforderlichkeit und Zweckbindung personenbezogener Daten, die das Unternehmen verarbeitet oder nutzt.
- **Dokumentieren** des Ergebnisses der obigen Prüfung.
- **Erstellen** eines Sicherheitskonzeptes mit technischen und organisatorischen Maßnahmen.

12. Nennen Sie drei technische oder organisatorische Maßnahmen, die ein Unternehmen für den Datenschutz treffen muss.

Im Grundsatz regelt das BDSG, dass nur jene Personen einen Datenzugriff erhalten, die zwingend damit zu tun haben und dass vorher festgelegt wurde, welche Daten diese Personen erheben, verarbeiten und nutzen dürfen.

- **Zutrittskontrolle**, z. B. Schlüssel für EDV-Raum
- **Zugangskontrolle**, z. B. Passwortvergabe
- **Zugriffskontrolle**, z. B. unterschiedliche Berechtigungen für Mitarbeiter der Personalabteilung, des Lagers, der IT-Abteilung usw.

→

12

- **Weitergabekontrolle**, z. B. Regelungen zur Nutzung von Internet und E-Mail, Verschlüsselung bei der Versendung digitaler Daten
- **Eingabekontrolle**, z. B. automatisches Protokollieren, welcher Mitarbeiter sich an einem PC angemeldet hat
- **Auftragskontrolle**, z. B. Benutzerhandbücher für die Software, Einweisungen und Schulungen
- **Verfügbarkeitskontrolle**, z. B. regelmäßige Sicherung von Daten auf externe Datenträger, Einbruchsvorsorge, Diebstahlschutz, Brandschutzmaßnahmen
- **Trennungsprinzip**, z. B. Trennung der Lieferantendaten vom Lagersystem, da nur Stückzahl und Artikelnummer wichtig für das Lager sind und die Buchhaltung den Liefertermin, Geldeingang überwacht bzw. Mahnungen ausstellt. Weiteres Beispiel: Die Marketingabteilung will eine Werbeaktion mit Ihren Kunden durchführen, aber einige Kunden haben einer Werbung widersprochen, dies muss in der Kundendatenbank gekennzeichnet sein.

12.5 Standardsoftware und Steuerungsprogramme

1. Unterscheiden Sie zwischen Betriebssystemen und Anwendersoftware (Anwenderprogrammen).

- **Betriebssysteme** dienen der Steuerung, Überwachung und Verwaltung des gesamten Computers, Tablet-PCs oder Smartphones
- **Anwendersoftware/-programme** (sogenannte Apps) dienen dazu bestimmte Aufgaben zu erfüllen

2. Ordnen Sie den nachfolgenden Beschreibungen die Begriffe „Betriebssystem", „Anwendersoftware", „Standardsoftware", „Individualsoftware", „Steuerungsprogramm" oder „Software-Tools" zu. *(Hinweis: Mehrfachnennungen möglich)*

a) Software, die mehrere Programme zum Erstellen von Briefen, Tabellen, Datenbanken und Präsentationen enthält.

b) Betriebseigenes Programm, das Dateien aus unterschiedlichen Programmen miteinander verknüpft.

c) Software, die speziell für Ihr Unternehmen die Datensicherung und den Datenschutz durchführt bzw. überwacht.

d) Software, die Ihr IT-Fachmann aus dem Internet kostenlos erworben hat um die Leistung des Netzwerkes zu überwachen.

e) Software, die beim Kauf des Computers mitgeliefert wurde, um diesen nutzen zu können.

f) Software, die das „Fahrerlose Transportsystem" Ihres Unternehmens überwacht und steuert.

g) Software, die die Produktionsplanung Ihres Unternehmens durchführt, indem sie Materialbedarf errechnet, Kapazitäten und Termine plant usw.

h) Software, die hilft, verschiedene Computer zu einem Netzwerk zu verbinden.

a) Anwendersoftware, Standardsoftware (Es handelt sich um die sogenannten Office-Programme wie z. B. LibreOffice).

b) Anwendersoftware, Individualsoftware (Es handelt sich um ein Datenbankprogramm.)

c) Anwendersoftware, Individualsoftware, Software-Tools (z. B. angepasste Antiviren-Programme, angepasste Wartungs-Programme usw.)

d) Anwendersoftware, Standardsoftware, Software-Tools („Tools" englisch für „Werkzeug", sie dienen meistens der Überwachung und Verbesserung bzw. dem Tuning des Computers.)

e) Betriebssystem, Standardsoftware (Es handelt sich um eine Standardsoftware, da in den meisten Fällen keine individuelle Softwareanpassung durch den Hersteller durchgeführt wird.)

f) Anwendersoftware, Individualsoftware, Steuerungsprogramm

g) Anwendersoftware, Individualsoftware, Steuerungsprogramme (sogenannte PPS-Systeme, d. h. Produktionsplanungs- und Steuerungssysteme)

h) Betriebssystem, Standardsoftware (Es ist in jedem Betriebssystem integriert, siehe auch Antwort e).

3. Nennen Sie je drei Peripheriegeräte in den Kategorien „Eingabegeräte" und „Ausgabegeräte".

- **Eingabegeräte:** Tastatur, Scanner, Maus, Touchpad, Stift usw.
- **Ausgabegeräte:** Drucker, Monitor (Bildschirm), Beamer (Projektor), Lautsprecher usw.

4. Erklären Sie, was in der Datenverarbeitung unter Hardware-Konfiguration verstanden wird.

Es handelt sich um eine bestimmte Kombination (Zusammenstellung) der Komponenten (Bauteile, Hardware) eines Computers:

- Im *engeren* Sinne die Kombination verschiedener Komponenten wie Mainboard, Prozessortyp (CPU), Grafikkarte, Soundkarte, Festplatte usw.
- Im *weiteren* Sinne zusätzlich die Kombination der Peripheriegeräte wie Monitor, Drucker, Tastatur usw.

5. Nennen Sie vier Faktoren, die Sie bei der Kaufentscheidung neuer Hardware in Ihrem Unternehmen beachten sollten *(Hinweis: Keine Rangfolge).*

- Hohe Leistung
- Geringe Emissionsbelastung (emissionsarm, d.h. kein Ausstoß gesundheitsgefährdender Stoffe am Arbeitsplatz)
- Einfache Bedienung
- Geringer Energieverbrauch
- Gute Kompatibilität (Verträglichkeit bzw. Vereinbarkeit mit den vorhandenen Geräten)
- Geringe Geräuschbelastung (oder geräuscharm)

13 Fachrechnen

13.1 Bruchrechnen

13.1.1 Umwandeln und Runden von Brüchen

Allgemein: Brüche entstehen, wenn ganze Zahlen geteilt werden. Die Zahl über dem Bruchstrich nennt man „Zähler" und die Zahl unter dem Bruchstrich „Nenner".

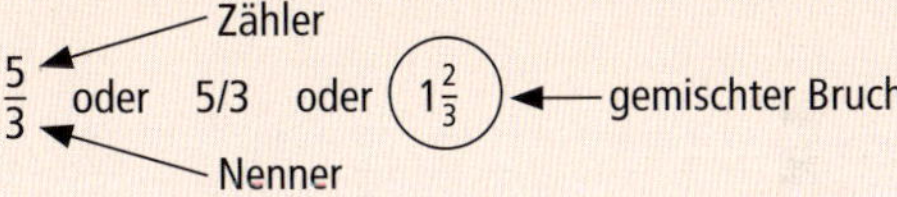

Umwandeln: Brüche werden durch Teilen in Dezimalzahlen umgewandelt.

1. Beispiel: $\frac{3}{5} = 3 : 5 = 0{,}6$

2. Beispiel: $\frac{5}{8} = 5 : 8 = 0{,}625 \rightarrow$ Runden auf die zweite Nachkommastelle $= 0{,}63$

Tipp: Falls es in den Prüfungsaufgaben zu Zwischenergebnissen mit langen Ergebniszahlen kommt, dann lesen Sie in den Prüfungsaufgaben nochmals nach, ob die Zwischenergebnisse gerundet werden sollen oder nicht. Denken Sie an die Regel: Von 0 bis 4 abrunden und ab 5 bis 9 aufrunden.

1. Wandeln Sie den Bruch $\frac{2}{7}$ in eine Dezimalzahl um, bei der Sie das Ergebnis auf die vierte Nachkommastelle runden.

0,2857
(Lösungsweg auf S. 256)

2. Wandeln Sie den Bruch $\frac{2}{7}$ in eine Dezimalzahl um, bei der Sie das Ergebnis auf die erste Nachkommastelle runden.

0,3
(Lösungsweg auf S. 256)

3. Wandeln Sie den Bruch $\frac{4}{7}$ in eine Dezimalzahl ohne Nachkommastelle um.

1
(Lösungsweg auf S. 256)

13.1.2 Multiplizieren von Brüchen

Bei zwei Brüchen werden die Zähler mit den Zählern und die Nenner mit den Nennern multipliziert. Eine ganze Zahl wird nur mit dem Zähler multipliziert. Ein gemischter Bruch wird zuerst in einen Bruch umgewandelt und dann multipliziert.

1. Beispiel: $\frac{2}{5} \cdot \frac{6}{9} = \frac{2 \cdot 6}{5 \cdot 9} = \frac{12}{45}$

2. Beispiel: $4 \cdot \frac{1}{7} = \frac{4 \cdot 1}{7} = \frac{4}{7}$

3. Beispiel: $5\frac{1}{2} \cdot \frac{3}{4} = \frac{5 \cdot 2 + 1}{2} \cdot \frac{3}{4} = \frac{11}{2} \cdot \frac{3}{4} = \frac{11 \cdot 3}{2 \cdot 4} = \frac{33}{8} = 4\frac{1}{8}$

Vorgehensweise:
1. **Auflösen des gemischten Bruches.**
2. **Ermitteln eines gemeinsamen Nenners oder kleinsten gemeinsamen Vielfachen.**
3. **Berechnen nach den Regeln.**

4. Multiplizieren Sie die Brüche:
$\frac{5}{6} \cdot \frac{3}{8} \cdot \frac{7}{12}$

$\frac{35}{192}$
(Lösungsweg auf S. 256)

5. Berechnen Sie das Produkt aus:
$6\frac{3}{14} \cdot 3$

$\frac{261}{14} = 18\frac{9}{14}$
(Lösungsweg auf S. 256)

6. Lösen Sie die Vorgabe:
$2\frac{1}{5} \cdot \frac{9}{13} \cdot 3\frac{2}{7}$

$\frac{2277}{455} = 5\frac{2}{455}$
(Lösungsweg auf S. 256)

13.1.3 Addieren und Subtrahieren von Brüchen

Zuerst müssen Brüche gleichnamig gemacht werden, d. h. es muss ein gemeinsamer Nenner gefunden werden. Dann werden die Zähler addiert (bzw. subtrahiert) und die Nenner bleiben gleich.

1. Beispiel: $\frac{1}{4} + \frac{3}{4} = \frac{1 + 3}{4} = \frac{4}{4} = 1$

→

2. Beispiel: $\frac{1}{6} + 1 = \frac{1}{6} + \frac{6}{6} = \frac{1+6}{6} = \frac{7}{6} = 1\frac{1}{6}$

3. Beispiel: $\frac{1}{2} + \frac{5}{7} = \frac{1 \cdot 7}{2 \cdot 7} + \frac{5 \cdot 2}{7 \cdot 2} = \frac{7}{14} + \frac{10}{14} = \frac{7+10}{14} = \frac{17}{14} = 1\frac{3}{14}$

4. Beispiel: $\frac{7}{9} - \frac{4}{9} = \frac{7-4}{9} = \frac{3}{9} \xrightarrow{:3} \frac{1}{3}$

5. Beispiel: $\frac{2}{3} - \frac{3}{8} = \frac{2 \cdot 8}{3 \cdot 8} - \frac{3 \cdot 3}{8 \cdot 3} = \frac{16}{24} - \frac{9}{24} = \frac{7}{24}$

Vorgehensweise:
1. **Auflösen des gemischten Bruches.**
2. **Ermitteln eines gemeinsamen Nenners oder kleinsten gemeinsamen Vielfachen.**
3. **Berechnen nach den Regeln.**

7. Addieren Sie die Brüche:
$\frac{4}{5} + \frac{7}{10} + \frac{3}{2}$

$\frac{30}{10} \xrightarrow{:10} 3$
(Lösungsweg auf S. 257)

8. Berechnen Sie die Summe von
$3\frac{4}{9} + \frac{3}{15}$

$\frac{164}{45} = 3\frac{29}{45}$
(Lösungsweg auf S. 257)

9. Subtrahieren Sie die Brüche:
$\frac{8}{9} - \frac{1}{8} - \frac{3}{6}$

$\frac{19}{72}$
(Lösungsweg auf S. 257)

10. Ermitteln Sie die Differenz von
$1\frac{1}{4} - \frac{2}{3}$

$\frac{7}{12}$
(Lösungsweg auf S. 257)

11. Lösen Sie folgende Vorgabe:
$3\frac{1}{2} - \frac{3}{4} + \frac{5}{8}$

$\frac{27}{8} = 3\frac{3}{8}$
(Lösungsweg auf S. 258)

13.1.4 Dividieren von Brüchen

Zuerst werden gemischte oder ganze Zahlen in einen Bruch umgewandelt. Damit die Brüche geteilt werden können, wird vom Divisor der Kehrwert gebildet und multipliziert.

1. Beispiel: $\frac{2}{3} : \frac{7}{9} = \frac{2 \cdot 9}{3 \cdot 7} = \frac{18}{21} \xrightarrow{:3} \frac{6}{7}$

2. Beispiel: $\frac{5}{8} : 6 = \frac{5}{8} : \frac{6}{1} = \frac{5 \cdot 1}{8 \cdot 6} = \frac{5}{48}$

3. Beispiel: $1\frac{1}{4} : 2\frac{3}{5} = \frac{1 \cdot 4 + 1}{4} : \frac{2 \cdot 5 + 3}{5} = \frac{5}{4} : \frac{13}{5} = \frac{5 \cdot 5}{4 \cdot 13} = \frac{25}{52}$

Vorgehensweise:
1. **Auflösen des gemischten Bruches.**
2. **Ermitteln eines gemeinsamen Nenners oder kleinsten gemeinsamen Vielfachen.**
3. **Berechnen nach den Regeln.**

12. Dividieren Sie die Brüche:
$\frac{15}{16} : 1\frac{1}{4}$

$\frac{60}{80} \xrightarrow{:20} \frac{3}{4}$
(Lösungsweg auf S. 258)

13. Ermitteln Sie den Quotient von
$\frac{8}{9} : \frac{6}{7}$

$\frac{56}{54} \xrightarrow{:2} \frac{28}{27} = 1\frac{1}{27}$
(Lösungsweg auf S. 258)

14. Lösen Sie die Vorgabe:
$3\frac{4}{5} : 11$

$\frac{19}{55}$
(Lösungsweg auf S. 258)

13.2 Prozentrechnen

13.2.1 Prozentrechnen mit Formel

Prozente sind Anteile, die auf Hundertstel gerechnet werden. Statt von $\frac{1}{100}$ zu sprechen, wird von 1 % geredet. Dabei ist der **Grundwert (GW)** die Basis (das Ganze). Der **Prozentwert (PW)** stellt den Wert des prozentualen Anteils dar. Der **Prozentsatz (p)** ist der prozentuale Anteil am Grundwert. →

Umwandlungen:

Dezimalzahl	Bruch	Prozentsatz
0,01	$\frac{1}{100}$	1 %
0,05	$\frac{5}{100}$	5 %
0,25	$\frac{25}{100}$	25 %
0,50	$\frac{50}{100}$	50 %
0,75	$\frac{75}{100}$	75 %
1,00	$\frac{100}{100}$	100 %
1,50	$\frac{150}{100}$	150 %

Formeln:

$$p = \frac{PW \cdot 100}{GW}$$

$$PW = \frac{GW \cdot p}{100}$$

$$GW = \frac{PW \cdot 100}{p}$$

1. Beispiel: In einer Klasse von 25 Berufsschülern haben nur 5 Berufsschüler den Führerschein für einen Gabelstapler. Wie viel Prozent der Berufsschüler haben einen Gabelstaplerschein?

$GW = 25; PW = 5; p = ?$

$$p = \frac{PW \cdot 100}{GW} = \frac{5 \cdot 100}{25} = 20\,\%$$

2. Beispiel: In einer Klasse von 25 Berufsschülern haben 60 % zwei Mobiltelefone. Wie viele Berufsschüler besitzen zwei Mobiltelefone?

$GW = 25; p = 60\,\%; PW = ?$

$$PW = \frac{GW \cdot p}{100} = \frac{25 \cdot 60}{100} = 15 \text{ Berufsschüler}$$

3. Beispiel: In einer Klasse sind 20 Schüler über 18 Jahre alt. Dies sind 80 % der gesamten Klasse. Wie viele Berufsschüler hat diese Klasse?

$PW = 20; p = 80\,\%; GW = ?$

$$GW = \frac{PW \cdot 100}{p} = \frac{20 \cdot 100}{80} = 25 \text{ Berufsschüler}$$

Vorgehensweise:
1. Ermitteln der Größen.
2. Vereinheitlichen der Größen.
3. Anwenden der Formel.

(Tipp: Falls Sie gewohnt sind die Prozentrechnung mit dem Dreisatz zu lösen, sollten Sie bei Ihrem Rechenweg bleiben. Lösen Sie die nächsten Aufgaben mit dem Dreisatz und für vertiefende Informationen sehen Sie Kapitel 13.5 ab S. 210.)

1. Sie entladen Waren mit einem Nettogewicht von 2.700 kg. Das Eigengewicht der Verpackung beträgt 18 % des Nettogewichtes. Wie hoch ist das Eigengewicht der Verpackung in Tonnen?	0,486 t (Lösungsweg auf S. 258)
2. Die Auszubildenden des 3. Lehrjahres erhalten ab nächstem Jahr 63,52 Euro pro Monat mehr. Wie viel Prozent Lohnerhöhung erhalten sie, wenn sie vorher einen Bruttolohn von 794,00 Euro hatten?	8 % (Lösungsweg auf S. 259)
3. Die Fachkräfte für Lagerlogistik bekommen ab nächstem Monat 139,75 Euro mehr Lohn. Wie hoch war der Bruttolohn vor der Lohnerhöhung von 6,5 %?	2.150,00 € (Lösungsweg auf S. 259)
4. Eine Kundin wünscht eine besondere Snackmischung zum Firmenjubiläum. Die 0,15 kg Packung soll 35 % Cashewnüsse, 20 % Rosinen, 20 % getrocknete Aprikosen, 15 % Erdnüsse und 10 % Walnüsse enthalten. Wie viel Gramm der jeweiligen Zutat sind in einer Packung enthalten?	• Cashewnüsse = 52,5 g • Rosinen = 30 g • getrocknete Aprikosen = 30 g • Erdnüsse = 22,5 g • Walnüsse = 15 g (Lösungsweg auf S. 259)
5. Durch erhöhte Kundenreklamationen von 16,5 % stiegen die Gesamtkosten des Unternehmens um 24.750,00 Euro. Wie hoch waren die Gesamtkosten des Unternehmens vor den Reklamationen?	150.000,00 € (Lösungsweg auf S. 259)
6. Nach einer Umfrage bei 94 Mitarbeitern sind 86 für eine Jubiläumsfeier. Wie viel Prozent der Mitarbeiter wollen eine Feier? *(Hinweis: Runden Sie auf eine Nachkommastelle.)*	91,48936 % → 91,5 % (Lösungsweg auf S. 259)

7. **In einem 120 m² großen Lager sind 94,56 m² belegte Regalfläche. Ermitteln Sie die belegte Regalfläche in Prozent (Flächennutzungsgrad).**

78,8 %
(Lösungsweg auf S. 260)

8. **Ein Elektro-Gabelstapler benötigt zum vollständigen Aufladen der Batterie 30 % des gesamten Tages. Nach wie viel Minuten ist der Gabelstapler voll aufgeladen? Geben Sie zusätzlich die Stunden und Minuten an.**

432 min → 7 Stunden und 12 Minuten
(Lösungsweg auf S. 260)

9. **Ihr jahrelanger Lieferant gewährt Ihnen einen Kundenrabatt von 28 %. Der Rabatt entspricht 1.229,20 Euro. Berechnen Sie den anfänglichen Einkaufswert.**

4.390,00 €
(Lösungsweg auf S. 260)

13.2.2 Prozentrechnen mit vermehrtem Grundwert

Vermehrter Grundwert: Hier ist die Basis nicht 100 wie in der Prozentgrundformel, sondern vermehrt/erhöht um den entsprechenden Prozentsatz *(p)* aus der jeweiligen Aufgabe. *(Hinweis: Die meisten Anwendungsaufgaben beziehen sich auf Lohnerhöhungen oder Preissteigerungen.)*
Beispiel: Ihr Lieferant hat den Preis um 6 % auf 35,51 Euro angehoben. Wie hoch war der alte Einkaufspreis vor der Preiserhöhung?

1. Zuordnen: neuer $GW = 35{,}51$ €; $p = 6\,\%$

2. Ermitteln: a) Wie viel Prozent entspricht der **neue Grundwert**?
→ neuer GW in % = alter GW in % + Erhöhung =
100 % + 6 % = 106 %
b) Umrechnen in eine Dezimalzahl:

$$106 \xrightarrow{:100} 1{,}06$$

3. Berechnen: **alter** $GW = \frac{35{,}51}{1{,}06} = 33{,}50$ €

Vorgehensweise:
1. Zuordnen der Angaben.
2. Ermitteln des Prozentsatzes des neuen Grundwertes *(GW)*.
3. Berechnen des alten Grundwertes *(GW)*.

10. **Der Jahresgewinn einer GmbH ist um 9,8 % auf 87.690,00 Euro gestiegen. Wie hoch war der Vorjahresgewinn in Euro?**

79.863,39 €
(Lösungsweg auf S. 260)

11. **Sie entnehmen aus der Zeitung, dass die Gewerkschaft mit dem Arbeitgeberverband eine Lohnerhöhung von 4,15 % vereinbart hat. Das neue Gehalt für die Lohngruppe L5 beträgt brutto 1.980,00 Euro. Wie viel Geld gab es vor der Lohnerhöhung in Euro?**

1.901,10 €
(Lösungsweg auf S. 260)

12. **Im Wareneingang steht eine Gasflasche. Sie entnehmen den Angaben, dass das Gas bei 10–30 Grad Umgebungstemperatur im Normalzustand ist und sich bei über 30 Grad um 25 % ausdehnt. Das neue Volumen beträgt dann 5,75 l. Wie viel Liter hat das Gas im Normalzustand?**

4,6 l
(Lösungsweg auf S. 260)

13.2.3 Prozentrechnen mit vermindertem Grundwert

Verminderter Grundwert: Hier ist die Basis nicht 100 wie in der Prozentgrundformel, sondern vermindert/gesenkt um den entsprechenden Prozentsatz *(p)* aus der jeweiligen Aufgabe. *(Hinweis: Die meisten Anwendungsaufgaben beziehen sich auf Preissenkungen.)*
Beispiel: Ihr Lieferant hat den Preis um 2,5 % auf 18,53 Euro gesenkt. Wie hoch war der alte Einkaufspreis vor der Preissenkung?

1. Zuordnen: neuer *GW* = 18,53 €; *p* = 2,5 %

2. Ermitteln: a) Wie viel Prozent entspricht der **neue Grundwert**?
→ alter *GW* in % = neuer GW in % – Senkung = 100 % – 2,5 % = 97,5 %

b) Umrechnen in eine Dezimalzahl:

$$97{,}5 \xrightarrow{:100} 0{,}975$$

3. Berechnen: **alter *GW*** $= \dfrac{18{,}53}{0{,}975} = 19{,}0051 \rightarrow 19{,}01$ €

→

Vorgehensweise:
1. Zuordnen der Angaben.
2. Ermitteln des Prozentsatzes des neuen Grundwertes *(GW)*.
3. Berechnen des alten Grundwertes *(GW)*.

13. Sie erhalten einen Mengenrabatt von 17,5 % auf Ihren Wareneinkauf. Die bestellte Ware hat einen Wert von 56.989,99 Euro. Welchen Preis mussten Sie vor dem Mengenrabatt zahlen?

69.078,78 €
(Lösungsweg auf S. 261)

14. Die Zahl der Mitarbeiter im Gefahrstofflager ist durch Umstrukturierungen um 15 % auf 17 Mitarbeiter gesunken. Wie viele Mitarbeiter hat das Gefahrstofflager vor der Maßnahme gehabt?

20 Mitarbeiter
(Lösungsweg auf S. 261)

15. Aufgrund des Wechsels des Stromanbieters ist der Preis pro Kilowattstunde (kWh) Strom auf 26,41 Eurocent (ct) gesunken. Dies sind 6,4 % Ersparnis gegenüber dem alten Preis. Wie hoch war der alte Preis in Euro?

0,28 €
(Lösungsweg auf S. 261)

13.3 Maße und Gewichte

13.3.1 Rechnen mit metrischen Maßen

Für die metrischen Maße ist das Dezimalsystem die Grundlage.
Die Umrechnung zwischen den Einheiten erfolgt immer auf einer Basis von 10, 100 oder 1.000 Einheiten.

Längenmaße:

$$1\text{ km} \xrightarrow{\cdot 1.000} 1.000\text{ m} \xrightarrow{\cdot 10} 10.000\text{ dm} \xrightarrow{\cdot 10} 100.000\text{ cm} \xrightarrow{\cdot 10} 1.000.000\text{ mm}$$

$$0{,}001\text{ km} \xleftarrow{:1.000} 1\text{ m} \xleftarrow{:10} 10\text{ dm} \xleftarrow{:10} 100\text{ cm} \xleftarrow{:10} 1.000\text{ mm}$$

→

Flächenmaße:

$km^2 \xrightarrow{\cdot 1.000.000} m^2 \xrightarrow{\cdot 100} dm^2 \xrightarrow{\cdot 100} cm^2 \xrightarrow{\cdot 100} mm^2$

$km^2 \xleftarrow{:1.000.000} m^2 \xleftarrow{:100} dm^2 \xleftarrow{:100} cm^2 \xleftarrow{:100} mm^2$

Raummaße:

$km^3 \xrightarrow{\cdot 1.000.000.000} m^3 \xrightarrow{\cdot 1.000} dm^3 \xrightarrow{\cdot 1.000} cm^3 \xrightarrow{\cdot 1.000} mm^3$

$km^3 \xleftarrow{:1.000.000.000} m^3 \xleftarrow{:1.000} dm^3 \xleftarrow{:1.000} cm^3 \xleftarrow{:1.000} mm^3$

Umwandeln in Liter:

$1\ m^3 \xrightarrow{\cdot 1.000} 1.000\ l$

$0{,}001\ m^3 \xleftarrow{:1.000} 1\ l$

$1\ dm^3 \xrightarrow{\cdot 1} 1\ l$

$0{,}1\ dm^3 \xleftarrow{:1} 0{,}1\ l$

Gewichtsmaße:

$t \xrightarrow{\cdot 1.000} kg \xrightarrow{\cdot 1.000} g \xrightarrow{\cdot 1.000} mg$

$t \xleftarrow{:1.000} kg \xleftarrow{:1.000} g \xleftarrow{:1.000} mg$

Vorgehensweise:
1. Ermitteln der Größen.
2. Vereinheitlichen (bzw. Berechnen) der Größen.

1. Ein Sattelzug mit einem Leergewicht von 16.250 kg inklusive vollem Tank wird mit 14 Kisten à 0,25 t und 5 Europaletten mit je 650 kg beladen. Berechnen Sie das Gesamtgewicht des Sattelzuges in Tonnen, wenn der Dieselkraftstoff ein Gewicht von 760,5 kg.

23,00 t
(Lösungsweg auf S. 261)

2. Für den Warenausgang müssen Sie den 0,25 m³ Wassertank mit den Volumenangaben in Liter auszeichnen. Welche Literzahl schreiben Sie auf das Label?

250 Liter
(Lösungsweg auf S. 262)

3. Auf der Bestellung sehen Sie folgende Bruttogewichtsangaben: 5 Pakete zu 850,0 kg; 3 Paletten à 1,2 t; 20 Schachteln mit je 2.375 g und ein Gesamtgewicht von 7.879,5 kg. Prüfen Sie das Bruttogesamtgewicht.

Das Bruttogewicht beträgt 7.897,5 kg. Es wurden 18 kg zu wenig angegeben.
(Lösungsweg auf S. 262)

4. Im Wareneingang stehen 7 Pakete Zugfedern mit je 1,3 kg Nettowarengewicht. Eine Zugfeder wiegt 6,5 g. Für eine bessere Kommissionierleistung sollen sie in Schachteln zu 25 Stück zusammen gefasst werden. Wie viele Schachteln werden für die gesamte Warenlieferung benötigt?

56 Schachteln
(Lösungsweg auf S. 262)

13.3.2 Rechnen mit nicht metrischen Maßen

Im nicht metrischen Zahlensystem werden ebenfalls Längen und Gewichte unterschieden. Die Einheiten können im

- amerikanischen Stil: 6'7'' oder
- als Dezimalzahl: 6,5636 ft.

geschrieben sein.

Längenmaße		
Bez.	**Abk.**	**Umrechnungsfaktor**
inch	in. oder "	0,0254 m
foot	ft. oder '	0,3048 m
yard	yd, yd.	0,9144 m
mile	mi., m.	1.609,3440 m

Gewichtsmaße		
Bezeichnung	**Abk.**	**Umrechnungsfaktor**
pound	lb., pd.	0,4536 kg
quarter	qu., qr.	11,3398 kg
hundredweight	cwt.	45,3592 kg
ton	t., to.	907,1847 kg

→

Umrechnung in US-Einheiten:

$$\frac{\text{Länge oder Gewicht (dt. Einheit)}}{\text{Umrechnungsfaktor}}$$

Umrechnung in deutsche Einheiten:

Länge oder Gewicht in US-Einheit · Umrechnungsfaktor

Beispiel: Eine Warensendung in die USA mit einem Gewicht von 2,4 t soll auch den Gewichtswert in „quarter" anzeigen. Runden Sie auf zwei Nachkommastellen.

1. Ermitteln: Gewicht = 2,4 t; 1 qu. = 11,3398 kg (siehe Tabelle)

2. Vereinheitlichen: $2{,}4\text{ t} \xrightarrow{\cdot 1.000} 2.400\text{ kg}$

3. Anwenden: $\frac{2.400\text{ kg}}{11{,}3398\text{ kg}} = 211{,}64394 \rightarrow 211{,}64$ quarter

Vorgehensweise:
1. Ermitteln der Größen.
2. Vereinheitlichen der Größen.
3. Anwenden der Umrechnungsfaktoren.

(Hinweis: In Prüfungen sind die Umrechnungseinheiten (Umrechnungsfaktoren) im Aufgabentext gegeben. Hier zur Vereinfachung in Tabellenform.)

5. Sie entdecken in Ihrem Lager eine Kiste aus den USA mit der Aufschrift „12 lb". Berechnen Sie das Gewicht in Gramm.

5.443,2 g
(Lösungsweg auf S. 262)

6. Ein High Cube Container hat eine Höhe von 8' 10¼". Welche Höhe hat der Container in Millimeter? Runden Sie auf volle Millimeter.

2.699 mm
(Lösungsweg auf S. 262)

7. Ein 40' Standard Container hat ein maximales Gewicht (Bruttogewicht) von 32.500,0 kg. Welche Zahl (drei Nachkommastellen) muss neben der Angabe „MAXIMUM GROSS WEIGHT (cwt.)" stehen?

716,503
(Lösungsweg auf S. 262)

8. Eine Bestellung mit 20 Stück 19"-Monitoren ist soeben eingetroffen. Wie viel Zentimeter (cm) Bilddiagonale haben die Monitore?

48,26 cm
(Lösungsweg auf S. 263)

13.4 Zeiteinheiten umrechnen

Eine Schwierigkeit besteht darin die Dezimalzahlen in Zeiteinheiten (Jahr, Tage, Stunden usw.) umzurechnen. Denn die Basis von Dezimalzahlen ist 10, wobei die Zeitangaben unterschiedliche Umrechnungsgrößen haben.

Zeiteinheiten:

Woche $\xrightarrow{\cdot 7}$ Tag $\xrightarrow{\cdot 24}$ Stunde $\xrightarrow{\cdot 60}$ Minute $\xrightarrow{\cdot 60}$ Sekunde

Woche $\xleftarrow{:7}$ Tag $\xleftarrow{:24}$ Stunde $\xleftarrow{:60}$ Minute $\xleftarrow{:60}$ Sekunde

Beispiel: Der Arbeitsbeginn eines Auszubildenden ist um 6:30 Uhr. Er hat 45 Minuten Pause und seine tägliche Arbeitszeit beträgt 7,5 Stunden. Um wie viel Uhr (SS:MM) endet sein Arbeitstag?

1. Ermitteln: Beginn = 6:30 Uhr, Pause = 45 min, Arbeitszeit = 7,5 h

2. Vereinheitlichen: 45 min $\xrightarrow{:60}$ 0,75 h

3. Anwenden: 7,5 + 0,75 = 8,25 h $\xrightarrow{\text{Umwandeln in Uhrzeit}}$ 8:15

(0,25 · 60 = 15 min)

6:30 + 8:15 = 14:45 Uhr (→ Arbeitsende)

Vorgehensweise:
1. Ermitteln der Größen.
2. Vereinheitlichen der Größen.
3. Berechnen und Umwandeln der Zeiteinheiten.

1. Bei einer Tourenplanung müssen Sie die gesamte Fahrzeit berechnen. Ihnen liegen folgende Daten vor: Ø Geschwindigkeit 40 km/h, 1. Tour 52 km, 2. Tour 67 km, 3. Tour 25 km und 4. Tour 70 km. Wie viele Stunden und Minuten ist der LKW-Fahrer unterwegs?

5 Stunden und 21 Minuten
(Lösungsweg auf S. 263)

2. Ein LKW beginnt eine Tour um 7:00 Uhr. Er fährt drei Empfänger an und hat für das Beladen 0,4 Stunden gebraucht. Sein Zeitaufwand für das Entladen ist 18 Minuten je Empfänger. Die komplette Fahrtzeit beträgt 6 Stunden inklusive einer 30-minütigen Pause. Berechnen Sie das Arbeitszeitende.

14:18 Uhr (Arbeitszeitende)
(Lösungsweg auf S. 263)

3. Sie haben 4 Aufträge zu kommissionieren. Der Zeitaufwand für die Aufträge stellt sich wie folgt dar:

Auftrag	Zeitaufwand
1	48 min
2	1.080 sec
3	75 min
4	29 min

Der Arbeitsbeginn ist 5:00 Uhr. Beim 3. Auftrag möchte Ihr Lagermeister Sie beobachten. Um wie viel Uhr muss Ihr Lagermeister an Ihrem Arbeitsplatz erscheinen?

6:06 Uhr (beginnt Auftrag 3)
(Lösungsweg auf S. 264)

13.5 Dreisatz- und Verhältnisrechnen

13.5.1 Rechnen mit geradem Verhältnis

Für gerade (proportionale) Verhältnisse gilt, dass sich die gesuchte Größe zu den gegebenen Größen gleich verhält:
- je *größer* desto **größer**
- je *kleiner* desto **kleiner**

Beispiel: 3 Auszubildende erledigen 528 Kommissionieraufträge. Wie viele Kommissionieraufträge können 5 Auszubildende bearbeiten?

1. Bedingung: 3 Azubis → 528 Aufträge Es handelt sich um ein gerades Verhältnis.

2. Frage: 5 Azubis → ? Aufträge „Je mehr Azubis desto mehr Aufträge."

→

3. Umwandeln: 1 Azubi, d.h. der 3. Teil von 528 Aufträgen ist gefragt →
(Oder: Wie viele Aufträge erledigt 1 Azubi?)

$$\frac{528}{3} = 176$$

4. Berechnen: $176 \cdot 5 = 880$, 5 Auszubildende erledigen 880 Aufträge.

Übersichtliche Darstellung, der obigen Berechnung:

:3	3 Azubis	=	528 Aufträge	:3
	1 Azubi	=	176 Aufträge	
·5	5 Azubis	=	880 Aufträge	·5

Vorgehensweise:
1. Aufstellen der Bedingung.
2. Aufstellen der Frage.
3. Umwandeln der Bedingung für Eins.
4. Berechnen des Gesuchten.

1. Auf 8 Stellplätzen können 5.840 Schachteln eingelagert werden. Ihr Meister möchte von Ihnen wissen, wie viele Schachteln zusätzlich eingelagert werden können, wenn 13 Stellplätze zur Verfügung stehen würden.

3.650 Schachteln
(Lösungsweg auf S. 264)

2. An einem Arbeitstag transportieren 23 Mitarbeiter 5.704 Europaletten. Eine Europalette hat ein durchschnittliches Bruttogewicht von 359 kg. Aufgrund einer Fortbildungsmaßnahme fehlen 4 Mitarbeiter am nächsten Tag. Welches gesamte Bruttogewicht in Tonnen transportieren die übrigen Mitarbeiter am nächsten Arbeitstag?

1.691,608 t
(Lösungsweg auf S. 264)

3. Ein Unternehmen hat 3 automatische Verpackungsmaschinen, die 1,29 t Ware verpacken. Wie viel Kilogramm Ware könnte zusätzlich verpackt werden, wenn 2 weitere Maschinen gekauft werden?

860 kg
(Lösungsweg auf S. 264)

13.5.2 Rechnen mit ungeradem Verhältnis

Für ungerade (umgekehrt proportionale) Verhältnisse gilt, dass sich die gesuchte Größe zu den gegebenen Größen entgegengesetzt verhält:

- je *größer* desto **kleiner**
- je *kleiner* desto **größer**

Beispiel: 4 Auszubildende benötigen für das Entladen eines 40'-Containers 9 Stunden. Wie lange brauchen 6 Auszubildende?

1. Bedingung: 4 Azubis → 9 Stunden
Es handelt sich um ein ungerades Verhältnis.

2. Frage: 6 Azubis → ? Stunden
„Je mehr Azubis desto weniger Stunden brauchen sie."

3. Umwandeln: 1 Azubi braucht 4-mal so viel Stunden wie 4 Azubis →
(Oder: Wie viele Stunden braucht 1 Azubi?)
$9 \cdot 4 = 36$ Stunden

4. Berechnen: 6 Azubis brauchen nur den 6. Teil von 36 Stunden (1 Azubi) →
$\frac{36}{6} = 6$ Stunden

Übersichtliche Darstellung, der obigen Berechnung:

: 4	4 Azubis	=	9 Stunden	· 4
	1 Azubi	=	36 Stunden	
· 6	6 Azubis	=	6 Stunden	: 6

Vorgehensweise:
1. Aufstellen der Bedingung.
2. Aufstellen der Frage.
3. Umwandeln der Bedingung für Eins.
4. Berechnen des Gesuchten.

4. Der Lagermeister setzt für die diesjährige Inventur 2 zusätzliche Mitarbeiter ein, denn im vorigen Jahr haben 5 Mitarbeiter 840 Minuten gebraucht. Wie viele Stunden werden nun für die Inventur benötigt?

10 h
(Lösungsweg auf S. 265)

5. Nach einer Überprüfung der Kommissionierung wurde festgestellt, dass 3 Kommissionierer für einen Auftrag 1.620 Sekunden benötigen. Deshalb soll 1 zusätzlicher Kommissionierer eingestellt werden. Welche Zeitersparnis in Minuten erreicht diese Maßnahme?

6,75 min (oder 6 min und 45 sec)
(Lösungsweg auf S. 265)

6. Eine Lagerhalle wird jeden Tag kurz vor Arbeitsende (16:30 Uhr) gefegt. Dafür brauchen 5 Arbeiter 12 Minuten. Wegen Rationalisierung sind 2 Arbeiter entlassen worden. Um wie viel Uhr müssen die restlichen Arbeiter das Fegen beginnen, um pünktlich Feierabend machen zu können?

16:10 Uhr
(Lösungsweg auf S. 265)

13.5.3 Rechnen mit zusammengesetzten Dreisätzen

Ein zusammengesetzter Dreisatz besteht aus mehreren einzelnen Dreisätzen. Hier werden die einzelnen Dreisätze für sich betrachtet und entsprechend ihrem Verhältnis (gerade oder ungerade) in Beziehung gesetzt.

Beispiel: 6 Kommissionierer bearbeiten in 8 Stunden 1.152 Aufträge. Wie viele Aufträge bearbeiten 9 Kommissionierer in 7 Stunden?

1. Bedingung: 6 Kommissionierer → 8 h → 1.152 Aufträge

2. Frage: 9 Kommissionierer → 7 h → ? Aufträge

→

3. Umwandeln: a) Verhältnis über die *Kommissionierer,* d. h. je mehr Kommissionierer desto mehr Aufträge können bearbeitet werden → gerades Verhältnis:

$$\frac{1.152}{6} \cdot 9$$

b) Verhältnis über die *Stunden,* d. h. je weniger Stunden desto weniger Aufträge können bearbeitet werden → gerades Verhältnis:

$$\frac{1.152}{8} \cdot 7$$

4. Berechnen: *Nur einmal die gegebenen Aufträge verwenden*

$$\frac{1.152 \cdot 9 \cdot 7}{6 \cdot 8} = 1.512 \text{ Aufträge}$$

Vorgehensweise:
1. Aufstellen der Bedingung.
2. Aufstellen der Frage.
3. Umwandeln der Bedingung für die einzelnen Dreisätze für Eins.
4. Berechnen des Gesuchten.

7. Für das Entladen von 96 Europaletten benötigen 4 Lagerarbeiter insgesamt 32 Minuten. Wie viele Minuten brauchen 6 Lagerarbeiter für 108 Europaletten?

24 min
(Lösungsweg auf S. 265)

8. Um 2.226 Aufträge zu kommissionieren, brauchen 7 Mitarbeiter 9 Stunden. Wie viele Stunden und Minuten benötigen 5 Kommissionierer für 2.120 Aufträge?

12 h
(Lösungsweg auf S. 266)

9. Bei der letzten Inventur haben 9 Mitarbeiter 60 Artikel in 16 Stunden an 5 Tagen der Woche gezählt. Für die diesjährige Inventur werden 3 Mitarbeiter zusätzlich eingestellt und es müssen 75 Artikel an 3 Tagen der Woche gezählt werden. Wie viele Stunden und Minuten dauert diese Zählung?

25 h
(Lösungsweg auf S. 266)

13.6 Flächen- und Körperberechnungen

13.6.1 Flächen

Bezeichnung	Fläche	Umfang
Quadrat	$F = a \cdot a = a^2$	$U = 2 \cdot a + 2 \cdot a = 4 \cdot a$
Rechteck	$F = a \cdot b$	$U = 2 \cdot a + 2 \cdot b$
Dreieck	$F = \frac{c \cdot h}{2}$	$U = a + b + c$
rechtwinkliges Dreieck	$F = \frac{a \cdot b}{2}$	$U = a + b + c$
Kreis	$F = r^2 \cdot \pi$	$U = 2 \cdot r \cdot \pi$

Hinweis: Beim Dreieck ist „c" die Seite auf der „h" im rechten Winkel auftrifft.

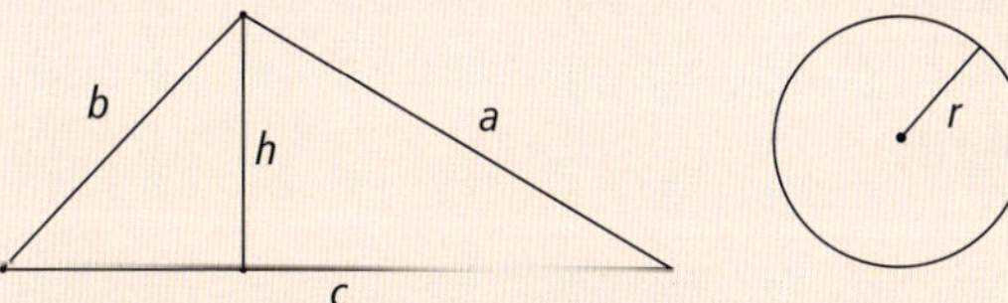

Hinweis: π ist eine unendliche Zahl, zur Vereinfachung wird in Prüfungen und in diesem Buch für π der Wert 3,14 verwendet.

Vorgehensweise:
1. Ermitteln der Größen.
2. Vereinheitlichen der Größen.
3. Anwenden der Formel.

1. Das nachfolgende Grundstück soll als Lager dienen. Berechnen Sie die Fläche und den Umfang des zukünftigen Lagers.

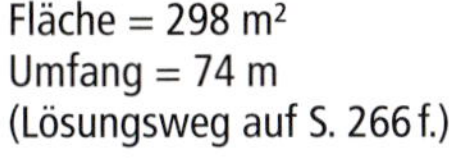

Fläche = 298 m²
Umfang = 74 m
(Lösungsweg auf S. 266 f.)

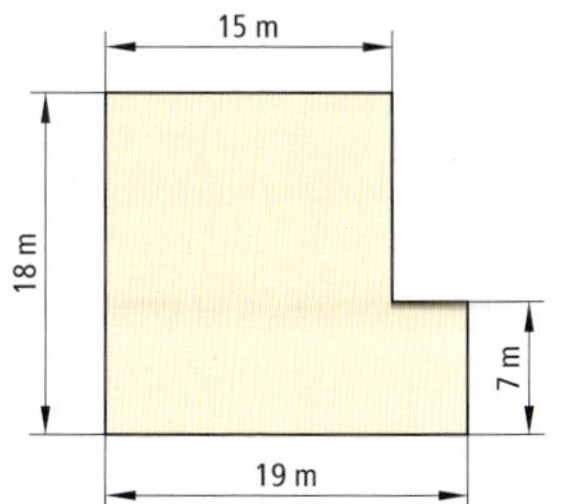

2. Welche Fläche in cm² und welchen Umfang in cm hat die nachfolgende Abbildung? Runden Sie auf eine Nachkommastelle.

Fläche = 3.120 cm²
Umfang = 236,6 cm
(Lösungsweg auf S. 267)

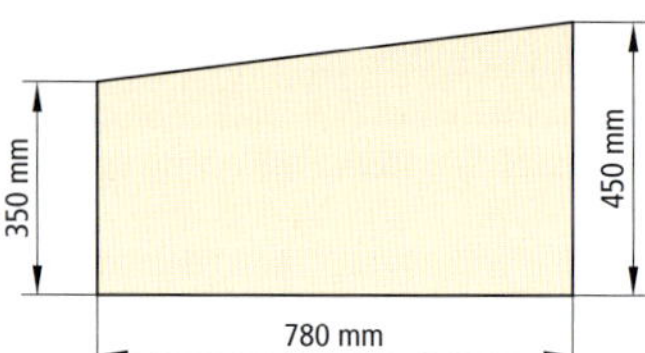

3. Ermitteln Sie die Fläche in cm² und den Umfang in cm der folgenden Skizze und runden Sie auf zwei Nachkommastellen.
(Hinweis: Der Kreisausschnitt ist ¼-Kreis.)

Fläche = 842,91 cm²
Umfang = 117,78 cm
(Lösungsweg auf S. 267)

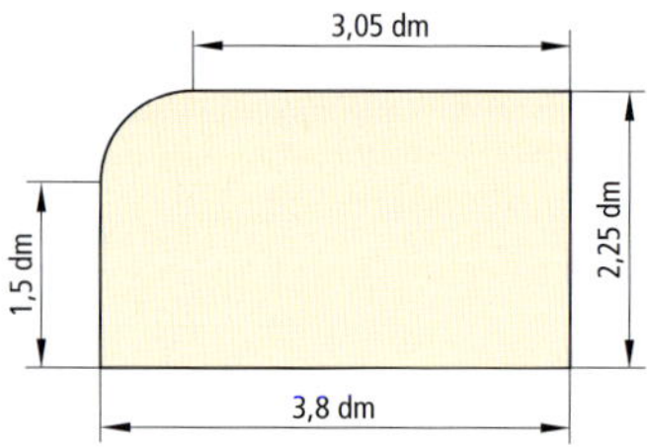

13.6.2 Körper

Bezeichnung	Oberfläche	Volumen
Würfel	$O = 6 \cdot a^2$	$V = a \cdot a \cdot a = a^3$
Quader	$O = 2 \cdot a \cdot b + 2 \cdot a \cdot c + 2 \cdot b \cdot c$	$V = a \cdot b \cdot c$
Zylinder	$O = 2 \cdot r^2 \cdot \pi + 2 \cdot r \cdot \pi \cdot h$	$V = r^2 \cdot \pi \cdot h$

→

Schematische Darstellung eines Zylinders

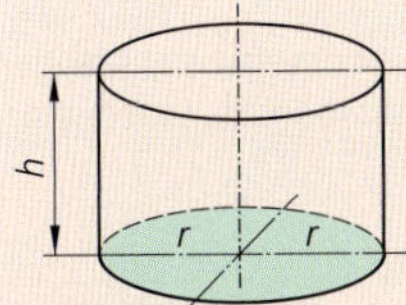

Vorgehensweise:
1. **Ermitteln der Größen.**
2. **Vereinheitlichen der Größen.**
3. **Anwenden der Formel.**

4. Eine Holzkiste hat die Maße (Länge x Breite x Höhe): 15 dm x 9 dm x 6,5 dm. Berechnen Sie das Volumen in m^3 und die Oberfläche in m^2.

Volumen = 0,8775 m^3
Oberfläche = 5,82 m^2
(Lösungsweg auf S. 267)

5. Auf einer Europalette mit einer Höhe von 15 cm sind Schachteln 3-lagig gestapelt. Die Schachteln haben eine Länge von 600 mm, eine Breite von 400 mm und eine Höhe von 450 mm. Welches Volumen in dm^3 und welche Oberfläche in dm^2 hat das gesamte Packstück (inkl. Europalette)? *(Hinweis: Die Leerräume der Europalette werden nicht beachtet. Sie wird als Vollkörper betrachtet.)*

Volumen = 1.440 dm^3
Oberfläche = 792 dm^2
(Lösungsweg auf S. 268)

6. Ermitteln Sie für den abgebildeten Hohlzylinder das Volumen in cm^3 und die Oberfläche in cm^2.

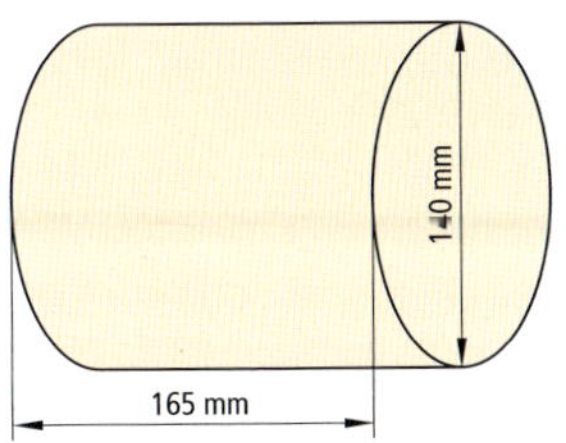

Volumen = 2.538,69 cm^3
Oberfläche = 725,34 cm^2
(Lösungsweg auf S. 268)

13.7 Mischungs- und Verteilungsrechnen

Der Sinn der Mischungs- und Verteilungsrechnung ist es, eine vorgegebene Menge auf verschieden große Anteile gerecht zu verteilen. Das ist nur möglich, indem ein sogenannter Verteilungsschlüssel angewendet wird.

Beispiel: Die Logistik GmbH hat einen Jahresgewinn von 30.000,00 Euro. Herr Müller ist mit 20.000,00 Euro, Frau Meier mit 30.000,00 Euro und Herr Schmidt mit 50.000,00 Euro am Unternehmen beteiligt. Wie verteilt sich der Jahresgewinn auf die jeweiligen Unternehmensanteile?

Name:	Anteile:	**2. Ermitteln des Schlüssels**	**3. Aufteilen des Jahresgewinns nach Schlüssel**	
Herr Müller	20.000	$\frac{20.000}{100.000}$	$\frac{20.000}{100.000} \cdot 30.000,00$	6.000,00 €
Frau Meier	30.000	$\frac{30.000}{100.000}$	$\frac{30.000}{100.000} \cdot 30.000,00$	9.000,00 €
Herr Schmidt	50.000	$\frac{50.000}{100.000}$	$\frac{50.000}{100.000} \cdot 30.000,00$	15.000,00 €
1. Addieren der Anteile:	100.000			= 30.000,00 €

Vorgehensweise:
1. Addieren der Anteile.
2. Ermitteln des Verteilungsschlüssels.
3. Aufteilen nach dem Verteilungsschlüssel.

1. Die Stromkosten von 75.000,00 Euro sollen nach der Fläche auf die Abteilungen verteilt werden: Lager 330 m², Kantine 90 m² und Verwaltung 180 m². Wie hoch ist der Stromkostenanteil jeder Abteilung.

Lager = 41.250,00 €
Kantine = 11.250,00 €
Verwaltung = 22.500,00 €
(Lösungsweg auf S. 268)

2. Im Lager sollen verkaufsfertige Mischungen zu je 150 g hergestellt werden. In jeder Mischung sind 10 Teile Rosinen, 5 Teile Erdnüsse, 4 Teile Mandeln und 6 Teile Haselnüsse. Wie viel Gramm der jeweiligen Zutaten sind in einer Mischung enthalten?

Rosinen = 60 g
Erdnüsse = 30 g
Mandeln = 24 g
Haselnüsse = 36 g
(Lösungsweg auf S. 269)

3. Am Jahresende wurde eine Prämie für alle geleisteten Überstunden von 3.650,00 Euro beschlossen. In diesem Jahr haben folgende Mitarbeiter Überstunden angesammelt: Herr Schulz 150 h, Herr Malik 235 h, Frau Kaya 185 h und Frau König 160 h. Berechnen Sie die auszuzahlenden Prämien für den jeweiligen Mitarbeiter.

Herr Schulz = 750,00 €
Herr Malik = 1.175,00 €
Frau Kaya = 925,00 €
Frau König = 800,00 €
(Lösungsweg auf S. 269)

13.8 Lagerkennziffern

13.8.1 Lagerbestände

- Meldebestand = Tagesverbrauch · Lieferzeit + Mindestbestand
- $\text{Ø Lagerbestand (Jahr)} = \frac{\textit{Anfangsbestand}\text{ (01.01.)} + \textit{Endbestand}\text{ (31.12.)}}{2}$
- $\text{Ø Lagerbestand (Quartal)} = \frac{\textit{Anfangsbestand}\text{ (01.01.)} + 4\ \textit{Quartalsbestände}\text{ (31.12.)}}{5}$
- $\text{Ø Lagerbestand (Monat)} = \frac{\textit{Anfangsbestand}\text{ (01.01.)} + 12\ \textit{Monatsbestände}\text{ (31.12.)}}{13}$

Beispiel: Ein Lager kommissioniert täglich 350 Packstücke und hält einen Mindestbestand von 1.050 Stück vor. Die Lieferzeit beträgt 9 Tage. Berechnen Sie den Meldebestand.

1. Ermitteln:	Tagesverbrauch = 350, Mindestbestand = 1.050, Lieferzeit = 9 Tage
2. Vereinheitlichen:	entfällt
3. Anwenden:	Meldebestand = 350 · 9 + 1.050 = 4.200 Packstücke

Vorgehensweise:
1. Ermitteln der Größen.
2. Vereinheitlichen der Größen.
3. Anwenden der Formel.

1. Am 01.01… lag ein Bestand bewertet in Euro von 560.000,00 vor. Am 31.12… wurde der Lagerbestand mit 673.000,00 bewertet. Ermitteln Sie den durchschnittlichen Lagerbestand.

Ø LB = 616.500,00 Euro
(Lösungsweg auf S. 270)

2. Für den Artikel 4117 sollen Sie den Mindestbestand bestimmen. Ihnen liegen folgende Daten vor: Meldebestand 87 Stück, täglicher Verbrauch 3 Stück und eine Lieferzeit von 21 Tagen.

Mindestbestand = 24 Stück
(Lösungsweg auf S. 270)

3. Ihr Vorgesetzter bittet Sie den durchschnittlichen Lagerbestand für das 2. Quartal zu berechnen. Aus der Bestandsliste entnehmen Sie folgende Werte: März 224 Stück, April 456 Stück, Mai 378 Stück, Juni 150 Stück und Juli 738 Stück.

Ø LB = 302 Stück
(Lösungsweg auf S. 270)
(Hinweis: Ein Quartal besteht aus 3 Monaten. Für die Berechnung des Ø LB eines Quartals ist der Monat vor Quartalsbeginn der Anfangsbestand.)

4. Die jährliche Überprüfung der Lagerbestände steht an. Sie erhalten folgende Bestandsliste:

Artikel-Nr. WS-67-Z-234			
Bestände des Jahres 2013			
Monat	Stück	Monat	Stück
…	…	…	…
Mai	87	Nov.	63
Juni	26	Dez.	48
Bestände des Jahres 2014			
Monat	Stück	Monat	Stück
Jan.	56	Juli	66
Feb.	25	Aug.	28
Mrz.	42	Sep.	95
Apr.	14	Okt.	17
Mai	87	Nov.	54
Juni	56	Dez.	75

Wie hoch ist der durchschnittliche Lagerbestand?

Ø LB = 51 Stück
(Lösungsweg auf S. 270)

13.8.2 Lagerumschlag und Lagerdauer

Die **Umschlagshäufigkeit** verdeutlicht wie oft der Ø Lagerbestand im Jahr verbraucht wurde, d.h. je höher die Umschlagshäufigkeit, desto geringer die Lagerdauer bzw. umso öfter ist der Ø Lagerbestand umgesetzt wurden. Ein Artikel der einen sehr hohen Lagerumschlag hat, wird auch als „Schnelldreher" bezeichnet. An der **Ø Lagerdauer** erkennt man, wie viele Tage die Ware durchschnittlich gelagert wurde bzw. welcher Zeitraum in Tagen zwischen Wareneingang und -ausgang lag.

- Lagerumschlag (Umschlagshäufigkeit) = $\frac{\textit{Wareneinsatz (Verbrauch)}}{\textit{Ø Lagerbestand}}$
- Wareneinsatz = Anfangsbestand (AB) + Zugänge – Endbestände (EB)
- Ø Lagerdauer = $\frac{360}{\textit{Lagerumschlag}}$

Beispiel: In Kapitel 13.8.1 Aufgabe 1 (S. 220) ist ein Ø Lagerbestand = 616.500,00 Euro ermittelt worden. Der Anfangsbestand beträgt 560.000,00 Euro, die Zugänge über das Jahr betragen 2.859.000,00 Euro und der Endbestand ist 673.000,00 Euro. Berechnen Sie den Lagerumschlag und die Ø Lagerdauer.

1. Ermitteln: AB = 560.000,00, EB = 673.000,00, Zugänge = 2.859.000,00, Ø LB = 616.500,00

2. Vereinheitlichen: entfällt

3. Anwenden:

a) *Wareneinsatz* = Anfangsbestand (AB) + Zugänge – Endbestände (EB)
= 560.000,00 + 2.859.000,00 – 673.000,00
= 2.746.000,00

b) *Lagerumschlag* = $\frac{\textit{Wareneinsatz (Verbrauch)}}{\textit{Ø Lagerbestand}} = \frac{2.746.000}{616.500}$

= 4,45

c) *Ø Lagerdauer* = $\frac{360}{\textit{Lagerumschlag}} = \frac{360}{4,45}$ = 80,9 → 81 Tage

Vorgehensweise:
1. Ermitteln der Größen.
2. Vereinheitlichen der Größen.
3. Anwenden der Formel.

5. Wie hoch ist die Umschlagshäufigkeit und die durchschnittliche Lagerdauer, wenn folgende Daten vorhanden sind:
- **Anfangsbestand (01.01.20…): 500 Stück**
- **Endbestände:**
  am 31.03.20…: 450 Stück
  am 30.06.20…: 350 Stück
  am 30.09.20…: 850 Stück
  am 31.12.20…: 250 Stück
- **Zugänge (01.01.–31.12.20…): 5.860 Stück**

Lagerumschlag = 12,73
Ø Lagerdauer = 28 Tage
(Lösungsweg auf S. 271)

6. Der Artikel „BU-3709" hat eine durchschnittliche Lagerdauer von 30 Tagen und einen Jahresverbrauch von 2.604 Stück. Ermitteln Sie den durchschnittlichen Lagerbestand und die Umschlagshäufigkeit.

Lagerumschlag = 12
Ø Lagerbestand = 217 Stück
(Lösungsweg auf S. 271)

7. In der Inventurliste lesen Sie, dass die Ware einen Anfangsbestand von 57.000,00 Euro und einen Endbestand von 72.000,00 Euro hat. Die Ware hat laut Lagerwirtschaftssystem einen Materialverbrauch von 1.290.000,00 Euro. Wie hoch sind Lagerumschlag und Ø Lagerdauer?

Lagerumschlag = 20
Ø Lagerdauer = 18 Tage
(Lösungsweg auf S. 271)

13.8.3 Lagerzinsen und Lagerreichweite

Die **Lagerzinsen** verdeutlichen, welchen Betrag das gebundene Kapital (eingelagerte Ware) abwerfen könnte, wenn das Geld bei der Bank angelegt würde.
Der **Lagerzinssatz** zeigt den Zinsverlust in einem Prozentsatz an, der dem Unternehmen entsteht, wenn es das Geld nicht anlegt, sondern in Ware investiert.
Die **Lagerreichweite** gibt an, wie lange der aktuelle Lagerbestand ausreicht, wenn der Verbrauch gleich bleibt.

- *Lagerzinsen (1)* $= \frac{\text{Ø Lagerbestand} \cdot \text{Ø Lagerdauer} \cdot \text{Zinssatz}}{100 \cdot 360}$

→

- *Lagerzinsen (2)* = $\frac{\text{Ø Lagerbestand} \cdot \text{Lagerzinssatz}}{100}$
- *Lagerzinssatz* = $\frac{\text{Bankzinssatz} \cdot \text{Ø Lagerdauer}}{360}$
- *Lagerreichweite* in Tagen = $\frac{\text{Lagerbestand + offene Bestellungen}}{\text{Verbrauch pro Tag}}$

Beispiel: In Kapitel 13.8.2 Aufgabe 7 (S. 222) beträgt der Ø Lagerbestand 64.500,00 Euro, die Ø Lagerdauer ist 18 Tage und der Bankzinssatz ist 2,5 %. Wie hoch sind die Lagerzinsen?

1. Ermitteln: Ø LB = 64.500,00 €, Ø LD = 18 Tage, Zinssatz = 2,5 %
2. Vereinheitlichen: entfällt
3. Anwenden: Lagerzinsen = $\frac{\text{Ø LB} \cdot \text{Ø LD} \cdot \text{Zinssatz}}{100 \cdot 360} = \frac{64.500 \cdot 18 \cdot 2{,}5}{100 \cdot 360} =$

$\frac{2.902.500}{36.000} = 80{,}625 \rightarrow 80{,}63$ €

Vorgehensweise:
1. Ermitteln der Größen.
2. Vereinheitlichen der Größen.
3. Anwenden der Formel.

8. Ihr Unternehmen hat eine Filiale in der Türkei. Dort haben die Kollegen im Lager für die Warengruppe A2-ZQ-32 einen Ø Lagerbestand in Euro von 340.000,00 bei einer durchschnittlichen Lagerdauer von 15 Tagen ermittelt. Der Bankzinssatz in der Türkei beträgt 12 %. Berechnen Sie den Lagerzinssatz und die Lagerzinsen.

Lagerzinssatz = 0,5 %
Lagerzinsen = 1.700,00 €
(Lösungsweg auf S. 272)

9. Für die gleiche Warengruppe A2-ZQ-32 liegen im Zentrallager in Stuttgart folgende Werte vor:
- **Ø Lagerbestand: 1.193.000,00 Euro**
- **Ø Lagerdauer: 6 Tage**
- **Bankzinssatz: 1,25 %**

Wie hoch sind die Lagerzinsen und der Lagerzinssatz?

Lagerzinssatz = 0,020833 % → 0,02 %
Lagerzinsen = 248,5416 € → 248,54 €
(Lösungsweg auf S. 272)

10. Sie warten dringend auf eine Warenlieferung. Ihr Vorgesetzter möchte wissen, wie viele Tage die vorhandene Ware noch reicht. Dazu hat er Ihnen noch folgende Notiz in die Hand gedrückt:

LB: 630 Stück, Ø LD: 25 Tage,
Verbrauch: 105 Stück/Tag,
offene Bestellungen: keine,
AB: 13 Stück,
Zinssatz: 0,5 % …

Lagerreichweite = 6 Tage
(Lösungsweg auf S. 272)

11. Die monatliche Prüfung der Lagerbestände und Kennzahlen des Artikels „LED-Scheinwerfer" ergab: Ø Lagerbestand 285 Stück, Ø Lagerdauer 8 Tage, Verbrauch pro Tag 32 Stück und offene Bestellungen 35 Stück. Die Hausbank hat einen Zinssatz von 1,75 %. Die Scheinwerfer sind zu je 389,00 Euro kalkuliert. Berechnen Sie
a) den Lagerzinssatz,
b) die Lagerzinsen und
c) die Lagerreichweite.

a) Lagerzinssatz = 0,038888 % → 0,04 %
b) Lagerzinsen = 43,1141 € → 43,11 €
c) Lagerreichweite = 10 Tage
(Lösungsweg auf S. 272)

13.9 Flächen-, Höhen- und Raumnutzungsgrad

Die Nutzungsgrade verdeutlichen das Verhältnis der Auslastung des belegten Lagers (reine Warenlagerung) zum gesamten Lager in der **Fläche**, **Höhe** und im **Raum**.

$$\textit{Flächennutzungsgrad} = \frac{\textit{genutzte Fläche} \cdot 100}{\textit{Gesamtlagerfläche}}$$

$$\textit{Höhennutzungsgrad} = \frac{\textit{genutzte Lagerungshöhe} \cdot 100}{\textit{nutzbare Höhe des Lagers}}$$

$$\textit{Raumnutzungsgrad} = \frac{\textit{genutzter Raum der gelagerten Güter} \cdot 100}{\textit{Gesamtraum des Lagers}}$$

→

Beispiel: Das Unternehmen hat eine gesamte Fläche von 1.500 m². Für das Lagern der Ware stehen 900 m² zur Verfügung. Berechnen Sie den Flächennutzungsgrad?

1. Ermitteln: $F_{gesamt} = 1.500\ m^2$, $F_{Warenlager} = 900\ m^2$

2. Vereinheitlichen: entfällt

3. Anwenden: $Flächennutzungsgrad = \frac{belegte\ Fläche \cdot 100}{Gesamtlagerfläche} =$

$$\frac{900 \cdot 100}{1.500} = 60\,\%$$

Vorgehensweise:
1. Ermitteln der Größen.
2. Vereinheitlichen der Größen.
3. Anwenden der Formel.

1. Das Lager ist in Verkehrswege (300 m²), Büroräume (600 m²), Kantine (7.000 dm²), Sanitärräume mit WCs (90 m²) und das eigentliche Warenlager (1.400 m²) unterteilt. Wie hoch ist der Flächennutzungsgrad?

Flächennutzungsgrad = 56,91 → 57 %
(Lösungsweg auf S. 273)

2. Ein Unternehmen lagert Europaletten in Reihenlagerung und möchte wegen des schlechten Flächennutzungsgrades auf Blocklagerung umstellen. Bei gleicher Gesamtfläche können 10 Reihen Europaletten angelegt werden. Die erforderlichen Maße entnehmen Sie der Skizze. Um wie viel Prozent erhöht sich die Flächennutzung?

Erhöhung um 66,67 %
(Lösungsweg auf S. 273)

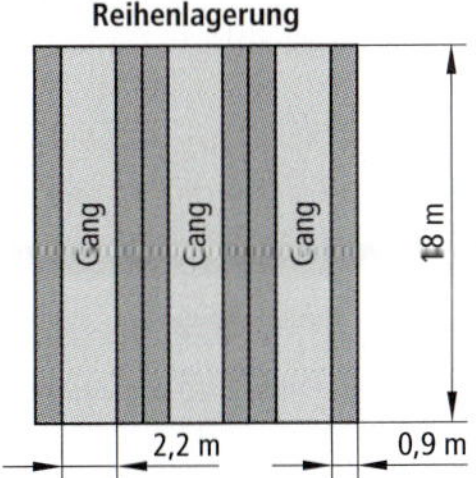

3. Das Lager in Aufgabe 2 ist 5,30 m hoch. Die eingelagerte Ware kann 4-fach gestapelt werden und hat inklusive Europalette eine Höhe von 12 dm. Ermitteln Sie den Raumnutzungsgrad für
a) die gestapelte Reihenlagerung und
b) die gestapelte Blocklagerung.

a) Raumnutzungsgrad = 40,75 %
b) Raumnutzungsgrad = 67,92 %
(Lösungsweg auf S. 274)

4. Ein Behälterregal besteht aus 50 Fächern. Ein Fach hat die Maße 1,0 m x 0,9 m x 0,8 m (Breite x Tiefe x Höhe). In einem Fach befinden sich 4 Behälterboxen, die 20 cm breit, 90 cm tief und 60 cm hoch sind. Berechnen Sie
a) den Höhennutzungsgrad und
b) den Raumnutzungsgrad.

a) Höhennutzungsgrad = 75 %
b) Raumnutzungsgrad = 60 %
(Lösungsweg auf S. 274)

13.10 Längs- und Querbeladung

Die optimale Ausnutzung der Ladefläche bei gleich ausgerichteter Ladung wird nicht über die Fläche, sondern über die **Seitenverhältnisse der Grundflächen** berechnet. Es wird zwischen zwei Grundflächen unterschieden:

- große Grundfläche, z. B. LKW oder Container
  → $F = L \cdot B$ (für das bessere Verständnis werden Großbuchstaben benutzt)
- kleine Grundfläche, z. B. Kiste oder Europalette
  → $F = l \cdot b$ (für das bessere Verständnis werden Kleinbuchstaben benutzt)

Längsbeladung

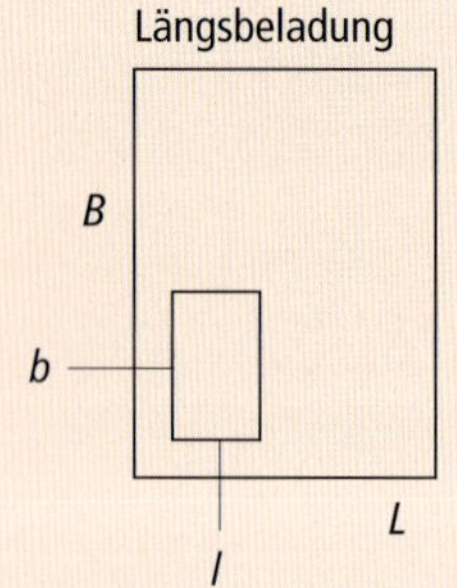

Querbeladung

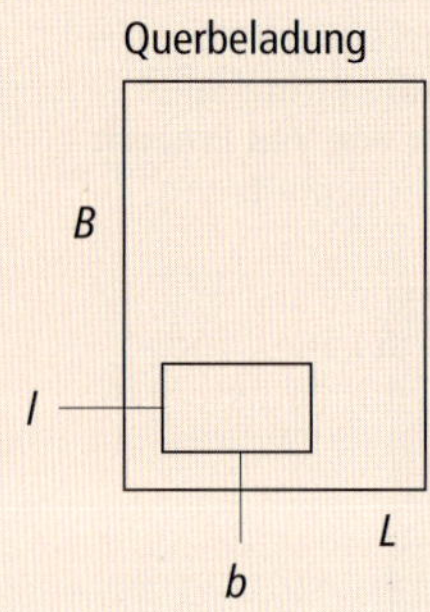

→

Formeln:

$$\left.\begin{array}{l}\text{Längs: } \frac{L}{l} \rightarrow \\ \text{Quer: } \frac{B}{b} \rightarrow\end{array}\right\} = \text{Längs} \cdot \text{Quer} \qquad \left.\begin{array}{l}\text{Längs: } \frac{L}{b} \rightarrow \\ \text{Quer: } \frac{B}{l} \rightarrow\end{array}\right\} = \text{Längs} \cdot \text{Quer}$$

*(Hinweis: Die Zwischenergebnisse immer **abrunden**, da z. B. die Länge eines Packstückes zwar 4,7-mal in die Länge der Ladefläche hineinpasst, aber das Packstück nicht zerteilt werden kann.)*

Beispiel: Mehrere Holzkisten mit den Maßen (Länge x Breite x Höhe) 1,20 m x 0,70 m x 0,50 m sollen auf eine Ladefläche mit 3,0 m Länge und 2,10 Breite verladen werden. Die Holzkisten können nicht gekippt und gestapelt werden. Wie viele Holzkisten passen 1-lagig auf die Ladefläche?

1. Größen: $L = 3{,}0$ m; $B = 2{,}1$ m (Ladefläche)
l = 1,2 m; b = 0,7 m (Holzkiste)
2. Einheiten: entfällt, da gegebene Einheiten und Zieleinheiten gleich sind
3. Formel:

$$\left.\begin{array}{l}\text{Längs: } \frac{L}{l} = \frac{3{,}0}{1{,}2} = 2{,}5 \\ \text{Quer: } \frac{B}{b} = \frac{2{,}1}{0{,}7} = 3\end{array}\right\} = 2 \cdot 3 = 6 \text{ Stück} \qquad \left.\begin{array}{l}\text{Längs: } \frac{L}{b} = \frac{3{,}0}{0{,}7} = 4{,}3 \\ \text{Quer: } \frac{B}{l} = \frac{2{,}1}{1{,}2} = 1{,}8\end{array}\right\} = 4 \cdot 1 = 4 \text{ Stück}$$

6 Holzkisten können einlagig auf die Ladefläche verladen werden.

Vorgehensweise:
1. Ermitteln der Größen.
2. Vereinheitlichen der Größen.
3. Anwenden der Formel.

(Hinweis: Ein 20-Fuß-ISO-Container fasst maximal 11 Europaletten (2 · 5'er-Block + 1) und ein 40-Fuß-ISO-Container fasst maximal 25 Europaletten (10 längs + 15 quer). Notieren Sie dies in der Prüfung immer als gegebene Größe.)

1. Ein 20'-Container mit den Innenmaßen 5,89 m Länge und 2,35 m Breite soll mit Packstücken mit einer Länge von 1.200 mm und einer Breite von 1.050 mm beladen werden. Wie viele Packstücke passen einlagig in den Container?

Längsbeladung: 8 Packstücke einlagig.
(Lösungsweg auf S. 275)

2. Ein Sattelzug mit der nutzbaren Ladefläche von 15,65 m Länge und 2,55 m Breite wird mit unterfahrbaren Schachteln mit den Maßen 125 cm Länge und 80 cm Breite beladen. Mit welcher Beladungsart können die meisten Schachteln verstaut werden?

Querbeladung: 38 Schachteln.
(Lösungsweg auf S. 275)

3. In einem Bereich mit den Maßen 4 m x 2,5 m x 2 m (L x B x H) sollen Europaletten gelagert werden. Berechnen Sie die maximale Anzahl an einzulagernden Europaletten, wenn eine Europalette 150 mm hoch ist.

Querbeladung: 130 Europaletten.
(Lösungsweg auf S. 276)

13.11 Bezugskostenkalkulation

Das Besondere bei dieser Berechnung ist, dass der gesuchte Wert nicht direkt errechnet werden kann. Da es sich um eine zusammengesetzte Prozentrechnung handelt, müssen die Zwischenergebnisse ausgerechnet werden. Hilfreich ist das **Kalkulationsschema**:

Listen-Einkaufspreis (Listen-EK)
– Lieferanten-Rabatt
= Ziel-Einkaufspreis (Ziel-EK)
– Lieferanten-Skonto
= Bar-Einkaufspreis (Bar-EK)
\+ Bezugskosten
Bezugspreis

Beispiel: Ein Angebotsschreiben der Gummi GmbH für 3.000 Stück Gummischläuche zu 3,99 € pro Stück liegt vor. Bei dieser Abnahmemenge wird ein Mengenrabatt von 15 % gewährt. Die Zahlung erfolgt immer innerhalb von 14 Tagen, so dass ein Skonto von 1,5 % abgezogen werden kann. Die gesamte Lieferung wird für 590,75 Euro versendet. Berechnen Sie den Nettostückpreis (Bezugspreis pro Stück).

Lösung:

1. Ermittlung des Listen-Einkaufspreises für die gesamte Bestellmenge:
   3.000 Stück· 3,99 Euro/Stück = 11.970,00 Euro

→

2. Anwenden des Kalkulationsschemas:

Listen-Einkaufspreis (EK)		11.970,00
– Lieferanten-Rabatt	– 15 %	1.795,50
= Ziel-Einkaufspreis (Ziel-EK)		= 10.174,50
– Lieferanten-Skonto	– 1,5 %	152,62
= Bar-Einkaufspreis (Bar-EK)		= 10.021,88
+ Bezugskosten	+	590,75
Bezugspreis		= 10.612,63

3. Berechnen des Nettostückpreises.
   10.612,63 : 3.000 = 3,53754 → 3,54 Euro/Stück

Vorgehensweise:
1. Ermitteln des Listen-Einkaufspreises für die gesamte Bestellmenge.
2. Anwenden des Kalkulationsschemas und der Prozentformel (ggf. Dreisatz).
3. Berechnen des Nettostückpreises (Bezugspreis pro Stück) falls nötig.

(Hinweis: Runden Sie die Zwischenergebnisse auf zwei Nachkommastellen, da es sich um Währungseinheiten handelt.)

1. Ein Unternehmen erweitert die Produktion und benötigt 1575 Stück Zweitassensiebträger für eine Espressomaschine. Es erhält ein verbindliches Angebot zu 35,90 € pro Stück von der Antilo GmbH. „Antilo" gibt einen Mengenrabatt von 15 % und bei Zahlung innerhalb von 14 Tagen ein Skonto von 3 %. Die Kosten für Versand, Versicherung und Verpackung werden mit 2.350,00 Euro angegeben. Berechnen Sie den Bezugspreis pro Stück (Nettostückpreis).

Bezugspreis pro Stück: 31,09 €/Stück
(Lösungsweg auf S. 276)

2. Sie sollen 15 Etikettendrucker einkaufen. Die Buchhaltung zahlt Rechnungen nach 14 Tagen. Im Internet entdecken Sie folgendes Angebot:

- **Interconect XL3 für 953,81 Euro,**
- **Rabatt unter 10 Stück 5 %, bis 20 Stück 8 % und über 20 Stück 12 %,**
- **Skonto 4 % bei Zahlung bis 10 Tage, sonst 2 %,**
- **Lieferung: Frei Haus.**

Wie hoch ist der Nettostückpreis?

Bezugspreis pro Stück: 859,96 €/Stück
(Lösungsweg auf S. 277)

3. Ihr Kollege hat für 30 Smartphones bereits ein Angebot von der DigiCam AG erhalten und einen Bezugspreis pro Stück von 295,90 Euro errechnet. Sie berechnen das Angebot der Cam & Go OHG. Die OHG gibt Ihnen bei der Abnahme von 30 Stück einen Rabatt von 22 % und versendet die Ware für 325,00 Euro inkl. Versicherung. Der Einkaufspreis liegt bei 341,90 Euro. Für welches Angebot entscheiden Sie sich?

Die Entscheidung fällt auf das Angebot der Cam & Go OHG, da es um 18,38 €/Stück günstiger ist. Die Ersparnis beträgt insgesamt: 18,38 · 30 = 551,40 €.
(Lösungsweg auf S. 277)

(Hinweis: Falls Sie die gesamte Ersparnis über den Gesamtpreis ermittelt haben, führen die Rundungen zu folgenden Ergebnissen: 295,90 · 30 = 8.877,00 → 8.877,00 – 8.325,46 = 551,54 €.)

1 Güter annehmen und kontrollieren

1.1 Waren annehmen und dokumentieren

4.

1) Versender/Lieferant
Schulz GmbH
Seilerstraße 12a
20359 Hamburg

2) Lieferanten-Nr. 34567

3) Speditionsauftrags-Nr.
HH-12-446

4) Nr. Versender beim Versand-Spediteur:

Speditionsauftrag

5) Beladestelle
Lager 2
Seilerstraße 12b
20359 Hamburg

6) Datum
31.03.2015

7) Relations-Nr.
456

8) Sendungsnummer 20 359 54

9) Versandspediteur
Inter-Spedi KG
Max-Horkheimer-Straße 75
42119 Wuppertal

10) Spediteur-Nr.

Telefon
0202-67899-87

Telefax
0202-67899-88

11) Empfänger
Marx AG
Hans-Sachs-Platz 2
90403 Nürnberg

12) Kunden-Nr.

13) Bordero-/Ladeliste-Nr.

14) Anliefer-/Abladestelle
dto. (wie oben)

15) Versendervermerk für den Versandspediteur

16) Eintreff-Datum

17) Eintreff-Zeit

18) Zeichen und Nr., Packstück-Identifikations-Nr./Lieferschein-Nr.	19) Anzahl	20) Packstücke	21) SF	22) Inhalt	23) Lademittel-Gewicht kg	24) Brutto-Gewicht kg
33589	3	DS0025	1	LKW-Teile	30	90
33591	2	025311	1	LKW-Teile	25	50
Summe	25) 5	26) Rauminhalt cdm/Lademeter 10 Lm		Summen	27) 55	28) 140

29) Gefahrgut UN-Nr.: Gefahrgut-Bezeichnung

1.2 Waren prüfen und kontrollieren

2. Berechnen von Gewicht, Fläche und Volumen

a) Ermitteln des Bruttogewichtes:
1. Vereinheitlichen der Gewichtsangaben: 650 g $\xrightarrow{:1.000}$ 0,65 kg
2. Berechnen für *ein* Packstück: 0,65 kg + (5 · 1,25 kg) = 6,9 kg (Tara + Nettogewicht = Bruttogewicht)
3. Berechnen für *alle* Packstücke: 6,9 kg · 90 = 621 kg $\xrightarrow{:1.000}$ **0,621 t**

b) Ermitteln der Fläche:
1. Vereinheitlichen der Maßangaben: 600 mm $\xrightarrow{:100}$ 6 dm (Länge), 250 mm $\xrightarrow{:100}$ 2,5 dm (Breite)
2. Berechnen für *ein* Packstück: 6 dm · 2,5 dm = 15 dm²
3. Berechnen der *Anzahl* Packstücke in *einer* Lage: 90 Packstücke : 6 Lagen = 15 Packstücke in einer Lage
4. Berechnen der benötigten Fläche: 15 dm² · 15 = 225 dm² $\xrightarrow{:100}$ **2,25 m²**

c) Ermitteln des Gesamtvolumens:
1. Vereinheitlichen der Maßangaben: 600 mm $\xrightarrow{:1.000}$ 0,6 m (Länge), 250 mm $\xrightarrow{:1.000}$ 0,25 m (Breite), 300 mm $\xrightarrow{:1.000}$ 0,3 m (Höhe)
2. Berechnen für *ein* Packstück: 0,6 m · 0,25 m · 0,3 m = 0,045 m³
3. Berechnen für *alle* Packstücke: 0,045 · 90 = **4,05 m³**

3. Europaletten-Maß: 1.200 mm x 800 mm x 144 mm

1. Längsbeladung:
   120 cm : 60 cm = 2 Stücke, 80 cm : 25 cm = 3,2 → Abrunden → 3 Stücke, 2 · 3 = 6 Packstücke pro Lage
2. Querbeladung:
   120 cm : 25 cm = 4,8 → Abrunden → 4 Stücke, 80 cm : 60 cm = 1,33 → Abrunden → 1 Stück = 4 · 1 = 4 Packstücke pro Lage
3. Höhenbeladung:
   Berücksichtigen der Europalettenhöhe: 180 cm – 14,4 cm = 165,6 cm stehen für die Höhe der Packstücke zur Verfügung
   Wie viele Packstücke in der Höhe? 165,6 cm : 30 cm = 5,52 Stücke → Abrunden = 5 Packstücke in der Höhe
4. Anzahl der Packstücke für *eine* Europalette:
   Längsbeladung ist die beste Verteilung: 6 Stücke in einer Lage · 5 Stücke hoch = 30 Packstücke pro Europalette
5. Gesamtzahl der Packstücke:
   90 Packstücke insgesamt : 30 Packstücke pro Europalette = **3 Europaletten**

9.

	Mangelart	**Beispiel**	**Prüfung**
1.	Mangel in der Identität (Art)	Statt Barcode-Scanner wurden Flachbett-scanner geliefert.	Sichtprüfung durch Vergleich der Bestellung mit dem Lieferschein.
2.	Mangel in der Beschaffenheit	Ein Barcode-Scanner hat Kratzer.	Sichtprüfung durch Untersuchen des Zustandes.
3.	Mangel in der Quantität (Menge)	Statt 500 Barcode-Scanner wurden nur 350 geliefert.	Zählen, Messen oder Wiegen der Ware und Vergleich der Bestellung mit dem Lieferschein.
4.	Mangel in der Qualität (Güte)	Die bruchsicheren Barcode-Scanner sind von minderer Qualität bzw. einige sind gebrochen.	Prüfen der *zugesicherten Eigenschaften und Merkmale*, z. B. mit einer Bruchprüfung und Vergleich mit der Bestellung, dem Angebot, der Probe oder dem Muster.
5.	Montagemangel (Fehlerhafte Montageanleitung, falsche Montage)	Die Anleitung zur Installation der Barcode-Scanner fehlt oder die CD mit den Treibern.	Sichtprüfung durch Untersuchen der Vollständigkeit der Lieferung.
6.	Mangel in der Werbeaussage (nicht eingehaltene Werbeaussage)	Aufgrund der *Werbeanzeige „ultra-bruchsichere Barcode-Scanner"* wurden diese bestellt, bei der Anlieferung sind die Scanner gebrochen.	Prüfen der *zugesicherten Werbeaussage*, z. B. mit einer Bruchprüfung und Vergleich mit der Bestellung, dem Angebot, der Probe oder dem Muster.
7.	Rechtsmangel	Bei fünf Barcode-Scannern ist die Seriennummer zerkratzt bzw. fehlt.	Sichtprüfung durch Untersuchen auf Vollständigkeit mitgelieferter Registrierungskarten, Seriennummern-Listen oder Rechnungen mit Seriennummern.

(Hinweis: Die Mängel 1–6 zählen zu den Sachmängeln und Mangel 7 ist ein Rechtsmangel, d. h. der Verkäufer kann dem Käufer das Eigentum an der Ware nicht verschaffen, z. B. Raubkopien, Hehler-Waren.)

11.

<table>
<tr><th></th><th>Bürgerlicher Kauf</th><th>Einseitiger Handelskauf</th><th>Zweiseitiger Handelskauf</th></tr>
<tr><td>Offener Mangel</td><td rowspan="2">Nach Entdecken innerhalb von 2 Jahren (Hinweis: Gewährleistung kann vertraglich ausgeschlossen werden.)</td><td rowspan="2">Nach Entdecken innerhalb von 2 Jahren (Hinweis: Auffällige Mängel sind sofort anzuzeigen.)</td><td>Unverzüglich nach Entdecken bei Eingangsprüfung</td></tr>
<tr><td>Versteckter Mangel</td><td>Unverzüglich nach Entdecken innerhalb von 2 Jahren</td></tr>
</table>

Hinweis: Bei gebrauchten Waren (Sachen) verkürzt sich die Rügefrist auf 1 Jahr beim bürgerlichen Kauf und einseitigen Handelskauf.

2 Güter lagern

2.1 Lager unterscheiden

6.

Betriebsarten	Lagerarten
Industriebetrieb: In einem Industriebetrieb werden Waren hergestellt. Dafür werden Roh-, Hilfs-, und Betriebsstoffe benötigt und es kommen Maschinen zum Einsatz.	• **Roh-, Hilfs- und Betriebsstofflager:** In diesem Lager werden die für die Produktion der Waren benötigten Roh-, Hilfs- und Betriebsstoffe gelagert. • **Pufferlager oder Zwischenlager:** In diesem Lager werden halbfertige Produkte bis zur Weiterverarbeitung in der nächsten Produktionsstufe gelagert. • **Fertigwarenlager:** In diesem Lager werden die fertigen Produkte bis zum Verkauf gelagert.
Großhandel: Großhändler verkaufen Waren in großen Mengen. Zumeist werden die Waren bei den Industriebetrieben gekauft und an den Einzelhandel weiterverkauft.	• **Auslieferungslager:** Vom Auslieferungslager beliefert der Großhändler seine Kunden. • **Kommissionslager:** Die Waren in einem Kommissionslager werden dem Käufer vom Verkäufer zur Verfügung gestellt und müssen vom Käufer erst bezahlt werden, nachdem sie verkauft wurden. Nicht benötigte Ware wird vom Verkäufer zurückgenommen.
Einzelhandel: Der Einzelhandel bezieht seine Waren vom Großhandel oder direkt vom Industriebetrieb und verkauft diese an den Endverbraucher.	• **Verkaufslager:** Das Verkaufslager ist der Verkaufsraum, in dem die Waren den Kunden präsentiert und verkauft werden. • **Reservelager:** Hier wird die Ware angenommen, ggf. umgeformt und gelagert, bis sie im Verkaufslager benötigt wird.

9.1

Lager-kapazität	Eigenlagerung			Fremd-lagerung
	fixe Kosten	variable Kosten	Gesamtkosten	Kosten pro m^3
0	50.000 €	0 €	50.000 €	0 €
500	50.000 €	2.750 €	52.750 €	12.750 €
1.000	50.000 €	5.500 €	55.500 €	25.500 €
1.500	50.000 €	8.250 €	58.250 €	38.250 €
2.000	50.000 €	11.000 €	61.000 €	51.000 €
2.500	50.000 €	13.750 €	63.750 €	63.750 €
3.000	50.000 €	16.500 €	66.500 €	76.500 €
3.500	50.000 €	19.250 €	69.250 €	89.250 €
4.000	50.000 €	22.000 €	72.000 €	102.000 €

9.2 Zunächst wird für beide Varianten eine Kostenfunktion erstellt.
$K_{(x)E} = 5{,}5\,x + 50.000$
$K_{(x)F} = 25{,}5\,x$
Da das Volumen gesucht ist, bei dem die Kosten beider Varianten gleich hoch sind, werden die beiden Kostenfunktionen gleichgesetzt.
$5{,}5\,x + 50.000 = 25{,}5\,x$
Durch Umformen wird die entstandene Gleichung gelöst.
$5{,}5\,x + 50.000 = 25{,}5\,x \quad | -5{,}5\,x$
$50.000 = 20\,x \quad | :20$
$2.500 = x$
Die kritische Lagermenge beträgt **2.500 m³**.

2.2 Lagereinrichtung

3. Lösungswort: REGAL

4. Lösungswort: LAGER

9.1 Kapazität in Stück pro Fach = Fachlast : kg pro Stück
Kapazität in Stück pro Fach = 60 kg : 1,9 kg = 31,58, ~ 31 Spielekonsolen pro Fach
31 Spielekonsolen pro Fach · 48 Fächer = **1488** Spielekonsolen

9.2 2.270 Spielekonsolen – 1.488 Spielekonsolen = 782 Spielekonsolen
782 Spielekonsolen : 31 Spielekonsolen/Fach = 25,23 Fächer ~ **26 Fächer** →

9.3 48 Fächer + 26 Fächer = 74 Fächer
74 Fächer · 60 kg = 4.440 kg
2.270 Spielekonsolen · 1,9 kg = 4.313 kg
Auslastung in % = genutzte Kapazität · 100 : vorhandene Kapazität
Auslastung in % = 4.313 kg · 100 : 4.440
Auslastung in % = **97,14 %**

3 Güter bearbeiten

3.4 Wirtschaftlichkeit im Lager

6. d)

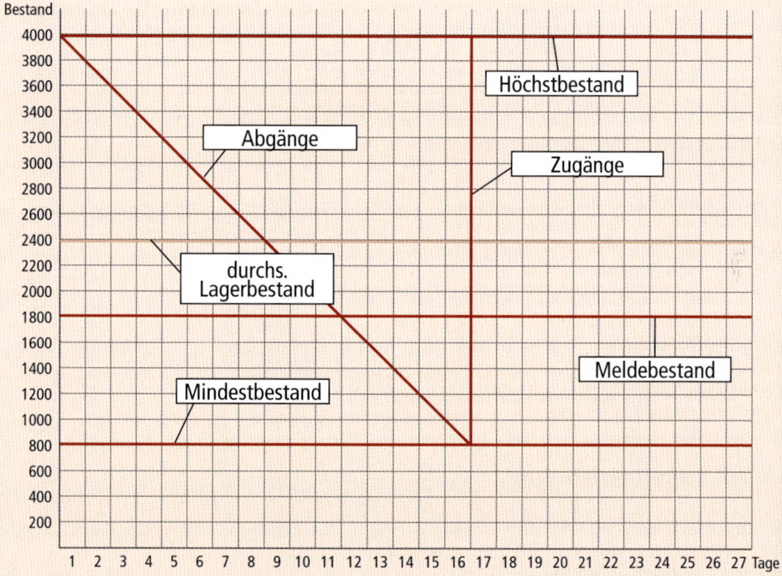

7.

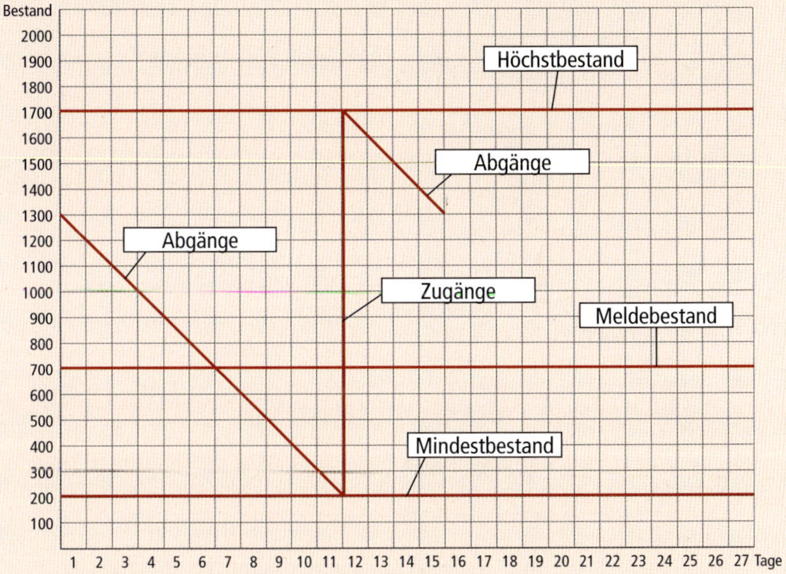

10. Die Berechnung erfolgt in fünf Schritten:

Schritt 1:
Durchschnittlicher Lagerbestand = Anfangsbestand + Bestand Januar + Bestand Februar + … + Bestand Dezember : 13
(120.000 + 250.000 + 220.000 + 240.000 +180.000 + 190.000 + 230.000 + 264.000 + 270.000 + 260.000 + 274.000 + 170.000 + 220.000) : 13 = 2.888.000 : 13 = 222.153,85 €

Schritt 2:
Wareneinsatz = Anfangsbestand + Zugänge 01.01.–31.12. – Endbestand
Der Endbestand entspricht dem Bestand vom 31.12.
120.000 + 1.100.000 – 220.000 = 1.000.000 €

Schritt 3:
Umschlagshäufigkeit = Wareneinsatz : durchschnittlicher Lagerbestand
1.000.000 : 222.153,85 = 4,50

Schritt 4:
Durchschnittliche Lagerdauer = 360 : Umschlagshaufigkeit
360 : 4,5 = 80 Tage

→

Schritt 5:
Lagerzinsen = durchschnittlicher Lagerbestand · durchschnittliche Lagerdauer · Zinssatz : 360 · 100
222.153,85 · 80 · 12 : 360 · 100 = 213.267.696 : 36.000 = 5.924,10 €
Die Lagerzinsen betragen **5.924,10 €**.

14. Durchschnittlicher Lagerbestand 00: 52.300 €
Durchschnittlicher Lagerbestand 01: Anfangsbestand + Quartalsbestand 31.03.01 + Quartalsbestand 31.06.01 + Quartalsbestand 31.09.01 + Quartalsbestand 31.12.01 = (57.435 + 77.970 + 58.450 + 45.760 + 84.320) : 5 = 323.935 : 5 = 64.787 €
Veränderung zwischen dem Jahr 00 und dem Jahr 01 in € = durchschnittlicher Lagerbestand 01 – durchschnittlicher Lagerbestand 00 = 64.787 € – 52.300 € = 12.487 €
Veränderung in Prozent = Veränderung in € · 100 : durchschnittlicher Lagerbestand 00 = 12.487 € · 100 : 52.300 € = **23,88 %**
Der durchschnittliche Lagerbestand hat sich um 23,88 % erhöht.

16. Lagerreichweite = (Lagerbestand + offene Bestellungen – reservierte Bestände) : Tagesverbrauch = (1.225 + 350 – 200) : 125 = **11 Tage**

17. Aktueller Bestand = Tagesverbrauch · Lagerreichweite = 140 · 15 = 2.100 Stück
Tagesverbrauch neu = Tagesverbrauch alt · 115 : 100 = 140 · 115 : 100 = 161 Stück
Lagerreichweite neu = aktueller Bestand : Tagesverbrauch neu = 2.100 : 161 = 13,04 Tage
Der Vorrat reicht bei einer Steigerung des Tagesverbrauches um 15 % noch für **13** volle Arbeitstage.

4 Güter im Betrieb transportieren

4.3 Fördermittel

4.3.3 Gabelstapler

14. e) Sicherheit gilt zuerst, dadurch Gewicht 1.560 kg → 1.600 kg, Queraufnahme 800 mm; demzufolge ist Lastschwerpunkt bei 400 mm → in der Tabelle 500 mm → Schnittpunkt zwischen Gewicht und Lastschwerpunkt ist oberhalb der 5.000-mm-Linie → Sicherheit also zur nächsten Linie → **4.500 mm**.

4.3.5 Fahrerlose Transportsysteme

29. a) 860 m = 0,86 km
0,86 km : 5 km/h = 0,172 h
0,172 · 60 = 10,32 min
10,32 min · 60 = 619,2 s (Abrunden!) → 619 s →

2 · 45 s = 90 s
619 s + 90 s = 709 s
709 s : 60 = 11,8166 min
11 min · 60 = 660 s
709 – 660 = 49 s = **11 min 49 s**

b) 8:00 – 18:00 Uhr = 10 h
10 h · 3.600 = 36.000 s
36.000 s : 709 s = 50,7757
→ Abrunden, da angefangene Fahrt nicht während der Arbeitszeit beendet werden kann = 50 Fahrten in 10 Stunden
50 Fahrten · 10 Fahrzeuge = **500 Paletten**

5 Güter kommissionieren

5.4 Kommissionierzeiten

4. Kommissionierzeit = Basiszeit + Greifzeit + Wegzeit + Verteilzeit + Totzeit
Kommissionierzeit = 5 Minuten + (35 Sekunden · 20 Positionen) + (1 Minute · 20 Positionen) + (50 Sekunden · 20 Positionen) + 2 Minuten + 10 Minuten = 65,33 Minuten = **65 Minuten 20 Sekunden**

5.5 Kommissionierleistungen

4. $\text{Kommissionierleistung} = \dfrac{3.600 \text{ Sekunden}}{\text{Kommissionierzeit in Sekunden je Position}} =$

$= \dfrac{3.600 \text{ Sekunden}}{80 \text{ Sekunden je Position}} = \mathbf{45}$ Positionen pro Mitarbeiter und Stunde

5. Ø Anzahl der Kommissionierpositionen pro Auftrag =

$= \dfrac{\text{Gesamtzahl der Kommissionierpositionen}}{\text{Anzahl der Aufträge}} = \dfrac{15.569 \text{ Positionen}}{4.750 \text{ Aufträge}} \approx$

≈ **3,28** Positionen pro Auftrag

6. $\text{Fehlerquote in \%} = \dfrac{\text{Kommissionierfehler} \cdot 100}{\text{Anzahl der Kommissionierungen insgesamt}} = \dfrac{25 \cdot 100}{5.678} =$

= **0,44 %**

7. a) $\text{Fehlerquote in \% (2011)} = \dfrac{78 \cdot 100}{16.250} = \mathbf{0{,}48\,\%}$

$\text{Fehlerquote in \% (2012)} = \dfrac{156 \cdot 100}{16.590} = \mathbf{0{,}94\,\%}$

8. Kommissionierung pro Auftrag = $\frac{\text{Kommissionierkosten pro Stunde}}{\text{Anzahl der Kommissionieraufträge pro Stunde}}$

$= \frac{280{,}00\ €}{120\ \text{Aufträge}} = \mathbf{2{,}33\ €}$ je Auftrag

9. $\frac{480 \cdot 95}{100} = \mathbf{456}$ Positionen

6 Güter verpacken

6.2 Arten von Packmitteln

7. Anzahl an Schachteln

1. Vereinheitlichen der Einheiten:
   EUR-Palette: 1.200 mm $\xrightarrow{:10}$ 120 cm, 800 mm $\xrightarrow{:10}$ 80 cm, 144 mm $\xrightarrow{:10}$ 14,4 cm;
   Schachtel: 30 cm x 20 cm x 15,6 cm
2. Längs- oder Querbeladung:
   Längsbeladung: $\frac{120\ \text{cm}}{30\ \text{cm}}$ = 4 Stück, $\frac{80\ \text{cm}}{20\ \text{cm}}$ = 4 Stück
   → 4 · 4 = **16 Schachteln pro Lage** (Ebene)

   Querbeladung: $\frac{120\ \text{cm}}{20\text{cm}}$ = 6 Stück, $\frac{80\ \text{cm}}{30\ \text{cm}}$ = 2,6 $\xrightarrow{\text{Abrunden}}$ 2 Stück
   → 6 · 2 = 12 Schachten pro Lage (Ebene)
3. Berechnen der Stückzahl:
   In der Aufgabe *sechslagig* → $\frac{16\ \text{Stück}}{\text{Lage}}$ · 6 Lagen = **96 Schachteln**

8. Volumen des Packstückes

1. Vereinheitlichen der Einheiten:
   EUR-Palette: 1.200 mm $\xrightarrow{:100}$ 12 dm; 800 mm $\xrightarrow{:100}$ 8 dm,
   144 mm $\xrightarrow{:100}$ 1,44 dm;
   Schachtel: 30 cm $\xrightarrow{:10}$ 3 dm, 20 cm $\xrightarrow{:10}$ 2 dm, 15,6 cm $\xrightarrow{:10}$ 1,56 dm
2. Volumen der 96 Schachteln (s. Aufg. 7):
   Volumen = Länge · Breite · Höhe = 3 dm · 2 dm · 1,56 dm
   = 9,36 dm · 96 Schachteln = 898,56 dm^3
3. Volumen der EUR-Palette:
   Volumen = 12 dm · 8 dm · 1,44 dm = 138,24 dm^3
4. Volumen des Packstückes:
   Volumen = Schachtelvolumen + Palettenvolumen
   = 898,56 dm^3 + 138,24 dm^3 = **1.036,8 dm^3**

9. Fläche der Folie

1. Vereinheitlichen der Einheiten:
   EUR-Palette: 1.200 mm $\xrightarrow{:1.000}$ = 1,2 m, 800 mm $\xrightarrow{:1.000}$ = 0,8 m,
   144 mm $\xrightarrow{:1.000}$ = 0,144 m
   Schachtel: 30 cm $\xrightarrow{:100}$ = 0,3 m, 20 cm $\xrightarrow{:100}$ = 0,2 m, 15,6 cm $\xrightarrow{:100}$ = 0,156 m
2. Berechnen der Höhe des Packstücks inkl. Palette:
   Höhe = Palettenhöhe + (6 · Schachtelhöhe) = 0,144 mm + (6 · 0,156 m) = 1,08 m
3. *Berechnung der Seitenfläche:*
   Es müssen nur 4 Seiten betrachtet werden, denn die Ober- und Unterseite werden nicht mit Folie umwickelt.
   Frontseite: 1,2 m · 1,08 m = 1,296 m² · 2 (wegen Rückseite) = 2,592 m²
   Linke Seite: 0,8 m · 1,08 m = 0,864 m² · 2 (wegen rechter Seite) = 1,728 m²
   → Gesamtfläche 2,592 m² + 1,728 m² = 4,32 m² → zweimal umwickelt
   = 4,32 m² · 2 = 8,64 m²
3. Berechnung des Verschnitts: 8,64 m² · 0,05 (5 % gegeben) = 0,432 m²
   → Gesamtfläche inkl. Verschnitt = 8,64 m² + 0,432 m² = **9,072 m² Folie**

17. Umrechnung, Anzahl und Volumen

a) Umrechnung der Einheiten (1'' = 2,54 cm):
   GMA-Palette: 48 · 2,54 cm = 121,92 cm $\xrightarrow{:10}$ **1.219,2 mm**,
   40 · 2,54 cm = 101,60 cm $\xrightarrow{:10}$ **1.016,0 mm**

b) Anzahl der GMA-Paletten:
   1. Umrechnung der Container-Maße (1' = 30,48 cm):
      20 · 30,48 cm = 609,6 cm; **7,7** · 30,48 cm = 234,7 cm
   2. Längs- oder Querbeladung:
      Längsbeladung: $\frac{609{,}6\text{ cm}}{121{,}92\text{ cm}}$ = 5 Stücke, $\frac{234{,}7\text{ cm}}{101{,}6\text{ cm}}$ = 2,31 $\xrightarrow{\text{Abrunden}}$
      2 Stücke → 5 · 2 = **10 Stück einlagig**
      Querbeladung: $\frac{609{,}6\text{ cm}}{101{,}6\text{ cm}}$ = 6 Stücke, $\frac{234{,}7\text{ cm}}{121{,}92\text{ cm}}$ = 1,93 $\xrightarrow{\text{Abrunden}}$
      1 Stück → 6 · 1 = **6 Stück einlagig**

c) Berechnung des Innenvolumens:
   1. Umrechnung der Container-Maße (s. Aufg. b):
      609,6 cm $\xrightarrow{:10}$ 60,96 dm; 234,7 cm $\xrightarrow{:10}$ 23,47 dm;
      Höhe = **8,5** · 30,48 cm = 259,08 cm $\xrightarrow{:10}$ 25,91 dm
   2. Berechnung des Container-Volumens:
      Volumen = 60,96 dm · 23,47 dm · 25,91 dm = **37.070,25 dm³**

6.5 Umwelt- und Kostenaspekte beim Verpacken

7. Verpackungskosten

a) brutto für netto:
   1. Bruttogewicht = Nettogewicht + Tara = 160,0 kg + 15,0 kg = 175,0 kg
   2. Bruttogewicht · Preis/kg = 175,0 kg · 7,50 €/kg = **1.312,50 €**

b) Preis einschließlich Verpackung:
   Nettogewicht · Preis/kg → 160,0 kg · 7,50 €/kg = **1.200,00 €**

c) Preis ausschließlich Verpackung:
   1. Nettogewicht · Preis/kg → 160,0 kg · 7,50 €/kg = 1.200,00 €
   2. Nettopreis + Versandkosten → 1.200,00 € + 25,00 € = **1.225,00 €**

7 Touren planen

7.2 Tourenplanung: Binnenschifffahrt

1.1 Transporttage

1. Umrechnen in Stunden:
   Ladezeit: 2 Tage · 24 = 48 h, Löschzeit: 2 Tage · 24 = 48 h
2. Berechnen der Fahrtzeit für 1 Tour:
   Ladezeit + Löschzeit + Fahrt flussaufwärts + Fahrt flussabwärts = 48 h + 48 h + 50 h + 46 h = 192 h
3. Berechnen der benötigten Touren:
   Transportvolumen : Ladevolumen = 3.100 t : 1.700 t = 1,82 →
   2 Touren (Aufrunden)
4. Ermitteln der Gesamtfahrtzeit:
   Fahrtzeit · Touren = 192 h · 2 = 384 h
5. Umrechnen der Gesamtfahrtzeit in Tage:
   384 h : 24 h → **16 Tage dauert der Transport**

1.2 Liegegeld

1. Umrechnen der Liegezeit in Stunden:
   570 min : 60 min = 9,5 h → jede angefangene Stunde → 10 h
2. Berechnen der zusätzlichen Tonnage:
   1.700 t – 1.500 t = 200 t (Tonnen über der 1.500 Tonnen-Grenze)
3. Ermitteln des Liegegeldes:
   Zeitpauschale = 75,00 € · 10 h = 750,00 €
   Zusatztonnen = 200 t · 0,02 € = 4,00 €
   Zeitpauschale + Zusatztonnen = 750,00 € + 4,00 € = **754,00 € Liegegeld**

1.3 Gesamtkosten

1. Berechnen der reinen Transportkosten:
   Transporttage · Tageskostensatz = 16 Tage · 1.360,00 € = 21.760,00 €
2. Berechnen der Schiffsabgabe:
   Tonnage · 0,03 € = 3.100 t · 0,03 € = 93,00 €
3. Ermitteln der Gesamttransportkosten:
   Transportkosten + Liegegeld + Schiffsabgabe = 21.760,00 € + 754,00 € + 93,00 € = **22.607,00 €**

7.3 Tourenplanung: Seeschifffahrt

1.1 Entfernung Hamburg → Bangkok = 17.365 km · 0,54 sm/km = **9.377,1 sm**
(Hinweis: Eine weitere Möglichkeit wäre die Umrechnung 1 sm = 1,852 km, d. h. 17.365 km : 1,852 km/sm = 9.376,3 sm. Die unterschiedlichen Ergebnisse entstehen durch die gerundete Umrechnungszahl. Sie sollten den vorgegebenen Weg bevorzugen.)

1.2 Fahrtdauer

1. Umrechnung der Geschwindigkeit:
   1 kn = 1,852 km/h; 16 kn · 1,852 km/h = 29,632 km/h
2. Berechnen der Fahrzeit:
   Entfernung : Geschwindigkeit = 17.365 km : 29,632 km/h = 586 h
3. Umrechnen in Tage und Stunden:
   586 h : 24 h = 24,417 Tage, 586 h – (24 Tage · 24 h) = 10 h
   → **24 Tage und 10 Stunden**

1.3 Containeranzahl

1. Vereinheitlichung der Maße:
   225 t · 1.000 = 225.000 kg
2. Berechnen der Gesamtstückzahl:
   225.000 kg : 450 kg = 500 Stück
3. Berechnen der Containeranzahl:
   500 Stück : 58 Stück = 8,62 → **9 Container** (Aufrunden)

oder

1. Vereinheitlichung der Maße : 225 t · 1.000 = 225.000 kg
2. Berechnen des Gewichts von einem Container: 58 Stück · 450 kg = 26.100 kg
3. Berechnen der Conataineranzahl: 225.000 kg : 26.100 kg = 8,62 → **9 Container**

7.4 Tourenplanung: Schienenverkehr

1. Versendung mit der Bahn
   a) Frachtrate
      1. Frachtrate pro km über Tabelle: größer 200 Tonnen → 4,40 €/km
      2. Berechnen der Frachtrate: 4,40 €/ km · 780 km = **3.432,00 €**
   b) Lastgrenze
      1. Berechnen des Kiesgewichtes pro Wagen: Volumen des Wagens · Kies pro kg = 40 m³ · 625 kg = 25.000 kg
      2. Umrechnen in Tonnen: 25.000 kg : 1.000 = 25 t
      3. Vergleich mit Lastgrenze: 25 t < 28 t → **Die Lastgrenze von 28 t wird eingehalten.**
   c) Anzahl an Schüttgutwagen

$$\frac{\text{Gesamttransportgewicht}}{\text{Ladungsgewicht}} = \frac{250\ \text{t}}{25\ \text{t}} = \textbf{10 Wagen}$$

(Hinweis: Nicht die Lastgrenze, sondern das Eigengewicht des Kieses verwenden.)

7.5 Tourenplanung: Straßengüterverkehr

1. Versendung mit dem Lkw
   a) Bruttogewicht der Sendung
      1. Bruttogewicht pro Zielort: Aalen = 0,855 t · 2 Pal. = 1,71 t; Rain = 0,795 t · 4 Pal. = 3,18 t; Roth = 0,063 t · 1 Pal. = 0,063 t; Ulm = 0,525 t · 3 = 1,575 t
      2. Bruttogewicht der Sendung: 1,71 t + 3,18 t + 0,063 t + 1,575 t = 6,528 t
      3. *Umrechnen des Gesamtgewichts in kg:* 6,528 t · 1.000 = **6.528 kg**
   b) Gesamtzeit *(Erleichterung durch Berechnung in Minuten)*
      1. *Umrechnen der Geschwindigkeit in min/km:* 60 : 40 = 1,5 min/km, d. h. der Lkw benötigt für 1 km Strecke 1,5 min
      2. *Vereinheitlichen der Größen:* Beladezeit = 0,75 h · 60 = 45 min
      3. *Berechnen der Gesamtzeit:*

Fahrzeit:	534 km · 1,5 min/km*) =	801 min
Beladezeit:		45 min
Entladezeit:	4 Orte · 25 min =	100 min
Säubern und Tanken:		35 min
	Summe:	**981 min**

*) oder 534 km : 40 km/h = 13,35 h · 60 = 801 min

      4. *Umrechnen der Gesamtzeit in Stunden und Minuten:* 981 : 60 = 16,35 h → 981 · (16 · 60) = 21 min → **16 Stunden und 21 Minuten**

8 Güter verladen

8.3 Physikalische Grundlagen der Ladungssicherung

12. Massenkraft = 0,8 · 3.000 daN = 2.400 daN
Reibungskraft = 0,3 · 3.000 daN = 900 daN
Sicherungskraft = 2.400 daN – 900 daN = **1.500 daN**

8.4 Arten der Ladungssicherung

5. Vorspannkraft = (0,8 – 0,2) : 0,2 · 800 daN : 1,5 = 1.600 daN
1.600 daN : 500 daN = 3,2
Es werden **4** Zurrmittel benötigt.

8.5 Anforderungen an das Transportfahrzeug

2. 4,85 t + 5 · 0,36 t + 3 · 0,17 t + 24 · 0,095 t + 0,08 t = **9,52 t**

3. 26,5 t – 14,1 t = 12,4 t = 12.400 kg (Zuladung)
12.400 kg : 32 = **387,5 kg**
Die einzelne Palette darf maximal 387,5 kg schwer sein.

4. 6,3 m · 2,42 m = 15,246 m^2
8 · 1,2 m · 0,8 m + 9 · 0,8 m · 0,9 m = 14,16 m^2
100 % : 15,246 m^2 · 14,16 m^2 = **92,88 %**

5. 8,0 m : 0,78 m = 10,26 (bedeutet 10 Fässer)
2,4 m : 0,78 m = 3,08 (bedeutet 3 Fässer)
10 · 3 = **30** (Fässer)
Es können maximal 30 Fässer transportiert werden.

6. a) 7,2 m · 2,3 m · 480 kg/m^2 = 7.948,8 kg
7.948,8 kg : 54 kg = **147,2**
Es können 147 Kisten transportiert werden.

b) 7.948,8 kg : 46 kg = 172,8 (bedeutet 172 Kisten) aber:
7,2 m : 0,5 m = 14,4 (bedeutet 14 Kisten)
2,3 m : 0,5 m = 4,6 (bedeutet 4 Kisten)
4 · 14 = 56 (Kisten)
56 Kisten · 3 = **168** Kisten
Es könnten 168 Kisten transportiert werden.

8. Massenkraft = 0,8 · 8.000 daN = 6.400 daN
Reibungskraft = 0,1 · 8.000 daN = 800 daN
Belastbarkeit der Stirnwand = 0,4 · 15.000 = 6.000 daN
6.000 daN > 5.000 daN, es gilt 5.000 daN
Sicherungskraft = 6.400 daN – 800 daN – 5.000 daN = **600 daN**

10. a) $Sg = (2\ t \cdot 0{,}75\ m + 3\ t \cdot 2{,}7\ m + 5\ t \cdot 4{,}8\ m) : (2\ t + 3\ t + 5\ t) =$ **3,36 m**
c) $Sg = (2\ t \cdot 0{,}75\ m + 5\ t \cdot 2{,}4\ m + 3\ t \cdot 4{,}5\ m) : (2\ t + 5\ t + 3\ t) =$ **2,7 m**
Die Ladung darf so nicht transportiert werden.

8.7 Container-Beladung

7. 1 Fuß = 0,3048 m, 1 Zoll = 0,3048 m : 12 = 0,0254 m, Länge = 39 · 0,3048 m + 5 · 0,0254 m = 12,01 m, Breite = 7 · 0,3048 m + 8 · 0,0254 m = 2,34 m, Höhe = 7 · 0,3048 m + 9 · 0,0254 m = 2,36 m, Volumen = 12, 01 m · 2,34 m · 2,36 m = **66,32 m³**

8. 5,71 m : 0,8 m = 7,14 (bedeutet 7 Paletten in der Länge)
2,44 m : 1,2 m = 2,03 (bedeutet 2 Paletten in der Breite)
2,69 m : 1,25 m = 2,15 (bedeutet 2 Paletten in der Höhe)
7 · 2 · 2 = 28, Es können **28** Paletten verstaut werden.

9 Güter versenden

9.1 Grundbegriffe

4.

Verkehrs-träger	Vorteile	Nachteile
Güter-kraftver-kehr	• sehr gutes Verkehrsnetz, daher Haus zu Haus-Verkehr möglich • sehr flexibel einsetzbar • Spezialfahrzeuge ermöglichen den Transport unterschiedlicher Güter	• hohe Umweltbelastung • starke Abhängigkeit von Witterung und Verkehrs-bedingungen • begrenzte Kapazität
Eisen-bahnver-kehr	• geringe Umweltbelastung • hohe Kapazität • sicher	• meist kein Haus zu Haus-Verkehr möglich • weniger flexibel als andere Verkehrsträger
Binnen-schifffahrt	• geringe Umweltbelastung • sehr zuverlässig • sicherer Transport der Waren • hohe Kapazität	• langsam • sehr schlechtes Verkehrs-netz
Seeschiff-fahrt	• sehr preisgünstiger Transport • geringe Umweltbelastung • sehr zuverlässig • hohe Kapazität	• langsam • kein Haus zu Haus-Verkehr möglich
Luftver-kehr	• sicherer Transport der Waren • sehr schneller Transport • sehr zuverlässig	• sehr teuer • kein Haus zu Haus-Verkehr möglich • hohe Umweltbelastung

7. Brutto-Rohgewicht = 6 Paletten · 500 kg = 3.000 kg
Haftungsgrenze in SZR = 8,33 SZR · Brutto-Rohgewicht = 8,33 SZR/kg · 3.000 kg = 24.990 SZR
Haftungsgrenze in € = Haftungsgrenze in SZR · Umrechnungskurs = 24.990 SZR · 1,13 €/SZR = 28.238,70€
Die Haftungsgrenze beträgt **8,33 SZR** je kg Brutto-Rohgewicht.

9.2 Güterkraftverkehr und KEP-Dienste

8. *Eigener Fuhrpark:*
Abschreibungen auf die Fahrzeuge im Jahr: 90.000 €
Lohn- und Gehaltskosten im Jahr: 450.000 €
Betriebskosten für die Fahrzeuge im Jahr: 13.500 €
variable Kosten pro km: 9 LKW · 25.000 km · 0,70 €/km = 157.500 €
Summe: 711.000 €
Outsourcing an externen Dienstleister:
Bereitschaftspauschale: 50.000 €
variable Kosten pro km: 225.000 km · 3,20 €/km = 720.000 €
Summe: 770.000 €
Die Kosten für den eigenen Fuhrpark sind um **59.000 € geringer.**
Entscheidung: **Eigener Fuhrpark**

9.3 Eisenbahnverkehr

1.1 Gesamtvolumen = 4.000 t : 0,55 t/m³ = 7.272,73 m³

$$\text{Anzahl Waggons} = \frac{\text{Gesamtvolumen}}{\text{Ladungsvolumen pro Waggon}} = \frac{7.272{,}73\ \text{m}^3}{40\ \text{m}^3/\text{Waggon}} =$$

= 181,82 Waggons, Es werden **182** Waggons benötigt.

1.2 Gesamtgewicht der Ladung: 4.000 t
Maximale Zuladung bei 182 Wagon = 182 Wagons · 25 t = 4.550t

$$\text{Auslastung in \%} = \frac{\text{Gesamtgewicht der Ladung}}{\text{maximale Zuladung bei 182 Waggons}} \cdot 100 =$$

$$= \frac{4.000\ \text{t}}{4.550\ \text{t}} \cdot 100 = \mathbf{87{,}91\ \%}$$

Die prozentuale Ausnutzung der Ladekapazität in Bezug auf die maximale Zuladung in t beträgt 87,91 %.

3. $\text{Fahrzeit} = \frac{\text{Strecke}}{\text{Geschwindigkeit}} = \frac{663\ \text{km}}{65\ \text{km/h}} = 10{,}2\ \text{Std} = 10\ \text{Stunden und}\ 12\ \text{Minuten}$

9.5 Seeschifffahrt

1.1 *Gewicht Solarmodule:*
Modulfläche = $L \cdot B$ = 1,675 m · 1 m = 1,675 m^2
Gewicht pro Modul = Modulfläche · Gewicht pro m^2 = 1,675 m^2 · 12,66 kg/m^2 = 21,2055 kg
Gewicht der Ladung = 700 Stück pro Container · 21,21 kg pro Solarmodul = 14.843,85 kg
Gewicht Tara:
Gewicht Modulverpackung = 0,8 kg + 0,5 kg = 1,3 kg · 700 Verpackungen pro Container = 910 kg
Leergewicht Container = 2.300 kg
Bruttogewicht = Gewicht der Ladung + Tara = 14.843,85 kg + 910 kg + 2.300 kg = **18.053,85 kg**

1.5 Fahrzeit = Strecke in sm/kn = 12.400 sm : 20 kn = 620 Std = 25 Tage und 20 Std

Abfahrt Hamburg:	28.3., 18:00 Uhr
Fahrtzeit:	25 Tage und 20 Std
Liegezeit Tokio:	1 Tag und 12 Std
Zeitverschiebung:	+ 10 Std
Ankunft Sydney:	**25.4., 12:00 Uhr**

1.6 a) Kraftstoffverbrauch Hamburg–Sydney = Fahrzeit in Stunden · Kraftstoffverbrauch pro Stunde = 620 h · 14.380 l/h = **8.915.600 l**
b) Kraftstoffverbrauch pro Container = 8.915.600 l : 6.500 Container = **1.371,63 l/Container**
c) Kraftstoffverbrauch pro 100 km:
1. Berechnung der Gesamtstrecke in km: 12.400 sm · 1,85 km/sm = 22.940 km
2. Berechnung des Verbrauchs für einen Container pro 100 km:

$$\frac{8.915.600 \text{ l}}{22.940 \text{ km} \cdot 6.500 \text{ Container}} \cdot 100 \text{ km} = \mathbf{5{,}98\ l}$$

1.7 a) Frachtkosten Stuttgart–Hamburg = 8.960 € · 12 : 100 = 1.075,20 €
Frachtkosten pro km Stuttgart–Hamburg = 1.075,20 € : 534 km = **2,01 €/km**
b) Frachtkosten Hamburg–Sydney = 8.960 € · 88 : 100 = 7.884,80 €
Strecke Hamburg–Sydney in km = 12.400 sm · 1,85 km/sm = 22.940 km
Frachtkosten pro km Hamburg–Sydney = 7.884,80 € : 22.940 km = **0,34 €/km**

9.6 Luftfrachtverkehr

1.1 Der Zinsaufwand für den Kapitalbedarf entspricht den Lagerzinsen. Der Warenwert entspricht dem durchschnittlichen Lagerbestand. Die Transportdauer bzw. die zusätzliche Transportdauer entspricht der Lagerdauer.
Berechnung:

$$\text{Lagerzinsen} = \frac{\text{durchschnittlicher Lagerbestand} \cdot \text{durchschnittliche Lagerdauer} \cdot \text{Zinssatz}}{360 \cdot 100}$$

$$\text{Lagerzinsen} = \frac{25.000.000\ € \cdot 17 \cdot 5}{360 \cdot 100} = \frac{2.125.000.000\ €}{36.000} = 59.027{,}78\ €$$

Die durch die erhöhte Transportdauer entstehenden Kosten der Kapitalbindung betragen **59.027,78 €**.

10 Logistische Prozesse optimieren

10.3 ABC Analyse

7.

Güter	Menge	Wert pro Stück in €	Wert pro Gut in €	Anteil an der Gesamtmenge in %	Anteil am Gesamtwert in %	Kategorie
G1	9.000	0,60	5.400	25,71	11,42	B
G2	5.000	1,90	9.500	14,29	20,08	B
G3	3.000	3,80	11.400	8,57	24,10	A
G4	8.000	0,50	4.000	22,86	8,46	C
G5	3.000	5,20	15.600	8,57	32,98	A
G6	7.000	0,20	1.400	20,00	2,96	C
Gesamt	**35.000**		**47.300**	**100,00**	**100,00**	

Berechnungen:
Gesamtmenge = Summe aller Einzelmengen
Wert pro Gut = Menge · Wert pro Stück
Gesamtwert = Summe aller Werte pro Gut
Anteil an der Gesamtmenge = Einzelmenge : Gesamtmenge · 100
Anteil am Gesamtwert = Wert pro Gut : Gesamtwert · 100
Kategorisierung ermittelt anhand des Anteils an der Gesamtmenge und des Anteils am Gesamtwert

8.

Kategorie	Anzahl der Artikel	Anteil an der Gesamtmenge in %	Wert der Artikel in €	Anteil am Gesamtwert in %
A	186	8,77	49.280	58,42
B	524	24,72	18.980	22,50
C	1.410	66,51	16.095	19,08
Gesamt	**2.120**	**100**	**84.355**	**100**

Berechnungen:
Anzahl Artikel B = Gesamtmenge – Anzahl Artikel A – Anzahl Artikel C
Anteil an der Gesamtmenge = Anzahl Artikel : Gesamtmenge · 100
Wert Artikel B = Anteil am Gesamtwert · Gesamtwert : 100
Wert Artikel C = Gesamtwert – Wert Artikel A – Wert Artikel B
Anteil am Gesamtwert = Wert Artikel : Gesamtwert · 100

11 Güter beschaffen

11.1 Eigenherstellung oder Fremdbezug?

2. a) Berechnung der Kosten bei Fremdbezug:
Stückzahl · Kosten pro Stück
Berechnung der Kosten bei Eigenherstellung:
Stückzahl · Kosten pro Stück + Fixkosten

Stückzahl	Kosten bei Fremdbezug	Kosten bei Eigenherstellung
1.000	22.000,00 €	39.000,00 €
2.000	44.000,00 €	53.000,00 €
3.000	66.000,00 €	67.000,00 €
4.000	88.000,00 €	81.000,00 €
5.000	110.000,00 €	95.000,00 €

Die Eigenherstellung lohnt sich ab **4000 Stück**.

b) 22 €/Stück · x = 25.000 € + 14 €/Stück · x
8 €/Stück · x = 25.000 €
x = 25.000 € : 8 €/Stück
x = **3125 Stück**
Break-even-Point:
Bei einer jährlichen Stückzahl von 3.125 Stück sind Fremdbezug und Eigenherstellung gleich teuer.

11.2 Optimale Bestellmenge

5.

Anzahl Bestellungen	Bestellmenge/Stück	Bestellkosten/EUR	durchschn. Lagerbestand	Lagerkosten/EUR	Gesamtkosten/EUR
1	2.400	200	1.200	3.000	3.200
2	1.200	400	600	1.500	1.900
3	800	600	400	1.000	1.600
4	600	800	300	750	1.550
5	480	1.000	240	600	1.600

11.5 Inhalt eines Angebots

9. a) Kosten für den Käufer:
3.800 € + 2.600 € + 240 € + 130 € + 560 € = **7.330 €**

b) Kosten für den Verkäufer:
1.200 € + 800 € + 220 € + 320 € = **2.540 €**

11.6 Bezugskalkulation und Angebotsvergleich

4.

	Lieferer A	Lieferer B
Listeneinkaufspreis	22,50 € · 600 = 13.500,00 €	24,90 € · 600 = 14.940,00 €
Rabatt	13.500,00 € · 15 % : 100 % = 2.025,00 €	14.940,00 € · 20 % : 100 % = 2988,00 €
Zieleinkaufspreis	13.500,00 € – 2.025,00 € = 11.475,00 €	14.940,00 € – 2988,00 € = 11.952,00 €
Skonto	11.475,00 € · 3 % : 100 % = 344,25 €	11.952,00 € · 2 % : 100 % = 239,04 €
Bareinkaufspreis	11.475,00 € – 344,25 € = 11.130,75 €	11.952,00 € – 239,04 € = 11.712,96 €
Bezugskosten	600 · 0,40 € = 240,00 €	Keine (frei Haus)
Bezugspreis	11.130,75 € + 240,00 € = 11.370,75 €	11.712,96 €

Lieferer A ist um 342,21 € günstiger als Lieferer B.

11.7 Bedarfsermittlung

4.

	Flaschen-öffner	Holzgriffe	Metallteile	Schrauben	Spezial-leim
Bruttobedarf	**5.000**	**5.000**	**5.000**	**10.000**	**20.000 ml**
Lagerbestand	—	480	—	6.000	2.000 ml
Reservierungen	—	500	—	—	—
Offene Bestellungen	—	—	1.000	—	1.500 ml
Mindestbestand	—	100	—	200	500 ml
Nettobedarf	**5.000**	**5.120**	**4.000**	**4.200**	**17.000 ml**

12 Kennzahlen ermitteln und auswerten

12.2 Inventur, Inventar, Bilanz

15. Bewerten nach FiFo-Verfahren

1. Berechnung des Bestandes:

Anfangsbestand:	**500 l**
+ Zugang	+1.000 l
– Abgang	– 900 l
+ Zugang	+ 500 l
– Abgang	– 500 l
= Endbestand 31.12.	**= 600 l**

2. Bewertung des Verbrauchs nach FiFo-Verfahren:
   Verbrauch 1.400 l davon:

500 l zu 1,30 €/l	650,00 €
900 l zu 1,20 €/l	+ 1.080,00 €
Summe:	= 1.730,00 €

3. Ermittlung des Restbestandes:

Zugang zu 1,20 €/l	1.000 l
Verbrauch zu 1,20 €/l	– 900 l
Restbestand zu 1,20 €/l	**= 100 l**

4. Ermittlung des Endbestandes in Euro:
   Endbestand 600 l davon:

„Rest"	100 l zu 1,20 €/l	120,00 €
	500 l zu 1,25 €/l	+ 625,00 €
Endbestand am 31.12.:		**= 745,00 €**

22.

Aktiva	Bilanz		Passiva
I. Anlagevermögen		**I Eigenkapital**	**166.000,00**
Grdst. u. Geb.	680.000,00	**II. Fremdkapital**	
Fuhrpark	76.600,00	Hypothek	560.000,00
BGA	111.400,00	Darlehen	110.000,00
II. Umlaufvermögen		Verbind.	164.000,00
Waren	36.800,00		
Forderungen	11.400,00		
Bank	43.800,00		
Kasse	40.000,00		
	1.000.000,00		

Ermittlung des Eigenkapitals: Eigenkapital = Vermögen – Fremdkapital = 1.000.000,00 – 834.000,00 = 166.000,00

12.3 Buchführung

4.

Soll	Haben	Soll	Haben
a) Waren		12.800,00	
an	Verbindl.		12.800,00
b) Kasse		500,00	
Forderungen		9.500,00	
an	Fuhrpark		10.000,00
c) Fuhrpark		30.000,00	
an	Kasse		5.000,00
	Bank		25.000,00
d) Verbindl.		7.4000,00	
an	Darlehen		7.400,00
e) Forderungen		6.000,00	
an	Waren		6.000,00
f) Kasse		3.850,00	
an	Forderungen		3.850,00

9. a) 1. Schema der Berechnung:
Umsatz (Verkaufspreis)
– Wareneinsatz (Einkaufspreis)
= Rohgewinn

2. Berechnung des Rohgewinnes am Beispiel:
300.000,00 Euro
– 250.000,00 Euro
= 50.000,00 Euro (Rohgewinn)

→

b) 1. Schema der Berechnung:
   Rohgewinn
   + sonstige Erträge (z. B. Zinserträge, Provisionserträge, Verkauf des Anlagevermögens)
   – sonstige Aufwendungen (z. B. Miet- u. Zinsaufwendungen, Gehälter)
   = **Reingewinn**
2. Berechnung des Rohgewinnes am Beispiel:
   300.000,00 Euro
   – 250.000,00 Euro
   = **50.000,00 Euro (Rohgewinn)**
3. Berechnung des Reingewinnes am Beispiel:
   50.000,00 Euro
   + 40.000,00 Euro (25.000 + 15.000)
   – 100.000,00 Euro (60.000 + 40.000)
   = **–10.000,00 Euro (Reinverlust)**

11. Bestandsorientiertes Verfahren

Soll	Haben	Soll	Haben
1. Das Konto „Waren" ist ein aktives Bestandskonto. Anfangsbestände über „Eröffnungsbilanzkonto" (EBK)			
Waren		1.000,00	
an	EBK		1.000,00
2. Aktives Bestandskonto „Waren" → Zugang im Soll			
Waren		3.000,00	
an	Verbindlichkeiten		3.000,00
3. Die Inventur ermittelt den tatsächlichen Warenwert 2.500,00 Euro. Eintragung ins „Schlussbilanzkonto" (SBK) und Gegenwert über das Konto „Waren" buchen.			
SBK		2.500,00	
an	Waren		2.500,00
4. Der Saldo im Konto „Waren" von 4.000,00 Euro muss ausgeglichen werden. Die Differenz von 1.500,00 Euro wird über das Konto „Aufwendungen für Waren" (AfW) gebucht.			
AfW		1.500,00	
an	Waren		1.500,00
5. Der Ausgleich des Aufwandskontos „Aufwendungen für Waren" (AfW) erfolgt über das Konto „Gewinn- und Verlustrechnung" (GuV).			
GuV		1.500,00	
an	AfW		1.500,00

12. Verbrauchsorientiertes Verfahren

Soll	Haben	Soll	Haben
1. Das Konto „Waren" ist ein aktives Bestandskonto. Anfangsbestände über „Eröffnungsbilanzkonto" (EBK)			
Waren an	 EBK	1.000,00	 1.000,00
2. Das Konto „Aufwendungen für Waren" (AfW) ist ein Aufwandskonto. Es erfolgt eine sofortige Buchung zu Einkaufspreisen im Soll (Minderung des GuV).			
AfW an	 Verbindlichkeiten	3.000,00	 3.000,00
3. Die Inventur ermittelt 2.500,00 Euro. Somit ist der Waren-Endbestand (2.500,00 €) > Waren-Anfangsbestand (1.000,00 €) = Mehrbestand (1.500,00 €). (a) Buchen als Endbestand des Kontos „Waren" über „SBK" (2.500,00 €). (b) Buchen des Mehrbestandes über das Konto „Aufwendungen für Waren" (1.500,00 €).			
(a) SBK an	 Waren	2.500,00	 2.500,00
(b) Waren an	 AfW	1.500,00	 1.500,00
4. Der Ausgleich des Erfolgskontos „Aufwendungen für Waren" (AfW) erfolgt über das Konto „Gewinn- und Verlustrechnung" (GuV).			
GuV an	 AfW	1.500,00	 1.500,00

13. Warenverkauf

Soll	Haben	Soll	Haben
1. Das Konto „Umsatzerlöse" ist ein Ertragskonto. Verkäufe werden sofort im Haben gebucht.			
Forderungen an	 Umsatzerlöse	6.000,00	 6.000,00
2. Der Abschluss des Kontos „Umsatzerlöse" erfolgt über das Konto „Gewinn- und Verlustrechnung" (GuV).			
Umsatzerlöse an	 GuV	6.000,00	 6.000,00

13 Fachrechnen

13.1 Bruchrechnen

13.1.1 Umwandeln und Runden von Brüchen

1. Umwandeln und Runden: $\frac{2}{7} = 2 : 7 = 0{,}2857142 \rightarrow \mathbf{0{,}2857}$

Diese Zahl für das Runden beachten. Hier „1" → Abrunden, d. h. die fettmarkierte Zahl bleibt gleich.

2. Umwandeln und Runden: $\frac{2}{7} = 2 : 7 = 0{,}285142 \rightarrow \mathbf{0{,}3}$

Diese Zahl für das Runden beachten. Hier „8" → Aufrunden, d. h. die fettmarkierte Zahl erhöht sich.

3. Umwandeln und Runden: $\frac{4}{7} = 4 : 7 = \mathbf{0},5714285 \rightarrow \mathbf{1}$

Diese Zahl für das Runden beachten. Hier „5" → Aufrunden, d. h. die fettmarkierte Zahl erhöht sich.

13.1.2 Multiplizieren von Brüchen

4. Multiplizieren: $\frac{5}{6} \cdot \frac{3}{8} \cdot \frac{7}{12} = \frac{5 \cdot 3 \cdot 7}{6 \cdot 8 \cdot 12} = \frac{105}{576} \xrightarrow{:3} \mathbf{\frac{35}{192}}$

5. Produkt berechnen

1. Umwandeln des gemischten Bruches: $6\frac{3}{14} = \frac{6 \cdot 14}{14} + \frac{3}{14} = \frac{84 + 3}{14} = \frac{87}{14}$

2. Berechnen des Produktes: $\frac{87}{14} \cdot 3 = \frac{87 \cdot 3}{14} = \frac{261}{14} = \mathbf{18\frac{9}{14}}$

6. Vorgabe lösen

1. Umwandeln der gemischten Brüche:
$2\frac{1}{5} = \frac{2 \cdot 5}{5} + \frac{1}{5} = \frac{10 + 1}{5} = \frac{11}{5}$; $3\frac{2}{7} = \frac{3 \cdot 7}{7} + \frac{2}{7} = \frac{21 + 2}{7} = \frac{23}{7}$

2. Berechnen des Produktes: $\frac{11}{5} \cdot \frac{9}{13} \cdot \frac{23}{7} = \frac{11 \cdot 9 \cdot 23}{5 \cdot 13 \cdot 7} = \frac{2.277}{455} = \mathbf{5\frac{2}{455}}$

13.1.3 Addieren und Subtrahieren von Brüchen

7. Addieren

1. Ermitteln des kleinsten gemeinsamen Nenners „10“:
$\frac{4}{5} + \frac{7}{10} + \frac{3}{2} = \frac{4 \cdot 2}{5 \cdot 2} + \frac{7 \cdot 1}{10 \cdot 1} + \frac{3 \cdot 5}{2 \cdot 5}$

2. Berechnen der Summe: $\frac{8 + 7 + 15}{10} = \frac{30}{10} = \mathbf{3}$

8. Summieren

1. Auflösen des gemischten Bruches: $3\frac{4}{9} = \frac{3 \cdot 9}{9} + \frac{4}{9} = \frac{27 + 4}{9} = \frac{31}{9}$
2. Ermitteln des kleinsten gemeinsamen Nenners „45“: $\frac{31}{9} + \frac{3}{15} = \frac{31 \cdot 5}{9 \cdot 5} + \frac{3 \cdot 3}{15 \cdot 3}$
3. Berechnen der Summe: $\frac{155 + 9}{45} = \frac{164}{45} = \mathbf{3\frac{29}{45}}$

(Alternativ über das gemeinsame Vielfache „135“: $\frac{31}{9} + \frac{3}{15} = \frac{31 \cdot 15}{9 \cdot 15} + \frac{3 \cdot 9}{15 \cdot 9} = \frac{465 + 27}{135} = \frac{492}{135} \xrightarrow{:3} \frac{164}{45}$)

9. Subtrahieren

1. Ermitteln des kleinsten gemeinsamen Nenners „72“:
$\frac{8}{9} - \frac{1}{8} - \frac{3}{6} = \frac{8 \cdot 8}{9 \cdot 8} - \frac{1 \cdot 9}{8 \cdot 9} - \frac{3 \cdot 12}{6 \cdot 12}$

2. Berechnen der Differenz: $\frac{64 - 9 - 36}{72} = \mathbf{\frac{19}{72}}$

(Alternativ über das gemeinsame Vielfache „432“: $\frac{8}{9} - \frac{1}{8} - \frac{3}{6} = \frac{8 \cdot 48}{9 \cdot 48} - \frac{1 \cdot 54}{8 \cdot 54} - \frac{3 \cdot 72}{6 \cdot 72} = \frac{384 - 54 - 216}{432} = \frac{114}{432} \xrightarrow{:6} \frac{19}{72}$

10. Differenz ermitteln

1. Auflösen des gemischten Bruches: $1\frac{1}{4} = \frac{1 \cdot 4}{4} + \frac{1}{4} = \frac{4 + 1}{4} = \frac{5}{4}$
2. Ermitteln des kleinsten gemeinsamen Nenners „12“: $\frac{5}{4} - \frac{2}{3} = \frac{5 \cdot 3}{4 \cdot 3} - \frac{2 \cdot 4}{3 \cdot 4}$
3. Berechnen der Differenz: $\frac{15 - 8}{12} = \mathbf{\frac{7}{12}}$

11. Vorgabe lösen

1. Auflösen des gemischten Bruches: $3\frac{1}{2} = \frac{3 \cdot 2}{2} + \frac{1}{2} = \frac{6+1}{2} = \frac{7}{2}$
2. Ermitteln des gleichnamigen Nenners „8“: $\frac{7}{2} - \frac{3}{4} + \frac{5}{8} = \frac{7 \cdot 4}{2 \cdot 4} - \frac{3 \cdot 2}{4 \cdot 2} + \frac{5 \cdot 1}{8 \cdot 1}$
3. Berechnen der Differenz: $\frac{28 - 6 + 5}{8} = \frac{27}{8} = \mathbf{3\frac{3}{8}}$

13.1.4 Dividieren von Brüchen

12. Dividieren

1. Auflösen des gemischten Bruches: $1\frac{1}{4} = \frac{1 \cdot 4}{4} + \frac{1}{4} = \frac{5}{4}$
2. Berechnen der Division: $\frac{15}{16} : \frac{5}{4} = \frac{15}{16} \cdot \frac{4}{5} = \frac{15 \cdot 4}{16 \cdot 5} = \frac{60}{80} \xrightarrow{:20} \mathbf{\frac{3}{4}}$

13. Quotient

Berechnen der Division: $\frac{8}{9} : \frac{6}{7} = \frac{8}{9} \cdot \frac{7}{6} = \frac{8 \cdot 7}{9 \cdot 6} = \frac{56}{54} \xrightarrow{:2} \frac{28}{27} = \mathbf{1\frac{1}{27}}$

14. Vorgabe lösen

1. Auflösen des gemischten Bruches: $3\frac{4}{5} = \frac{3 \cdot 5}{5} + \frac{4}{5} = \frac{19}{5}$
2. Umwandeln der ganzen Zahl in einen Bruch: $11 = \frac{11}{1}$
3. Berechnen der Division: $\frac{19}{5} : \frac{11}{1} = \frac{19}{5} \cdot \frac{1}{11} = \frac{19 \cdot 1}{5 \cdot 11} = \mathbf{\frac{19}{55}}$

13.2 Prozentrechnen

13.2.1 Prozentrechnen mit Formel

1. Eigengewicht der Verpackung

1. Ermitteln der Größen: $GW = 2.700$ kg, $p = 18\,\%$, $PW = ?$ in t
2. Vereinheitlichen der Größen in Tonnen: 2.700 kg $\xrightarrow{:1.000}$ 2,7 t
3. Anwenden der Formel: $PW = \frac{GW \cdot p}{100} = \frac{2{,}7 \cdot 18}{100} = \mathbf{0{,}486\ t}$

2. Lohnerhöhung

1. Ermitteln der Größen: $PW = 63{,}52\ €$, $GW = 794{,}00\ €$, $p = ?$ in %
2. Anwenden der Formel: $p = \frac{PW \cdot 100}{GW} = \frac{63{,}52 \cdot 100}{794{,}00\ €} = \mathbf{8\ \%}$

3. Bruttolohn vor Lohnerhöhung

1. Ermitteln der Größen: $PW = 139{,}75\ €$, $p = 6{,}5\ \%$, $GW = ?$ in €
2. Anwenden der Formel: $GW = \frac{PW \cdot 100}{p} = \frac{139{,}75 \cdot 100}{6{,}5} = \mathbf{2.150{,}00\ €}$

4. Gewicht der Zutaten

1. Ermitteln der Größen: $GW = 0{,}15$ kg, $p_{\text{Cashewnüsse}} = 35\ \%$, $p_{\text{Rosinen}} = 20\ \%$, $p_{\text{Aprikosen}} = 20\ \%$, $p_{\text{Erdnüsse}} = 15\ \%$, $p_{\text{Walnüsse}} = 10\ \%$, PW für jede Zutat = ? in g
2. Vereinheitlichen der Größen in Gramm: 0,15 kg · 1.000 = 150 g
3. Anwenden der Formel:
   - Cashewnüsse: $PW = \frac{GW \cdot p}{100} = \frac{150 \cdot 35}{100} = \mathbf{52{,}5\ g}$
   - Rosinen: $PW = \frac{GW \cdot p}{100} = \frac{150 \cdot 20}{100} = \mathbf{30\ g}$
   - getrocknete Aprikosen: $PW = \frac{GW \cdot p}{100} = \frac{150 \cdot 20}{100} = \mathbf{30\ g}$
   - Erdnüsse: $PW = \frac{GW \cdot p}{100} = \frac{150 \cdot 15}{100} = \mathbf{22{,}5\ g}$
   - Walnüsse: $PW = \frac{GW \cdot p}{100} = \frac{150 \cdot 10}{100} = \mathbf{15\ g}$

Probe: 52,5 g + 30 g + 30 g + 22,5 g + 15 g = 150 g

5. Gesamtkosten des Unternehmens

1. Ermitteln der Größen: $p = 16{,}5\ \%$, $PW = 24.750{,}00\ €$, $GW = ?$ in €
2. Anwenden der Formel: $GW = \frac{PW \cdot 100}{p} = \frac{24.750{,}00\ € \cdot 100}{16{,}5} = \mathbf{150.000{,}00\ €}$

6. Mitarbeiter, die für eine Feier sind

1. Ermitteln der Größen: $GW = 94$ MA, $PW = 86$ MA, $p = ?$ in %
2. Anwenden der Formel: $p = \frac{PW \cdot 100}{GW} = \frac{86 \cdot 100}{94} = 91{,}48936\ \% \rightarrow \mathbf{91{,}5\ \%}$

7. Belegte Regalfläche

1. Ermitteln der Größen: $GW = 120\ m^2$, $PW = 94{,}56\ m^2$, $p = ?$ in %
2. Anwenden der Formel: $P = \frac{PW \cdot 100}{GW} = \frac{94{,}56 \cdot 100}{120} = \mathbf{78{,}8\ \%}$

8. Vollaufgeladener Gabelstapler

1. Ermitteln der Größen: $p = 30\ \%$, $GW = 24$ h, $PW = ?$ in Minuten
2. Vereinheitlichen der Größen in Minuten: $24 \cdot 60 = 1.440$ Minuten
3. Anwenden der Formel: $PW = \frac{GW \cdot p}{100} = \frac{1.440 \cdot 30}{100} = \mathbf{432\ min}$

   → 7 Stunden und 12 Minuten

9. Einkaufswert

1. Ermitteln der Größen: $p = 28\ \%$, $PW = 1.229{,}20$ €, $GW = ?$ in €
2. Anwenden der Formel: $GW = \frac{PW \cdot 100}{p} = \frac{1.229{,}20 \cdot 100}{28} = \mathbf{4.390{,}00}$ **€**

13.2.2 Prozentrechnen mit vermehrtem Grundwert

10. Vorjahresgewinn

1. Zuordnen der Angaben: neuer $GW = 87.690{,}00$ Euro, $p = 9{,}8\ \%$
2. Ermitteln des Prozentsatzes des neuen *GW:*
   neuer $GW = 100 + 9{,}8 = 109{,}8 : 100 = 1{,}098$
3. Berechnen des alten *GW:* $\frac{\text{neuer Grundwert}}{\text{Prozentsatz neuer } GW} = \frac{87.690}{1{,}098} = \mathbf{79.863{,}39}$ **€**

11. Bruttolohn vor Lohnerhöhung

1. Zuordnen der Angaben: neuer $GW = 1.980{,}00$ Euro, $p = 4{,}15\ \%$
2. Ermitteln des Prozentsatzes des neuen *GW:*
   neuer $GW = 100 + 4{,}15 = 104{,}15 : 100 = 1{,}0415$
3. Berechnen des alten *GW:* $\frac{\text{neuer Grundwert}}{\text{Prozentsatz neuer } GW} = \frac{1.980}{1{,}0415} = \mathbf{1.901{,}10}$ **€**

12. Gas im Normalzustand

1. Zuordnen der Angaben: neuer $GW = 5{,}75$ l, $p = 25\ \%$
2. Ermitteln des Prozentsatzes des neuen *GW:*
   neuer $GW = 100 + 25 = 125 : 100 = 1{,}25$
3. Berechnen des alten *GW:* $\frac{\text{neuer Grundwert}}{\text{Prozentsatz neuer } GW} = \frac{5{,}75}{1{,}25} = \mathbf{4{,}6\ l}$

13.2.3 Prozentrechnen mit vermindertem Grundwert

13. Preis vor Mengenrabatt

1. Zuordnen der Angaben: neuer *GW* = 56.989,99 €, *p* = 17,5 %
2. Ermitteln des Prozentsatzes des neuen *GW:* alter *GW* = 100 – 17,5 = 82,5 : 100 = 0,825
3. Berechnen des alten *GW:* $\frac{\text{neuer Grundwert}}{\text{Prozentsatz neuer } GW} = \frac{56.989,99}{0,825}$ = **69.078,78 €**

14. Alte Mitarbeiterzahl

1. Zuordnen der Angaben: neuer *GW* = 17 Mitarbeiter, *p* = 15 %
2. Ermitteln des Prozentsatzes des neuen *GW:* alter *GW* = 100 – 15 = 85 : 100 = 0,85
3. Berechnen des alten *GW:* $\frac{\text{neuer Grundwert}}{\text{Prozentsatz neuer } GW} = \frac{17}{0,85}$ = **20 Mitarbeiter**

15. Alter Strompreis

1. Zuordnen der Angaben: neuer *GW* = 26,41 ct, *p* = 6,4 %
2. Ermitteln des Prozentsatzes des neuen *GW:* alter *GW* = 100 – 6,4 = 93,6 : 100 = 0,936
3. Berechnen des alten *GW:* $\frac{\text{neuer Grundwert}}{\text{Prozentsatz neuer } GW} = \frac{26,41}{0,936}$ = 28,2158 ct : 100 = **0,28 €**

13.3 Maße und Gewichte

13.3.1 Rechnen mit metrischen Maßen

1. Gewicht des Sattelzugs

1. Ermitteln der Größen: Leergewicht inkl. Diesel = 16.250 kg, 14 Kisten à 0,25 t, 5 Europaletten je 650 kg
2. Vereinheitlichen der Größen in Tonnen: Leergewicht 16.250 kg : 1.000 = 16,25 t; Europalette 650 kg : 1.000 = 0,65 t
3. Berechnen der Größen:

Leergewicht inkl. Diesel = 16.250 kg	= 16,25 t
14 Kisten à 0,25 t = 14 · 0,25 t	= 3,50 t
5 Europaletten je 0,65 t = 5 · 0,65 t	= 3,25 t
Summe:	**23,00 t**

2. Literzahl

1. Ermitteln der Größen: Tank = 0,25 m³; 1 m³ · 1.000 = 1.000 l
2. Vereinheitlichen bzw. Berechnen: 0,25 m³ · 1.000 = **250 Liter**

3. Bruttogesamtgewicht

1. Ermitteln der Größen: 5 Pakete zu 850,0 kg, 3 Paletten à 1,2 t, 20 Schachteln mit je 2.375 g
2. Vereinheitlichen der Größen in Kilogramm: Palette 1,2 t · 1.000 = 1.200,0 kg; Schachteln 2.375 g · 1.000 = 2,375 kg
3. Berechnen der Größen:

5 Pakete zu 850,0 kg = 5 · 850,0 kg	=	4.250,0 kg
3 Paletten à 1.200,0 kg = 3 · 1.200,0 kg	=	3.600,0 kg
20 Schachteln mit je 2,375 kg = 20 · 2,375 kg	=	47,5 kg
Summe:		**7.897,5 kg**

Es wurden **18 kg zu wenig** angegeben.

4. Anzahl an Schachteln

1. Ermitteln der Größen: 7 Pakete mit je 1,3 kg, 1 Zugfeder = 6,5 g, 1 Schachtel = 25 Stück (Zugfedern)
2. Vereinheitlichen der Größen in Gramm: 1,3 kg · 1.000 = 1.300 g
3. Berechnen der Schachteln:
   Schritt 1: Nettogesamtgewicht der Zugfedern = 7 · 1.300 g = 9.100 g
   Schritt 2: Wie viele Zugfedern gibt es = 9.100 : 6,5 = 1.400 Stück
   Schritt 3: 25 Stück passen in eine Schachtel = 1.400 : 25 = **56 Schachteln**

13.3.2 Rechnen mit nicht metrischen Maßen

5. Gewicht in Gramm

1. Ermitteln der Größen: Produkt = 12 lb., 1 lb = 0,4536 kg
2. Vereinheitlichen der Größen in Gramm: 0,4536 kg · 1.000 = 453,6 g
3. Anwenden der Formel: 12 · 453,6 g = **5.443,2 g**

6. Containerhöhe in Millimetern

1. Ermitteln der Größen: Höhe = 8′ 10¼″, 1′ = 0,3048 m, 1″ = 0,0254 m
2. Vereinheitlichen der Größen in Millimeter:
   1′ = 0,3048 m · 1.000 = 304,8 mm; 1″ = 0,0254 m · 1.000 = 25,4 mm
3. Anwenden der Formel:

8 · 304,8	=	2.438,40 mm
10¼ · 25,4	=	260,35 mm
Summe:		2.698,75 mm → **2.699 mm**

7. Bruttogewicht in cwt.
1. Ermitteln der Größen: Gewicht = 32.500,0 kg, 1 cwt. = 45,3592 kg
2. Vereinheitlichen der Größen: nicht nötig
3. Anwenden der Formel: 32.500 : 45,3592 = 716,50293 → **716,503 cwt.**

8. Bilddiagonale in cm
1. Ermitteln der Größen: 20 Stück, Bilddiagonale = 19″, 1″ = 0,0254 m
2. Vereinheitlichen der Größen in Zentimeter: 0,0254 m · 100 = 2,54 cm
3. Anwenden der Formel: 19 · 2,54 = **48,26 cm**

13.4 Zeiteinheiten umrechnen

1. Dauer der LKW-Fahrt

1. Ermitteln der Größen – Erstellen einer Tabelle:

Tour	km	Faktor (min pro km)	Zeit
1	52	· 1,5	= 78 min
2	67	· 1,5	= 100,5 min
3	25	· 1,5	= 37,5 min
4	70	· 1,5	= 105 min
		Fahrzeit:	= 321 min

2. Berechnen des Faktors für die Geschwindigkeit: Wie viel Minuten benötigt der LKW für einen Kilometer?
   1 Stunde = 60 Minuten → 60 : 40 km/h = 1,5 min pro km
3. Umwandeln in Stunden und Minuten:
   321 : 60 = 5,35 Stunden → 0,35 · 60 = 21 min (oder 321 – (5 · 60)) = 21 min →
   5 Stunden und 21 Minuten

2. Arbeitszeitende

1. Ermitteln der Größen: Beginn = 7:00 Uhr, Beladen = 0,4 h, Entladen = 18 min je Station, Stationen = 3, Fahrtzeit = 6 h (inkl. Pause)
2. Vereinheitlichen in Minuten und Anwenden – tabellarisch:

Kategorie	Umrechnen	Zeit in Minuten
Beladen	0,4 · 60	= 24
Entladen	3 · 18	= 54
Fahrzeit	6 · 60	= 360
	Gesamtzeit:	= 438

3. Berechnen des Arbeitsendes: 438 : 60 = 7,3 h → 0,3 h · 60 = 18 min → 7:18
   Arbeitsende = Arbeitsbeginn + Arbeitszeit → 7:00 + 7:18 = **14:18 Uhr (Arbeitszeitende)**

3. Beginn des Auftrags 3
1. Ermitteln der Größen: Beginn = 5:00 Uhr, Auftrag 1 = 48 min, Auftrag 2 = 780 sec
2. Vereinheitlichen der Größen: 1.080 sec : 60 = 18 min
3. Berechnen der Größen: Gesamtzeit = Auftrag 1 + Auftrag 2 = 48 min + 18 min = 66 min; 66 min : 60 = 1,1 h
4. Umwandeln in Uhrzeit: 1,1 h → 0,1 · 60 = 6 min → 1:06; Arbeitsbeginn + Arbeitszeit = 5:00 + 1:06 = **6:06 Uhr** (beginnt Auftrag 3)

13.5 Dreisatz- und Verhältnisrechnen

13.5.1 Rechnen mit geradem Verhältnis

1. Anzahl an Schachteln
1. Aufstellen der Bedingung: 8 Plätze → 5.840 Schachteln
2. Aufstellen der Frage: 13 Plätze → ? Schachteln
3. Umwandeln der Bedingung für Eins: 5.840 : 8 = 730
4. Berechnen des Gesuchten: 730 · 13 = 9.490
5. Beachten der Aufgabenstellung: 9.490 – 5.840 = **3.650 Schachteln**

2. Transportgewicht
1. Aufstellen der Bedingung: 23 MA → 5.704 Paletten
2. Aufstellen der Frage: 23 – 4 = 19, 19 → ? Paletten
3. Umwandeln der Bedingung für Eins: 5.704 : 23 = 248
4. Berechnen des Gesuchten: 248 · 19 = 4.712 Paletten
5. Vereinheitlichen der Größen: 359 kg : 1.000 = 0,359 t
6. Beachten der Aufgabenstellung: 4.712 · 0,359 t = **1.691,608 t**

3. Warengewicht
1. Vereinheitlichen zur Zielgröße: 1,29 t · 1.000 = 1.290 kg
2. Aufstellen der Bedingung: 3 Maschinen → 1.290 kg
3. Aufstellen der Frage: 2 Maschinen → ? t
4. Umwandeln der Bedingung für Eins: 1.290 : 3 = 430 kg
5. Berechnen des Gesuchten: 430 · 2 = **860 kg**

13.5.2 Rechnen mit ungeradem Verhältnis

4. Zeit für Inventurarbeiten
1. Vereinheitlichen zur Zielgröße: 840 min : 60 = 14 h
2. Aufstellen der Bedingung: 5 Mitarbeiter → 14 h
3. Aufstellen der Frage: 7 Mitarbeiter → ? h (ungerades Verhältnis)
4. Umwandeln der Bedingung für Eins: 5 · 14 = 70
   (1 Mitarbeiter braucht 70 Stunden)
5. Berechnen des Gesuchten: 70 : 7 = **10 h**

5. Zeitersparnis bei der Kommissionierung
1. Vereinheitlichen zur Zielgröße: 1.620 sec : 60 = 27 min
2. Aufstellen der Bedingung: 3 Kommissionierer → 27 min
3. Aufstellen der Frage: 4 Kommissionierer → ? min (ungerades Verhältnis)
4. Umwandeln der Bedingung für Eins: 3 · 27 = 81 (1 Kommissionierer braucht 81 min)
5. Berechnen des Gesuchten: 81 : 4 = 20,25 min → 27 – 20,25 = **6,75 min → 6 min und 45 sec**

6. Beginn des Fegens
1. Vereinheitlichen zur Zielgröße: entfällt
2. Aufstellen der Bedingung: 5 Arbeiter → 12 min
3. Aufstellen der Frage: 3 Arbeiter → ? min (ungerades Verhältnis)
4. Umwandeln der Bedingung für Eins: 5 · 12 = 60 (1 Arbeiter braucht 60 min)
5. Berechnen des Gesuchten: 60 : 3 = 20 min → 16:30 – 0:20 = **16:10 Uhr**

13.5.3 Rechnen mit zusammengesetzten Dreisätzen

7. Zeitbedarf für Europalette
1. Aufstellen der Bedingung: 4 Arbeiter → 96 Paletten → 32 min
2. Aufstellen der Frage: 6 Arbeiter → 108 Paletten → ? min
3. Umwandeln der Bedingung:
   - Verhältnis über die **Arbeiter**, d. h. je mehr Arbeiter desto weniger Minuten → ungerades Verhältnis: $\frac{32}{6} \cdot 4$
   - Verhältnis über die **Paletten**, d. h. je mehr Paletten desto mehr Minuten → gerades Verhältnis: $\frac{32}{96} \cdot 108$
4. Berechnen des Gesuchten: (Nur 1x die gegebenen 32 min verwenden!)
   $\frac{32 \cdot 4 \cdot 108}{6 \cdot 96}$ = **24 min**

8. Zeitbedarf für Kommissionieraufträge

1. Aufstellen der Bedingung: 7 Mitarbeiter → 2.226 Aufträge → 9 h
2. Aufstellen der Frage: 5 Mitarbeiter → 2.120 Aufträge → ? h
3. Umwandeln der Bedingung:
   - Verhältnis über die **Mitarbeiter**, d. h. je weniger Mitarbeiter desto mehr Stunden
     → ungerades Verhältnis: $\frac{9}{5} \cdot 7$
   - Verhältnis über die **Aufträge**, d. h. je weniger Aufträge desto weniger Stunden
     → gerades Verhältnis: $\frac{9}{2.226} \cdot 2.120$
4. Berechnen des Gesuchten: (Nur 1x die gegebenen 9 h verwenden!)
   $\frac{9 \cdot 7 \cdot 2.120}{5 \cdot 2.226} = \mathbf{12\ h}$

9. Zeitbedarf bei Inventur

1. Aufstellen der Bedingung: 9 Mitarbeiter → 60 Artikel → 5 Tage → 16 h
2. Aufstellen der Frage: 12 Mitarbeiter → 75 Artikel → 3 Tage → ? h
3. Umwandeln der Bedingung:
   - Verhältnis über die **Mitarbeiter**, d. h. je mehr Mitarbeiter desto weniger Stunden
     → ungerades Verhältnis: $\frac{16}{12} \cdot 9$
   - Verhältnis über die **Artikel**, d. h. je mehr Artikel desto mehr Stunden
     → gerades Verhältnis: $\frac{16}{60} \cdot 75$
   - Verhältnis über die **Tage**, d. h. je weniger Tage desto mehr Stunden
     → ungerades Verhältnis: $\frac{16}{3} \cdot 5$
4. Berechnen des Gesuchten: (Nur 1x die gegebenen 16 h verwenden!)
   $\frac{16 \cdot 9 \cdot 75 \cdot 5}{12 \cdot 60 \cdot 3} = \mathbf{25\ h}$

13.6 Flächen- und Körperberechnungen

13.6.1 Flächen

1. Fläche und Umfang des Lagers

1. Ermitteln der Größen: Rechteck 1: $a_1 = 15$ m, $b_1 = ?$ m, $b_3 = 18$,
   Rechteck 2: $a_2 = 19$ m, $b_2 = 7$ m
2. Vereinheitlichen der Größen: entfällt
3. Anwenden der Formel für die Fläche: Es fehlt eine Seite, da zwei zusammen gesetzte Flächen: $b_1 = b_3 - b_2 = 18 - 7 = 11$
   $F_{gesamt} = F_{Rechteck\ 1} + F_{Rechteck\ 2} = 15 \cdot 11 + 19 \cdot 7 = \mathbf{298\ m^2}$ →

4. Anwenden der Formel für den Umfang:
   Es fehlt eine Seite: $a_3 = a_2 - a_1 = 19 - 15 = 4$ m,
   $U_{gesamt} = 15 + 11 + 4 + 7 + 19 + 18 =$ **74 m**

2. Fläche und Umfang
1. Ermitteln der Größen: Rechteck: $a = 780$ mm, $b = 350$ mm;
   Dreieck: $a = 780$ mm, $b = 450$ mm $- 350$ mm $= 100$ mm, $c = ?$
2. Vereinheitlichen der Größen (mm $\xrightarrow{:10}$ cm):
   Rechteck: $a = 78$ cm, $b = 35$ cm; Dreieck: $a = 78$ cm, $b = 10$ cm, $c = ?$ cm
3. Anwenden der Formel für die Fläche: $F_{gesamt} = F_{Rechteck} + F_{Dreieck} =$
   $= 78 \cdot 35 + \dfrac{78 \cdot 10}{2} = \mathbf{3.120\ cm^2}$
4. Anwenden der Formel für den Umfang: Es fehlt die Seite „c" des Dreieckes, deshalb den Satz des Pythagoras verwenden: $c^2 = 78^2 + 10^2 = 6.184 \rightarrow c = \sqrt[2]{6.184} =$ 78,6384 cm → 78,6 cm
   $U_{gesamt} = 78 + 35 + 78{,}6 + 45 =$ **236,6 cm**

3. Fläche und Umfang mit Viertelkreis
1. Ermitteln der Größen: Rechteck 1: $a_1 = 3{,}8$ dm, $b_1 = 1{,}5$ dm;
   Rechteck 2: $a_2 = 3{,}05$ dm, $b_2 = ?$ dm, $b_3 = 2{,}25$ dm; Kreis: $r = ?$ dm
2. Vereinheitlichen der Größen (dm $\xrightarrow{:10}$ cm): Rechteck 1: $a_1 = 38$ cm, $b_1 = 15$ cm;
   Rechteck 2: $a_2 = 30{,}5$ cm, $b_2 = ?$ cm, $b_3 = 22{,}5$ cm; Kreis: $r = ?$ cm
3. Anwenden der Formel für die Fläche:
   Es fehlt Seite „b_2" des Rechteckes 2: $b_2 = b_3 - b_2 = 22{,}5 - 15 = 7{,}5$ cm
   Es fehlt der Radius „r" des Kreises: $r = b_3 - b_2 = 22{,}5 - 15 = 7{,}5$ cm
   $F_{gesamt} = F_{Rechteck\,1} + F_{Rechteck\,2} + (F_{Kreis} : 4) = 38 \cdot 15 + 30{,}5 \cdot 7{,}5 + \dfrac{7{,}5^2 \cdot 3{,}14}{4} =$
   $= \mathbf{842{,}91\ cm^2}$
4. Anwenden der Formel für den Umfang: $U_{gesamt} = a_1 + b_1 + (U_{Kreis} : 4) + a_2 + b_3$
   $= 38 + 15 + \left(\dfrac{2 \cdot 7{,}5 \cdot 3{,}14}{4}\right) + 30{,}5 + 22{,}5 = 117{,}775$ cm → **117,78 cm**

13.6.2 Körper

4. Holzkiste
1. Ermitteln der Größen: $a = 15$ dm, $b = 9$ dm, $c = 6{,}5$ dm
2. Vereinheitlichen der Größen (dm $\xrightarrow{:10}$ m): $a = 1{,}5$ m, $b = 0{,}9$ m, $c = 0{,}65$ m
3. Anwenden der Formel für das Volumen: $V = 1{,}5 \cdot 0{,}9 \cdot 0{,}65 = \mathbf{0{,}8775\ m^3}$
4. Anwenden der Formel für die Oberfläche: $O = 2 \cdot 1{,}5 \cdot 0{,}9 + 2 \cdot 1{,}5 \cdot 0{,}65 + 2 \cdot 0{,}9 \cdot 0{,}65 = 2{,}7 + 1{,}95 + 1{,}17 = \mathbf{5{,}82\ m^2}$

5. Packstück inkl. Europalette

1. Ermitteln der Größen:
   Europalette: $a_{EUR} = 1.200$ mm, $b_{EUR} = 800$ mm, $h_{EUR} = 15$ cm
   Schachtel: $a_S = 600$ mm, $b_S = 400$ mm, $h_S = 450$ mm
2. Vereinheitlichen der Größen (mm $\xrightarrow{:100}$ dm):
   Europalette: $a_{EUR} = 12$ dm, $b_{EUR} = 8$ dm, $h_{EUR} = 1{,}5$ dm
   Schachtel: $a_S = 6$ dm, $b_S = 4$ dm, $h_S = 4{,}5$ dm
3. Anwenden der Formel für das Volumen: Es fehlt die genaue Höhe des gesamten Packstückes (3-lagig) inkl. Europalette:
   $h_{gesamt} = 3 \cdot h_S + h_{EUR} = 3 \cdot 4{,}5 + 1{,}5 = 15$ dm
   $V_{gesamt} = a \cdot b \cdot h_{gesamt} = 12 \cdot 8 \cdot 15 =$ **1.440 dm³**
4. Anwenden der Formel für die Oberfläche: $O = 2 \cdot 12 \cdot 8 + 2 \cdot 12 \cdot 15 + 2 \cdot 8 \cdot 15 =$ **792 dm²**

6. Hohlzylinder

1. Ermitteln der Größen: Zylinder: $h_Z = 165$ mm, $d_Z = 140$ mm
2. Vereinheitlichen der Größen (mm $\xrightarrow{:10}$ cm): Zylinder: $h_Z = 16{,}5$ cm, $d_Z = 14$ cm
3. Anwenden der Formel für das Volumen:
   $V = r^2 \cdot \pi \cdot h = 7^2 \cdot 3{,}14 \cdot 16{,}5 =$ **2.538,69 cm³**
4. Anwenden der Formel für die Oberfläche:
   Achtung: Hohlzylinder ist ein Rohr → keine Deckel!
   $O_{Hohlzylinder} = 2 \cdot r \cdot \pi \cdot h = 2 \cdot 7 \cdot 3{,}14 \cdot 16{,}5 =$ **725,34 cm²**

13.7 Mischungs- und Verteilungsrechnen

1. Stromkostenanteil je Abteilung

1. Addieren der Anteile und
2. Ermitteln des Schlüssels:

Abteilung	Anteile	2. Schlüssel
Lager	330	330 : 600 = 0,55
Kantine	90	90 : 600 = 0,15
Verwaltung	180	180 : 600 = 0,30
1. Addieren:	600	1,00

3. Aufteilen der Menge nach dem Schlüssel:

Abteilung	3. Aufteilen	Ergebnis
Lager	0,55 · 75.000,00 =	**41.250,00**
Kantine	0,15 · 75.000,00 =	**11.250,00**
Verwaltung	0,30 · 75.000,00 =	**22.500,00**
	Summe:	75.000,00

2. Gewicht der Zutaten

1. Addieren der Anteile und
2. Ermitteln des Schlüssels:

Zutat	Anteile	2. Schlüssel
Rosinen	10	10 : 25 = 0,40
Erdnüsse	5	5 : 25 = 0,20
Mandeln	4	4 : 25 = 0,16
Haselnüsse	6	6 : 25 = 0,24
1. Addieren:	25	1,00

3. Aufteilen der Menge nach dem Schlüssel:

Abteilung	3. Aufteilen	Ergebnis
Rosinen	0,40 · 150 g =	**60 g**
Erdnüsse	0,20 · 150 g =	**30 g**
Mandeln	0,16 · 150 g =	**24 g**
Haselnüsse	0,24 · 150 g =	**36 g**
	Summe:	150 g

3. Prämien je Mitarbeiter

1. Addieren der Anteile und
2. Ermitteln des Schlüssels:

Mitarbeiter	Anteile	2. Schlüssel
Herr Schulz	150	$\frac{150}{730}$
Herr Malik	235	$\frac{235}{730}$
Frau Kaya	185	$\frac{185}{730}$
Frau König	160	$\frac{160}{730}$
1. Addieren:	730	$\frac{730}{730}$

3. Aufteilen der Menge nach dem Schlüssel:

Abteilung	3. Aufteilen	Ergebnis
Herr Schulz	$\frac{150}{730}$ · 3.650,00 € =	**750,00 €**
Herr Malik	$\frac{235}{730}$ · 3.650,00 € =	**1.175,00 €**
Frau Kaya	$\frac{185}{730}$ · 3.650,00 € =	**925,00 €**
Frau König	$\frac{160}{730}$ · 3.650,00 € =	**800,00 €**
	Summe:	3.650,00 €

13.8 Lagerkennziffern

13.8.1 Lagerbestände

1. Ø Lagerbestand (Jahresbestände)
1. Ermitteln der Größen: *Anfangsbestand (AB)* = 560.000,00 Euro, *Endbestand (EB)* = 673.000,00 Euro
2. Vereinheitlichen der Größen entfällt.
3. Anwenden der Formel:

$$Ø\,LB = \frac{AB\text{ (1.01.)} + EB\text{ (31.12.)}}{2} = \frac{560.000 + 673.000}{2} = \mathbf{616.500{,}00\ Euro}$$

2. Mindestbestand
1. Ermitteln der Größen: Meldebestand = 85 Stück, Tagesverbrauch = 3 Stück, Lieferzeit = 21 Tage
2. Vereinheitlichen der Größen entfällt.
3. Anwenden der Formel: Meldebestand = Tagesverbrauch · Lieferzeit + Mindestbestand → 87 = 3 · 21 + x → 87 = 63 + x → 87 – 63 = **24 Stück**

3. Ø Lagerbestand (Quartalsbestände)
1. Ermitteln der Größen: *AB* (März) = 224 Stück, April = 456, Mai = 378 Stück, Juni = 150 Stück
2. Vereinheitlichen der Größen entfällt.
3. Anwenden der Formel.

$$Ø\,LB = \frac{AB + \text{April} + \text{Mai} + \text{Juni}}{4} = \frac{224 + 456 + 378 + 150}{4} = \mathbf{302\ Stück}$$

(Hinweis: Ein Quartal besteht aus 3 Monaten. Für die Berechnung des Ø LB eines Quartals ist der Monat bevor das Quartal beginnt der AB!)

4. Ø Lagerbestand (Monatsbestände)
1. Ermitteln der Größen: *AB* (Dez. 2013) = 48 Stück, *EB* = siehe Bestandsliste 2014
2. Vereinheitlichen der Größen entfällt.
3. Anwenden der Formel.

$$Ø\,LB = \frac{AB + 12\text{ Monatsbestände}}{13} =$$

$$\frac{48 + 56 + 25 + 42 + 14 + 87 + 56 + 66 + 28 + 95 + 17 + 54 + 75}{13} = \mathbf{51\ Stück}$$

13.8.2 Lagerumschlag und Lagerdauer

5. Lagerumschlag und Ø Lagerdauer (Quartal)

1. Ermitteln der Größen: $AB = 500$, $EB_1 = 450$, $EB_2 = 350$, $EB_3 = 850$, $EB_4 = 250$, Zugang = 5.860
2. Vereinheitlichen der Größen entfällt.
3. Anwenden der Formel:
   - $\textit{Ø Lagerbestand}\text{ (Quartal)} = \dfrac{AB + 4\text{ Endbestände}}{5} = \dfrac{500 + 450 + 350 + 850 + 250}{5} = 480\text{ Stück}$
   - Wareneinsatz = *AB* (01.01.) + Zugang – *EB* (31.12) = 500 + 5.860 – 250 = 6.110
   - $\textit{Lagerumschlag} = \dfrac{\textit{Wareneinsatz}}{\textit{Ø Lagerbestand}} = \dfrac{6.110}{480} = \mathbf{12{,}73}$
   - $\textit{Ø Lagerdauer} = \dfrac{360}{\textit{Lagerumschlag}} = \dfrac{360}{12{,}73} = 28{,}2796 \xrightarrow{\text{Abrunden}} \mathbf{28\ Tage}$

6. Ø Lagerbestand und Lagerumschlag (Jahr)

1. Ermitteln der Größen: Ø *LD* = 30 Tage, Jahresverbrauch = 2.604 Stück
2. Vereinheitlichen der Größen entfällt.
3. Anwenden der Formel:
   - $\textit{Ø Lagerdauer} = \dfrac{360}{\textit{Lagerumschlag}} \leftrightarrows \textit{Lagerumschlag} = \dfrac{360}{\textit{Ø Lagerdauer}} = \dfrac{360}{30} = \mathbf{12}$
   - $\textit{Lagerumschlag} = \dfrac{\textit{Verbrauch}}{\textit{Ø Lagerbestand}} \leftrightarrows \textit{Ø Lagerbestand} = \dfrac{\textit{Verbrauch}}{\textit{Lagerumschlag}} = \dfrac{2.604}{12} = \mathbf{217\ Stück}$

7. Lagerumschlag und Ø Lagerdauer (Jahr)

1. Ermitteln der Größen: *AB* = 57.000,00 €, *EB* = 72.000,00 €, Verbrauch = 1.290.000,00 €
2. Vereinheitlichen der Größen entfällt.
3. Anwenden der Formel:
   - $\textit{Ø Lagerbestand} = \dfrac{AB + EB}{2} = \dfrac{57.000 + 72.000}{2} = 64.500{,}00$
   - $\textit{Lagerumschlag} = \dfrac{\textit{Verbrauch}}{\textit{Ø Lagerbestand}} = \dfrac{1.290.000}{64.500} = \mathbf{20}$
   - $\textit{Ø Lagerdauer} = \dfrac{360}{\textit{Lagerumschlag}} = \dfrac{360}{20} = \mathbf{18\ Tage}$

13.8.3 Lagerzinsen und Lagerreichweite

8. Lagerzinssatz und -zinsen für die Filiale

1. Ermitteln der Größen: Ø *LB* = 340.000,00 €, Ø *LD* = 15 Tage, Zinssatz = 12,0 %
2. Vereinheitlichen der Größen entfällt.
3. Anwenden der Formel:

- $\textit{Lagerzinssatz} = \dfrac{\textit{Bankzinssatz} \cdot \textit{Ø LD}}{360} = \dfrac{12 \cdot 15}{360} = \mathbf{0{,}5\,\%}$

- $\textit{Lagerzinsen} = \dfrac{\textit{Ø LB} \cdot \textit{Lagerzinssatz}}{100} = \dfrac{340.000 \cdot 0{,}5}{100} = \mathbf{1.700{,}00\ €}$

9. Lagerzinssatz und -zinsen für die Zentrale

1. Ermitteln der Größen: Ø *LB* = 1.193.000,00 €, Ø *LD* = 6 Tage, *Zinssatz* = 1,25 %
2. Vereinheitlichen der Größen entfällt.
3. Anwenden der Formel:

- $\textit{Lagerzinssatz} = \dfrac{\textit{Bankzinssatz} \cdot \textit{Ø LD}}{360} = \dfrac{1{,}25 \cdot 6}{360} = 0{,}0208333 \rightarrow \mathbf{0{,}02\,\%}$

- $\textit{Lagerzinsen} = \dfrac{\textit{Ø LB} \cdot \textit{Lagerzinssatz}}{100} = \dfrac{1.193.000 \cdot 0{,}0208333}{100} = 248{,}5412\ €$
  $\xrightarrow{\text{Abrunden}} \mathbf{248{,}54\ €}$

10. Lagerreichweite

1. Ermitteln der Größen: *LB* = 630, *offene Bestellungen* = 0, *Verbrauch* = 105 Stück/Tag
2. Vereinheitlichen der Größen entfällt.
3. Anwenden der Formel:

$$\textit{Lagerreichweite} = \frac{\textit{LB + offene Bestellungen}}{\textit{Verbrauch in Tagen}} = \frac{630 + 0}{105} = \mathbf{6\ Tage}$$

11. Lagerzinssatz, -zinsen und -reichweite für „LED-Scheinwerfer"

1. Ermitteln der Größen: Ø *LB* = 285 Stück, Ø *LD* = 8 Tage, *Verbrauch* = 32 Stück/Tag, *offene Bestellungen* = 35 Stück, Bankzinssatz = 1,75 %, *Stückpreis* = 389,00 €
2. Vereinheitlichen der Größen entfällt.
3. Anwenden der Formel: Ø *LB* in Euro = 285 · 389,00 = 110.865,00 €

a) $\textit{Lagerzinssatz} = \dfrac{\textit{Bankzinssatz} \cdot \textit{Ø LD}}{360} = \dfrac{1{,}75 \cdot 8}{360} = 0{,}038889 \rightarrow \mathbf{0{,}04\,\%}$

b) $\textit{Lagerzinsen} = \dfrac{\textit{Ø LB} \cdot \textit{Lagerzinssatz}}{100} = \dfrac{110.865 \cdot 0{,}038889}{100} = \mathbf{43{,}1142}$
$\xrightarrow{\text{Abrunden}} \mathbf{43{,}11\ €}$

c) $\textit{Lagerreichweite} = \dfrac{\textit{Ø LB + offene Bestellungen}}{\textit{Verbrauch in Tagen}} = \dfrac{285 + 35}{32} = \mathbf{10\ Tage}$

13.9 Flächen-, Höhen- und Raumnutzungsgrad

1. Flächennutzungsgrad

1. Ermitteln der Größen: $F_{Verkehrswege} = 300\ m^2$, $F_{Büro} = 600\ m^2$, $F_{Kantine} = 7.000\ dm^2$, $F_{Sanitärräume} = 90\ m^2$, $F_{Warenlager} = 1.400\ m^2$, $F_{Gesamt} = ?$
2. Vereinheitlichen der Größen: $7.000\ dm^2 \xrightarrow{:100} 70\ m^2$
3. Anwenden der Formel:
   - $F_{Gesamt} = 300 + 600 + 70 + 90 + 1.400 = 2.460\ m^2$
   - $\textit{Flächennutzungsgrad} = \frac{\textit{belegte Fläche} \cdot 100}{\textit{Gesamtlagerfläche}} = \frac{1.400 \cdot 100}{2.460} = 56{,}91 \rightarrow \mathbf{57\ \%}$

2. Prozentuale Erhöhung des Flächennutzungsgrades

1. Ermitteln der Größen: $b_{Gang\text{-}Reihe} = 2{,}2\ m$, $b_{Gang\text{-}Block} = 3{,}0\ m$, $L_{Lager} = 18\ m$, $b_{Palette} = 0{,}9\ m$, $B_{Lager} = ?$, $F_{belegt} = ?$, $F_{gesamt} = ?$
2. Vereinheitlichen der Größen entfällt.
3. Anwenden der Formel:
   - Berechnen der Breite des Lagers: $B_{Lager} = 3 \cdot 2{,}2 + 6 \cdot 0{,}9 = 12\ m$
     (oder $B_{Lager} = 1 \cdot 3{,}0 + 10 \cdot 0{,}9 = 12\ m$)
   - Reihenlagerung:
     1) Berechnen der belegten Lagerfläche: $F_{belegt} = 6 \cdot 0{,}9 \cdot 18 = 97{,}2\ m^2$
     2) Berechnen der gesamten Lagerfläche: $F_{gesamt} = 12 \cdot 18 = 216\ m^2$
     3) $\text{Flächennutzungsgrad} = \frac{\textit{belegte Fläche} \cdot 100}{\textit{Gesamtlagerfläche}} = \frac{97{,}2 \cdot 100}{216} = 45\ \%$
   - Blocklagerung:
     1) Berechnen der belegten Lagerfläche: $F_{belegt} = 10 \cdot 0{,}9 \cdot 18 = 162\ m^2$
     2) Berechnen der gesamten Lagerfläche: $F_{gesamt} = 12 \cdot 18 = 216\ m^2$
     3) $\text{Flächennutzungsgrad} = \frac{\textit{belegte Fläche} \cdot 100}{\textit{Gesamtlagerfläche}} = \frac{162 \cdot 100}{216} = 75\ \%$
4. Berechnen der prozentualen Erhöhung: Anwenden des geraden Dreisatzes.
   - Errechnete Größen: Reihenlagerung = 45 %, Blocklagerung = 75 %

$$\begin{array}{lll} & 45\ \% & = 100 \\ :45 & & & :45 \\ & 1\ \% & = 2{,}22 \\ \cdot 75 & & & \cdot 75 \\ & 75\ \% & = 166{,}67 \end{array}$$

   - Ermitteln der Erhöhung: 166,67 – 100 = 66,67 %
     Der Flächennutzungsgrad hat sich **um 66,67 % erhöht**.

3. Raumnutzungsgrad für Reihen- und Blocklagerung

1. Ermitteln der Größen: $B_{Lager} = 12$ m, $L_{Lager} = 18$ m, $H_{Lager} = 5{,}3$ m, $h_{Ware} = 12$ dm, $F_{Reihe} = 97{,}2$ m², $F_{Block} = 162$ m², $h_{Stapel} = ?$
2. Vereinheitlichen der Größen: Höhe der Ware (h_{Ware}) = 12 dm $\xrightarrow{:10}$ 1,2 m
3. Anwenden der Formel:
   - Gesamtraum des Lagers = 12 · 18 · 5,3 = 1.144,8 m³
   - Höhe des Stapels (4-fach): $h_{Stapel} = 4 \cdot 1{,}2 = 4{,}8$ m

   a) Berechnen für die gestapelte Reihenlagerung:
   genutzter Raum = $F_{Reihe} \cdot h_{Stapel} = 97{,}2 \cdot 4{,}8 = 466{,}56$ m³

   $$\text{Raumnutzungsgrad} = \frac{\textit{genutzter Raum} \cdot 100}{\textit{Gesamtraum des Lagers}} = \frac{466{,}56 \cdot 100}{1.144{,}8} = \mathbf{40{,}75\,\%}$$

   b) Berechnen für die gestapelte Blocklagerung:
   genutzter Raum = 162 · 4,8 = 777,6 m³

   $$\text{Raumnutzungsgrad} = \frac{\textit{genutzter Raum} \cdot 100}{\textit{Gesamtraum des Lagers}} = \frac{777{,}6 \cdot 100}{1.144{,}8} = \mathbf{67{,}92\,\%}$$

4. Höhen- und Raumnutzungsgrad für Regalfach

1. Ermitteln der Größen: $B_{Fach} = 1{,}00$ m, $T_{Fach} = 0{,}90$ m, $H_{Fach} = 0{,}80$ m, $b_{Behälter} = 20$ cm, $t_{Behälter} = 90$ cm, $h_{Behälter} = 60$ cm, 1 Fach = 4 Behälter

2. Vereinheitlichen der Größen (cm $\xrightarrow{:100}$ m): $b_{Behälter} = 0{,}20$ m, $t_{Behälter} = 0{,}90$ m, $h_{Behälter} = 0{,}60$ m

   a) Anwenden der Formel für Höhennutzungsgrad:

   $$\frac{\textit{genutzte Lagerungshöhe} \cdot 100}{\textit{nutzbare Höhe des Fachs}} = \frac{0{,}60 \cdot 100}{0{,}80} = \mathbf{75\,\%}$$

   b) Anwenden der Formel für Raumnutzungsgrad:
   - Gesamtraum = 1,00 · 0,90 · 0,80 m = 0,72 m³
   - genutzter Raum = 4 · (0,20 · 0,90 · 0,60) = 0,432 m³
   - $\text{Raumnutzungsgrad} = \frac{\textit{genutzter Raum} \cdot 100}{\textit{Gesamtraum des Fachs}} = \frac{0{,}432 \cdot 100}{0{,}72} = \mathbf{60\,\%}$

13.10 Längs- und Querbeladung

1. Einlagige Beladung eines Containers

1. Ermitteln der Größen: Container: $L = 5{,}89$ m, $B = 2{,}35$ m; Packstück: $l = 1.200$ mm, $b = 1.050$ mm
2. Vereinheitlichen der Größen (mm $\xrightarrow{:1.000}$ m): Packstück: $l = 1{,}2$ m, $b = 1{,}05$ m
3. Anwenden der Formel:
   - Längsbeladung:

$$\left.\begin{array}{l}\text{Längs: } \frac{L}{l} = \frac{5{,}89}{1{,}2} = 4{,}908\ldots \rightarrow 4 \\[2ex] \text{Quer: } \frac{B}{b} = \frac{2{,}35}{1{,}05} = 2{,}238\ldots \rightarrow 2\end{array}\right\} 4 \cdot 2 = \mathbf{8\ Packstücke}$$

   - Querbeladung:

$$\left.\begin{array}{l}\text{Längs: } \frac{L}{b} = \frac{5{,}89}{1{,}05} = 5{,}609\ldots \rightarrow 5 \\[2ex] \text{Quer: } \frac{B}{l} = \frac{2{,}35}{1{,}2} = 1{,}958\ldots \rightarrow 1\end{array}\right\} 5 \cdot 1 = 5 \text{ Packstücke}$$

2. Beladung eines Sattelzugs

1. Ermitteln der Größen: Ladefläche: $L = 15{,}65$ m, $B = 2{,}55$ m; Schachtel: $l = 125$ cm, 80 cm
2. Vereinheitlichen der Größen (cm $\xrightarrow{:100}$ m): Schachtel: $l = 1{,}25$ m; 0,80 m
3. Anwenden der Formel:
   - Längsbeladung:

$$\left.\begin{array}{l}\text{Längs: } \frac{L}{l} = \frac{15{,}65}{1{,}25} = 12{,}52\ldots \rightarrow 12 \\[2ex] \text{Quer: } \frac{B}{b} = \frac{2{,}55}{0{,}80} = 3{,}1875\ldots \rightarrow 3\end{array}\right\} 12 \cdot 3 = 36 \text{ Schachteln}$$

   - Querbeladung:

$$\left.\begin{array}{l}\text{Längs: } \frac{L}{b} = \frac{15{,}65}{0{,}80} = 19{,}5625 \rightarrow 19 \\[2ex] \text{Quer: } \frac{B}{l} = \frac{2{,}55}{1{,}25} = 2{,}04\ldots \rightarrow 2\end{array}\right\} 19 \cdot 2 = \mathbf{38\ Schachteln}$$

3. Einzulagernde Europaletten

1. Ermitteln der Größen: Bereich: $L = 4$ m, $B = 2{,}5$ m, $H = 2$ m;
   Europalette: $l = 1{,}2$ m, $b = 0{,}8$ m, $h = 150$ mm
2. Vereinheitlichen der Größen: Höhe der Europalette = 150 mm $\xrightarrow{:1.000}$ 0,15 m
3. Anwenden der Formel:
   - Längsbeladung:

     $$\left.\begin{array}{l} \text{Längs: } \frac{L}{l} = \frac{4{,}0}{1{,}2} = 3{,}333\ldots \rightarrow 3 \\[2ex] \text{Quer: } \frac{B}{b} = \frac{2{,}5}{0{,}8} = 3{,}125\ldots \rightarrow 3 \end{array}\right\} 3 \cdot 3 = 9 \text{ Paletten}$$

   - Querbeladung:

     $$\left.\begin{array}{l} \text{Längs: } \frac{L}{b} = \frac{4{,}0}{0{,}8} = 5 \rightarrow 5 \\[2ex] \text{Quer: } \frac{B}{l} = \frac{2{,}5}{1{,}2} = 2{,}083\ldots \rightarrow 2 \end{array}\right\} 5 \cdot 2 = 10 \text{ Paletten}$$

4. Wie viele Paletten passen in die Höhe? (Lagen)

   $\text{Höhe} = \frac{H}{h} = \frac{2}{0{,}15} = 13{,}333\ldots \rightarrow 13$ Lagen

   → Längsbeladung: 9 · 13 = 117 Europaletten
   → Querbeladung: 10 · 13 = **130 Europaletten**

13.11 Bezugskostenkalkulation

1. Nettostückpreis der Zweitassensiebträger

1. Ermitteln und Anwenden des Kalkulationsschemas:

Listen-EK	1.575 · 35,90 =	56.542,50
– Rabatt	– 15 % =	– 8.481,38
= Ziel-EK	=	48.061,12
– Skonto	– 3 % =	– 1.441,83
= Bar-EK	=	46.619,29
+ Bezugskosten	+	2.350,00
Bezugspreis (gesamt)	=	48.969,29

2. Berechnen des Bezugspreises pro Stück: 48.969,29 : 1.575 = **31,09 €/Stück**

2. Nettostückpreis der Etikettendrucker

1. Ermitteln und Anwenden des Kalkulationsschemas:

Listen-EK	15 · 953,81 =	14.307,15
– Rabatt	– 8 % =	– 1.144,57
= Ziel-EK	=	13.162,58
– Skonto	– 2 % =	– 263,25
= Bar-EK	=	12.899,33
+ Bezugskosten	+	0,00
Bezugspreis (gesamt)	=	12.899,33

2. Berechnen des Bezugspreises pro Stück: 12.899,33 : 15 = **859,96 €/Stück**

3. Angebotsentscheidung

1. Ermitteln und Anwenden des Kalkulationsschemas:

Listen-EK	30 · 341,90 =	10.257,00
– Rabatt	– 22 % =	2.256,54
= Ziel-EK	=	8.000,46
– Skonto	0 % =	0,00
= Bar-EK	=	8.000,46
+ Bezugskosten	+	325,00
Bezugspreis (gesamt)	=	8.325,46

2. Berechnen des Bezugspreises pro Stück: 8.325,46 : 30 = 277,52 €/Stück
3. Entscheidung:
   295,90 – 277,52 = 18,38 €/Stück.
   Die Entscheidung fällt auf das Angebot der Cam&Go OHG, da es um 18,38 €/Stück günstiger ist. Die Ersparnis beträgt insgesamt: 18,38 · 30 = 551,40 €.
   (Hinweis: Falls Sie die gesamte Ersparnis über den Gesamtpreis ermittelt haben, führen die Rundungen zu folgenden Ergebnissen: 295,90 · 30 = 8.877,00 → 8.877,00 – 8.325,46 = 551,54 €.)

Sachwortverzeichnis

W

X

Z

Bildquellen

ABUS Kransysteme GmbH, 51647 Gummersbach, S. 59 (2)
Actil Warehouse Trucks AB, Schweden, S. 62 (4)
AUDI AG, 85045 Ingolstadt, S. 57 (1)
Beuth Verlag GmbH, 10787 Berlin, S. 24
BGHW-Publikation „BGHW Kompakt 103 – Heben und Tragen", Illustrationen: Bernhard Zerwann, S. 70–71
Bosch Rexroth AG, 97819 Lohr am Main, S. 57 (2)
Dematic GmbH, www.dematic.com, S. 77
Egemin International NV, 28277 Bremen, S. 57 (3)
Epal – European Pallet Association e.V., 40472 Düsseldorf, S. 16, 17
fotolia, S. 10
„Gabelstapler sicher fahren", 2013 von Toyota Material Handling Deutschland GmbH, 30916 Isernhagen, S. 64–65
Genossenschaft Deutscher Brunnen eG, 53175 Bonn, S. 88
Index Packaging Inc, Milton, NH 03851, USA, S. 103
Jungheinrich AG, 22047 Hamburg, S. 61 (1, 2), S. 62 (1, 2)
KNIPL Kft., www.knipl.com, S. 57 (4)
KNV Logistik, 70565 Stuttgart, S. 78
ShockWatch Inc, USA, S. 103
Sennebogen Maschinenfabrik GmbH, 94315 Straubing, S. 59 (5)
Still GmbH, 22113 Hamburg, S. 62 (3)